高效实战·精品·
Original Books

软硬件融合

超大规模云计算架构创新之路

黄朝波◎著

电子工业出版社
Publishing House of Electronics Industry
北京·BEIJING

内 容 简 介

物联网、大数据及人工智能等新兴技术推动云计算持续、快速地发展，底层硬件越来越无法满足上层软件的发展和迭代需求。本书通过探寻软硬件的技术本质，寻找能够使软件灵活性和硬件高效性相结合的方法，帮助有软件背景的读者更深刻地认识硬件，加深对软硬件之间联系的理解，并且更好地驾驭硬件；同时帮助有硬件背景的读者站在更全面的视角宏观地看待问题，理解需求、产品、系统、架构等多方面的权衡。

本书共 9 章：第 1 章为云计算底层软硬件，第 2 章为软硬件融合综述，第 3 章为计算机体系结构基础，第 4 章为软硬件接口，第 5 章为算法加速和任务卸载，第 6 章为虚拟化硬件加速，第 7 章为异构加速，第 8 章为云计算体系结构趋势，第 9 章为融合的系统。

本书立意新颖，案例贴近前沿，内容由浅入深，并且"展望未来"，可以帮助广大互联网及 IT 行业的软硬件工程师更好地理解软件、硬件及两者之间的内在联系，也可以作为计算机相关专业学生的技术拓展读物。

图书在版编目（CIP）数据

软硬件融合：超大规模云计算架构创新之路 / 黄朝波著. —北京：电子工业出版社，2021.5

（高效实战精品）

ISBN 978-7-121-40922-6

Ⅰ. ①软… Ⅱ. ①黄… Ⅲ. ①云计算 Ⅳ.①TP393.027

中国版本图书馆 CIP 数据核字（2021）第 058892 号

责任编辑：董 英　　　　　　特约编辑：田学清
印　　刷：三河市良远印务有限公司
装　　订：三河市良远印务有限公司
出版发行：电子工业出版社
　　　　　北京市海淀区万寿路 173 信箱　　　邮编：100036
开　　本：787×980　　1/16　　印张：22.25　　字数：509 千字
版　　次：2021 年 5 月第 1 版
印　　次：2021 年 5 月第 1 次印刷
定　　价：89.00 元

凡所购买电子工业出版社图书有缺损问题，请向购买书店调换。若书店售缺，请与本社发行部联系，联系及邮购电话：（010）88254888，88258888。

质量投诉请发邮件至 zlts@phei.com.cn，盗版侵权举报请发邮件至 dbqq@phei.com.cn。

本书咨询联系方式：（010）51260888-819，faq@phei.com.cn。

推荐序 1

从 20 世纪 70 年代开始使用大规模集成电路计算机以来，计算机系统的规模化发展速度呈指数级增长，并且极大地改变了我们的生活。在这种加速发展的背后，有两个定律发挥着巨大的作用：一个是英特尔联合创始人戈登·摩尔在 1965 年提出的摩尔定律，该定律指出集成电路的集成度每隔 18～24 个月就会翻一番；另一个是有"小型机之父"之称的戈登·贝尔在 1972 年提出的贝尔定律，该定律预测每 10 年就会产生新一代计算设备，并且设备数量会增加 10 倍。我从 20 世纪 90 年代初进入计算机领域后，亲身体验到了计算机从 286 到 586 的快速更新换代，但并没有真正发现这种指数式发展的威力。在我进入计算机领域之后的 20 年里，手机移动互联网和智能物联网依次登场，将世界带入了万物互联的时代，预计到 2025 年将有 500 亿个设备连入互联网。

计算设备的多样化和算力成本的迅速下降让硬件和软件的关系发生了深刻的变化。当计算硬件单一、计算力昂贵的时候，软件必须以硬件为中心进行设计和折中。当计算硬件有多种选择、算力成本足够低的时候，就可以按照软件的需求来设计甚至定制硬件。这样，我们就进入了一个软硬件融合的时代，在整个计算机系统中，软硬件的分层可以根据需求灵活变化，业务处理流程中的计算、存储、传输也涉及软件和加速硬件的多重交互。未来 10 年，摩尔定律还将继续发挥效用，先进的 3D 晶体管设计和 3D 封装技术使一个集成电路内部可以包含多种计算架构，以更低的成本提供更强大的算力。2020 年，英特尔已经可以在 10nm 的工艺节点上稳定地使用 SuperFin 晶体管技术和 Foveros 3D 封装技术，并且有清晰的技术路线图继续向 7nm、5nm 推进。此外，组合多种集成电路架构设计（CPU、GPU、FPGA、ASIC 和神经拟态计算等）的异构计算快速发展，但它在提供多种选项的同时显著增加了计算机系统架构设计的复杂度和软件优化的难度。

　　黄朝波老师编著的这本书非常及时地给读者揭示了软硬件融合的趋势，并且从多个角度讲解了实现软硬件融合的技术。黄朝波老师的学习和工作经历很好地覆盖了集成电路设计、软件开发和云计算系统架构等，这使得本书的内容很全面，并且提供了硬件基础知识，适合读者迅速扩大知识面。

　　预计 2020 年之后的下一个 10 年，万物都将是计算机。如今，得益于 5G 移动通信技术和人工智能技术的广泛应用，智能互联计算已经成为主流。随着近年来智能手机、智能城市、智能制造和自动驾驶等领域相关技术的不断进步，以视觉、声音、激光雷达、毫米波雷达为代表的多种传感器正在加速整个世界的数字化进程，需要处理的数据量正在极速增长。同时，进入互联网和计算中心的数据从量变到质变，大量描述自然界的非人工数据需要用人工智能算法来处理，并且通常有实时性要求。数据的量变和质变带来了对智能边缘计算的强烈需求，也催生了云—边—端融合的新计算架构。如果能把握好这个趋势，就能顺势而上，充分享受智能互联计算的红利；否则，就有可能被淘汰。

　　这是一个技术发展日新月异的时代：一方面，软件定义一切；另一方面，硬件加速一切。同时，网络无处不在。本书是站在 2020 年这个时间节点上的总结与展望，我期待黄朝波老师的下一本著作继续带着我们驾驭软硬件融合的技术大潮。

——英特尔中国研究院院长　宋继强

2020 年 12 月 20 日写于北京

推荐序 2

软件还是硬件，这是一个问题。软件的灵活性和硬件的高性能都是我们希望得到的，但是，考虑到实现代价，我们必须在软件实现和硬件实现之间进行折中选择。

传统上，软件和硬件有一个相对明晰的区分：但凡通用处理器能够高效处理的功能，都用软件实现（并在通用处理器硬件上执行）；但凡通用处理器不能高效处理的功能，都用专用硬件实现，如各种基于 ASIC 或 FPGA 的硬件加速器。

但是，随着需求的多样化和系统的复杂化，尤其是云计算环境的出现，我们需要将不同功能的软件和不同种类的硬件集成起来，使它们协同工作。在这种情况下，采用软件还是硬件，同时采用哪种软件或硬件来进行实现，就变得异常复杂。而分层抽象则是一种解决复杂问题行之有效的方法。

黄朝波老师长期从事云计算架构相关工作，并且颇有心得，他从实际云计算工作需求出发，尝试采用软硬件多级分层抽象和接口标准化的方法来解决软硬件协同工作的问题，这个问题体现在如下两个方面。

（1）多级分层模型。随着系统变得越来越复杂，我们已经不能简单地采用软件和硬件两个层次来对复杂系统进行分层，而应该对传统的软件层和硬件层进行进一步分层。目前，软件多级分层的思想已经被广泛接受，而硬件多级分层的驱动力来自日益多样性的硬件（如不同类型的处理器和面向不同目的的加速器）。为了能够从全系统的角度更好地进行硬件资源的分配与调度，我们应该进一步对不同的硬件进行分层抽象。

（2）接口标准化。软件接口标准化可以带来互操作性方面的好处，而某类硬件接口的标准化（如硬件总线协议）也可以带来互操作性方面的极大便利。如何基于多样性硬件的分层抽象来定义层间的标准化接口以支持高效的互操作性，是一个值得深入并持续探讨的问题。硬件接口标准化目前已经有了一些趋势，如 RISC-V。RISC-V 尝试定义一套标准化的 ISA，以使不同硬件厂商的处理器硬件和不同软件厂商的操作系统、编译器及应用软件都能实现互操作，从而摆脱二进制翻译和虚拟机等复杂且不高效的互操作机制。

随着技术的进步，传统意义上的硬件加速器可能会逐渐成为标准化的功能，从而进入通用处理领域（被通用处理器吸收，如向量和多媒体功能），采用软件实现。同时，随着需求的变化，传统意义上可以由软件实现的功能也会有更高的性能要求，从而需要用专用硬件实现。软硬件的多级分层抽象和接口标准化的另一个好处在于，我们可以在不影响其他层次的前提下，根据技术的进步或需求的变化，自由地替换某一层次的具体实现方式。

本书系统地探讨了以上问题，并将相关思想实际应用于包含复杂软硬件的云计算系统，提出了多级分层抽象的软硬件融合系统模型，对云计算的架构设计有着实际的指导意义。

——NVIDIA Principal Architect 蒋江

前 言

互联网行业发展迅速，2010 年以来，随着物联网、云计算、大数据、人工智能等互联网技术的快速发展，相关的产品和服务层出不穷，快速迭代。虽然软件技术日新月异，快速演进，但是相应的硬件体系结构却没有本质的改变，比如，目前支撑云端系统运行的依然是以 CPU 为核心的通用服务器。

软硬件之间本质上的需求矛盾是 CPU 的性能越来越无法满足软件的发展需要，主要原因如下。

- CPU 的微架构已经非常成熟，不考虑工艺进步和多核技术，仅提升单核 CPU 的性能在多年前就已经非常困难。
- 在互联网行业初期，工艺进步是提升 CPU 和芯片性能的主要手段，但随着半导体工艺突破 10nm 以来，依靠工艺进步来提升 CPU 和芯片性能的空间急剧缩小，摩尔定律逐渐走向终结。
- 登纳德缩放比例定律表明，随着工艺进步，单位面积所能容纳的晶体管越多，单位面积的功耗也会越大，功耗会限制晶体管数量的进一步增加。
- 受限于连接 CPU 核的总线效率、芯片面积及功耗等，CPU 核集成数量的提升空间逐渐缩小。

作为计算机体系结构领域的领军人物，David Patterson 与 John Hennessy 在获得 2017 年图灵奖的演说中提到未来十年将是计算机体系结构的黄金十年，两人给出的解决方案是 DSA（Domain Specific Architecture，特定领域架构）。DSA 是一种以硬件为中心的解决方案，可针对特定应用场景定制芯片，支持软件可编程，并且通常都是图灵完备的。从图灵完备的意义来看，DSA 与 ASIC

（Application Specific Integrated Circuit，专用集成电路）不同，后者通常用于单一功能，软件代码很少发生变化。DSA 也是一种加速器，具有很好的加速性能，与通用 CPU 执行应用程序相比，DSA 只能加速某些特定的应用程序。例如，用于深度学习的神经网络处理器及用于软件定义网络（SDN）的处理器等。

在云计算场景下，软硬件融合问题变得更加复杂。云计算不仅需要虚拟化技术来共享物理服务器，还需要管理物理服务器切分出来的虚拟服务器，以此服务成千上万的用户。云计算需要提供基于虚拟网络技术的 VPC 服务来进行租户隔离，为巨量的数据提供高可用的存储服务等，还需要为各种用户性能敏感的业务（如大数据分析、视频图像处理、机器学习/深度学习等）进行加速。云计算软硬件融合最大的挑战在于，需要把多种多样的功能融合到一整套软硬件平台方案中。虽然 DSA 提供了比传统 ASIC 更多的灵活性，但它在云计算领域依然存在以下问题。

- 与传统 ASIC 一样，DSA 通常也要封装成一个具体的 IC 芯片，从一个应用场景的系统算法到 IC 芯片量产需要 2～3 年时间，而互联网的业务发展速度非常快，DSA 是否能够满足未来 2～3 年的软件需求？硬件的使用周期一般是 3～5 年，在此期间，DSA 是否能支撑软件的持续迭代？
- 从系统的角度来看，DSA 用于解决特定问题 A，如果有 A、B、C 等多个问题同时需要解决，那么多个 DSA 如何共存？成本如何？或者重新设计一种 DSA 芯片解决所有问题？重新设计的 DSA 芯片的通用性和灵活性又如何？
- 云计算场景的 DSA 方案通常选择基于经典的 CPU+xPU 异构计算架构，而不选择图灵完备的集成架构。CPU+xPU 异构计算架构把特定场景算法的加速放在 xPU，通过 CPU 的协调处理来完成整体任务。CPU+xPU 异构计算架构可以让 CPU 侧的软件大幅度降低 CPU 资源消耗，从而提升 CPU 性能，但仍然需要 CPU 的参与。

在云计算的场景下，我们希望为用户提供一个标准的业务环境，后台管理的工作任务数据面和控制面都能够完整卸载。为了实现这些目标，我们就需要为云计算场景提供一个"宏架构"，统筹各种系统的硬件加速和任务卸载，并且能够为用户提供功能强大且简单的运行环境，让用户专注于自身业务的创新。

就互联网云计算而言，芯片公司距离市场和业务场景较远，虽然其对芯片级微观系统的理解非常深入，但对宏观的互联网系统缺乏深层次的敏感度，对热点方向布局不重视，这就导致很多高精尖技术难以落地。而传统的互联网公司虽然距离用户较近，有系统视角，但缺乏芯片及相关硬件技术储备，对芯片的理解比较肤浅，局限于硬件的浅层优化，犹如隔靴搔痒。

基于上述问题，互联网公司纷纷通过自研或与芯片公司合作的方式，更深层次地融合软件和硬件，研发符合互联网场景的新型芯片及硬件产品，以此支撑结构更加复杂、规模更加庞大、管理更加自动化的智能化互联网基础设施和应用系统。这种趋势当前还处于"八仙过海，各显神通"的阶段，有必要通过体系结构层面深度地理解、分析和思考，将这些新型技术和平台进行系统性的梳理、整合、重构，逐步演进成能够满足未来发展需求的新型云计算体系结构。

互联网新技术的快速发展带来翻天覆地的变化，要解决新的上层业务场景需求问题，离不开体系结构的创新发展。通常 2～3 年会出现一个新的技术热点，系统迭代速度越来越快，体系结构在系统快速迭代的节奏下，如何才能够拥有较长的生命周期，并且在整个生命周期都能很好地支撑业务发展，是需要深入思考的问题。

本书主要介绍如何通过软硬件融合的创新来构建能够应对未来业务挑战的云计算体系结构，核心理念是把软件的灵活性和硬件的高效性深度融合在一起。本书各章介绍的内容如下。

第 1 章为云计算底层软硬件。

第 2 章为软硬件融合综述。

第 3 章为计算机体系结构基础。本章内容与后续章节的核心内容是密切相关的，是核心内容的前导知识。

第 4 章为软硬件接口。软硬件融合首先面对的就是软硬件接口，需要重点掌握如何实现高效的软硬件数据交互。

第 5 章为算法加速和任务卸载。算法加速即某个算法的硬件实现；任务卸载以算法加速为内核，更加系统化、平台化，通常需要有快速构建特定任务卸载的基本软硬件框架。

第 6 章为虚拟化硬件加速。虚拟化硬件加速的核心是高性能虚拟化硬件处理，以及如何兼顾软件的灵活性和硬件的高效性。

第 7 章为异构加速。异构计算架构适合云计算场景业务加速，有较多的成熟方案。

第 8 章为云计算体系结构趋势。

第 9 章为融合的系统。本章内容是对云计算数据中心体系结构的总结。

感谢我的家人，在本书的编写过程中，我占用了许多用于陪伴家人的时间，是她们的支持让我有动力和毅力来完成本书的编写工作；感谢我所在公司的上级领导及同事，是公司提供了如此好的平台，让我有机会去实现创新的想法，上级领导和同事们也为我提供了很多帮助和支持；感谢我的大学老师和同学，毕业多年，老师依然关心我们这些学生的工作和生活，同学们的帮助也促进我一直成长。

受限于个人知识背景和技术水平，也因为这个快速发展的行业和时代，本书难免存在不足。集体的智慧是无穷的，希望大家提出意见和建议，我会不定期地修订、完善、更新本书，为大家呈现一本拥有更高价值的图书。

黄朝波

读者服务

微信扫码回复：40922

- 获取各种共享文档、线上直播、技术分享等免费资源
- 加入本书读者交流群，与更多读者互动
- 获取博文视点学院在线课程、电子书 20 元代金券

目　录

引言

1. 个体和系统

凯文·凯利在他的《失控》一书中提到了一个非常有意思的概念——涌现，简单来说，就是众多个体的集合会涌现出超越个体特征的某些高级的特征。例如，通过把个体的计算机连接到一个网络，涌现出了互联网这个新兴事物，深刻地改变了我们生活的方方面面。

谷歌通过搜索引擎连接了所有的互联网内容，成为互联网事实上的入口；腾讯通过社交软件连接了人与人，改变了我们的社交习惯；亚马逊和阿里巴巴通过电商平台连接了人与商品，改变了我们的购物方式。

AWS（Amazon Web Service，亚马逊云计算服务）通过大规模的云计算数据中心改变了互联网和 IT 基础设施。云计算不仅仅重构着互联网技术生态，而且持续推动着整个传统行业逐渐向更高阶的产业互联网演进。物联网通过连接无数的传感器和智能化设备，排行出了智慧家庭、智慧工厂、智慧城市。人工智能通过更加复杂，更具深度的神经网络算法及更多大数据的训练，涌现出了智能，帮助我们做部分决策。

无数个体融汇成系统，个体和系统如此不同却又相互关联。我们在研究宏观系统的时候，需要考虑微观个体的特点；同时，我们在研究微观个体的时候，也需要考虑宏观系统的需求。

互联网公司运营着能够支持数以亿计用户的云系统，需要考虑更宏观系统的事情。云计算公司服务成千上万有互联网应用需求的公司，同时考虑到不同云计算厂家的个性化业务，由此出现了很多不同的硬件需求。但传统的 IC 公司距离市场和用户太远，并且自身技术和商业策略不十分完善，无法完全满足这些硬件需求。

2. 内涵和外延

服务器是数据中心的基本节点，通过不同层级的交换机把服务器连接到一起，从而构成一个网络。在这个网络中，单个服务器就是一个基本的系统，它不仅包含了芯片、主板、板卡、电源及机箱等硬件，也包含了运行于硬件之上的软件。此外，一个基本的系统还包括服务于不同场景的各种算法和策略，以及需要进行处理和存储的数据等。

如果我们把硬件、软件、算法、数据等比作一个点，把硬件、软件、算法和数据连接到一起所组成的系统比作一条线，那么组成互联网业务的服务器集群则构成一张网，一个宏系统。进一步而言，数据中心多种业务交互共存的体系则是多种宏系统的叠加。我们要考虑的不仅仅是网内节点之间的相互影响，还要考虑不同网之间跨网的相互影响。

例如，数据中心规模非常庞大，假设单个服务器每天有万分之一的故障率，那么整个数据中心每天会有数百起故障发生，硬件层面的稳定性和高可用设计则是解决这一问题的关键。再如，AWS 当前有 400 多万台（估算，可能还在动态增加中）服务器，在虚拟化的支持下形成了数千万个计算节点，如果要把这千万级的节点划分到数以十万计的 VPC 里，那么不仅要考虑跨 VPC、跨域访问的问题，还要考虑 VPC 动态变更的问题，千万级服务器动态虚拟网络系统的运维管理将是一个巨大的挑战。

一旦和宏观的规模相联系，需求就不再是简单个体系统内涵的业务场景，还会包括个体系统的外延约束，这就需要在更宏观的高度系统性地思考业务场景，并落实到个体系统，以及"线""点"的设计中。

3. 简单和复杂

"产品设计要学会做减法，给用户极致的简单"。在如何做减法这一问题上，需要进行很多的思考和权衡。从技术的角度来分析，我们为用户提供的产品越简单，产品背后所隐藏的技术细节就会越复杂。例如，对于漂浮在大海中的冰山，用户所能看到的只是海面上的一个小冰尖（交互接口），看不到海面以下冰山的面貌（技术实现）。如果我们为用户提供的产品功能丰富，并集多种技术于一体，那么我们需要考虑如何将这些复杂功能和技术融合成一个整体，同时为上层用户提供足够简单的接口来进行访问。

我们通过分层的纵向划分，以及同层不同组件的横向划分，逐个层次、组件地把复杂的功能实现封装在内部，把对外实现的功能接口尽可能地简单化。每一层依靠下层提供的服务接口来实现自己的功能，同时为上层提供服务接口。每个组件通过与其他组件进行通信来实现自身功能的处理，以及与其他组件的协作。

分层及分组件需要在整个系统层次规划，不仅要考虑与上下层间、左右模块间接口的交互，还要考虑某个功能放置在某个层的合理性，更要全面地考虑整个系统的功能划分，避免造成不必要的功能浪费或缺失。如何定义分层、分组件的功能划分，封装层级、组件的具体功能实现，提供哪些足够简洁的交互接口，是系统设计关键的价值所在。

简单和复杂既相互矛盾又和谐统一。云计算为用户呈现出一个分层的产品体系，基于硬件基础设施，支撑 IaaS、PaaS 及 SaaS 的上层服务。每一层使用下一层不同组件提供的服务，并与同一层的其他服务协作，共同为上一层的服务提供支持。

4. 开放和封闭

在谷歌的 Android 生态里，系统、硬件、应用、分发都是完全开放的。虽然 Android 起步晚于苹果的 iOS，但它快速地占领了智能手机端绝大部分市场份额。除了应用，iOS 生态中的系统、硬件及分发完全掌控在苹果自己手里，虽然市场份额不占优势，但苹果获取了整个智能手机市场的绝大部分利润。

回顾半导体产业的发展历史。第一阶段是一个封闭的阶段，以英特尔、TI 为代表的半导体公司自己设计并制造芯片，这一阶段的半导体产业是一种高门槛产业。之后，TSMC 扛起了开放的大旗，创建了只做生产不涉足设计的 Foundry 模式，开启了半导体产业的第二阶段。以 TSMC 的创立为标志，大量 Fabless 如雨后春笋般诞生，典型 Fabless 如 Qualcomm、NVIDIA、MTK 等。

如今，互联网云计算正进入一个新的时代，大型互联网公司开始涉足芯片领域。例如，谷歌的 TPU，亚马逊的 NITRO、Graviton、Inferentia，华为的鲲鹏、昇腾，阿里的含光 800 AI 芯片等。

互联网云计算公司开始整合软硬件设计整体方案，并逐渐形成了各自封闭的体系，以此来获取更大的差异化价值。就像苹果在智能手机领域一样，在互联网云计算领域，除了面向用户的接口是标准化、开放的，隐藏在用户接口软硬件设计却又是各自封闭的。

5. 快与慢

"天下武功，唯快不破"用来形容互联网的发展非常贴切。微信还处于研发阶段的时候，在腾讯内部要跟其他团队抢机会，在外部要跟其他很多类似的社交软件竞争。2011 年 1 月，微信正式发布，只允许用户发送文本和照片；2011 年 5 月，微信推出了"语音消息"；2011 年 7 月，微信增加了基于位置的服务"附近的人""漂流瓶"和"摇一摇"功能；2012 年 3 月，微信用户总数突破 1 亿大关，距离微信第一版推出仅 433 天。

"重剑无锋，大巧若工"用来形容互联网的发展同样非常有道理。英特尔在 1971 年发布了第一款处理器 4004，20 世纪 80 年代，随着 PC 的爆发，英特尔成了 IT 行业的基石，50 年持续不断的投入，推动着 IT 行业迅猛发展。华为"数十年如一日"聚焦于通信领域，积跬步以至千里，逐步领先全球。

在被称为"币圈"的各种虚拟币圈子里，有"币圈一天，世间一年"的说法，这是当前让慢变快的极致典范。各种虚拟币单价的涨跌不仅快速，而且幅度惊人。"币圈"超快的节奏剧烈影响着矿机市场的技术发展。各家矿场和矿工们为了抢得先机，获取更多的利润，以超快节奏进行着矿机的升级换代。挖矿平台从 CPU、GPU 到 FPGA，再到 ASIC，仅仅经历了 3 年多的时间。一个性能领先的 ASIC 矿机型号的保鲜期只有半年，半年后这种型号的 ASIC 矿机基本上就无法赚到钱了，需要换用更高性能的 ASIC 矿机。

云计算需要快与慢的交融。互联网软件要足够灵活，能够快速迭代优化；底层硬件要足够高效，逐步加速和卸载系统的功能。软件具有灵活性，性能虽"慢"，却"快"速迭代；硬件具有很高的执行效率，性能虽"快"，开发却"慢"。

6. 通用和专用

听到通用，我们通常想到的是 CPU 和软件，平台唾手可得，开发简单灵活，但 CPU 和软件的性能相对较低，能效比也较低；听到专用，我们通常想到的是基于 FPGA 或 ASIC 的定制硬件，它们的软硬件开发门槛都很高，但其性能更加强劲，能效比也更高。

通用 CPU 因其具有灵活性、平台化的特点，不仅覆盖领域非常广泛，而且若要在新兴领域快速实现想法，通用 CPU 也是首选平台。通用 CPU 存在于我们生活和工作的方方面面，比如，云端的服务器、办公用的计算机和笔记本电脑，以及我们的智能手机终端，它们的操作系统和上层应用都运行在通用的 CPU 上。

专用的 FPGA 或 ASIC 的软硬件开发门槛都特别高。当一个领域逐步走向成熟并具有一定规模，需要更加快速、更加庞大的计算能力时，通常会开发专用的 FPGA 或 ASIC 来代替 CPU。定制的 FPGA 或 ASIC 同样舞台宽广。例如，移动通信基带基站侧因为规模的原因通常使用 FPGA 多于 ASIC，而终端侧功耗敏感且规模庞大所以更多地使用基带 ASIC 单元。又如，在人工智能领域，因为算法复杂，计算密集，所以基于 FPGA 或 ASIC 的方案也层出不穷。再如，区块链领域激烈而快速地完成了从 CPU 到 ASIC 的过渡。

没有绝对的通用，也没有绝对的专用。通用的 CPU 加入了扩展指令的协处理器（如英特尔的 AVX，ARM 的 NEON）；专用的 FPGA 或 ASIC 也在向通用的方向回调（如这些年流行的 DSA

架构，用于网络包处理软件可编程的 PISA 架构）；GPU、DSP、ISP 等处理器则处于通用和专用之间。NVIDIA 提供了基于 GPU 的编程框架 CUDA，CUDA 封装了 GPU 的很多细节，提供类似 CPU 平台的编程友好性，并针对很多特定领域开发了功能丰富且强大的函数库，使得 GPU 得到了广泛应用。

通用和专用是手段不是目的。 在选择通用或专用的计算平台时，不仅需要考虑性能和开发门槛，还需要考虑其他很多因素的综合影响。随着系统规模越来越庞大，通用和专用的界限也越来越模糊，两者互相学习和借鉴，尽管如此，系统评价的标准只有一个：**更优综合性能的同时，以求更低的综合成本。**

7. 集中与分布

在 IC 领域，SoC（System on Chip，片上系统）和 NoC（Network on Chip，片上网络）的发展趋势是典型的集中式单系统设计，如智能手机芯片集成了应用处理器、通信基带、无线 Wi-Fi、GPU、ISP 及 AI 处理器等。但在一些功耗、成本敏感的场合（如物联网场景），节点只完成非常简单的功能（如数据采集），而把数据传输到云端处理、存储及分析、决策，把决策后的指令下发到终端执行，终端节点只构成系统的"触角"，完整的系统是由很多简单的微小系统组成的。

云计算通过超大规模的数据中心，集中为用户提供服务，数据的处理和存储主要集中在数据中心各种形态的服务器中。电商 App，本地终端的主要功能是浏览商品、下单及支付等；对服务器端而言，同一时间会有数以千万计的访问量，这些访问的处理都需要在庞大的云端后台完成。但是，集中式的云计算服务无法覆盖所有场景，如自动驾驶需要数据的快速分析并决策执行。随着数据量的快速增加，集中式的云计算逐渐无法满足大数据量的处理需求，于是边缘计算开始流行。

在数据中心内部，计算通常都是在 CPU 执行的，我们通常称之为集中式的以计算为核心（Compute Centric）。CPU 性能提升速度逐渐放缓，而数据量还在大幅度增加，为了克服大数据处理分析面临的难题，不得不将集中式的以计算为核心转换成分布式的以数据为核心（Data Centric）。于是出现了很多新的技术架构，用于卸载和加速各种原本在 CPU 中的工作任务。对数据的处理也更加靠近数据存储或传输侧，大量的计算分散在靠近数据的地方，减轻了主机 CPU 的压力。

以计算为核心，数据量会越来越大，使得存储的分层也越来越多。但大数据量的处理会使得数据局部性失效，存储分层的作用大打折扣，整个体系结构越来越复杂，CPU 越来越不堪重负。从数据中心整个系统的层次角度来看，以数据为核心，用效率或性能更高的加速单元分散在靠近数据的地方完成数据的大部分处理，是重要的趋势。

8. 量变和质变

以前的互联网系统规模都不大，只有几十台或几百台服务器，在虚拟化的支持下可以形成数千台的服务器，这在以前已经算是一个很大的系统了。随着互联网业务的急剧增加，出现了很多超级系统。例如，阿里巴巴运营着规模十分庞大的电子商务平台，包括 C2C 零售市场淘宝、B2C 市场天猫等在线市场，服务超过 6 亿活跃消费者。

而云计算更是将规模的问题放大到了极致。因为云计算要服务成千上万的互联网用户，每个用户都会有一个或多个互联网系统。AWS 现已在全球 22 个地理区域内运营着 69 个可用区，以每个可用区拥有 5 万台服务器估算，AWS 大概拥有 400 万台服务器，这些服务器用于为全球用户提供云计算服务。

当一个互联网系统规模较小（几百台服务器）的时候，只能采用通用服务器。如今，许多云计算厂家都拥有数百万台服务器为用户提供上百种产品服务，应用于各种不同的服务场景。但从底层技术来看，这些服务场景会归约于比较集中的一些软硬件功能集，因此，在规模和特定场景的推动下，非常有必要进行针对性的软硬件优化。

随着云计算的不断发展，云计算（特别是 IaaS 层）的产品服务越来越趋于成熟，云计算厂家的服务器规模越来越大，面向特定场景的产品和服务迫切需要进行深层次的软硬件重构，同时需要为产品服务定制优化软硬件，以此来提升软硬件性能并且降低成本。

9. 软件和硬件

通常而言，运行于 CPU、GPU 等平台的程序为软件，而作为载体的 CPU、GPU 等平台则为硬件，这跟"某个任务软件实现，某个任务硬件加速"有一些区别。"某个任务 CPU 软件实现"指的是整个任务都基于 CPU 指令的程序实现，完全运行在 CPU 上。"某个任务的硬件加速"指的则是把任务的关键部分运行在一个硬件加速器上，CPU 主要承担简单的、不需要太多性能的任务部分（如数据交互和加速器运行控制等）。通过硬件加速可以进一步提升任务处理的性能，同时可以提升运行效率和降低综合成本。

通常，软件开发和硬件开发是割裂的两个部分。例如，英特尔和 AMD 等 CPU 厂家定义好了指令集体系结构，并专注于某个具体 CPU 的微架构和具体实现，而软件开发工程师则基于 CPU 上的各种开发环境开发自己的软件程序。再如，对于芯片厂家研发的 SoC，虽然系统架构师会做好它的软硬件规划，但它依然和用户的业务场景在细节上有很大的差别。芯片厂家为开发者提供 SoC 芯片、相关的驱动程序及参考设计等，开发者基于这些已有的框架平台开发自己需要的上层业务功能。硬件平台是"条条框框"，软件开发只能在这些"条条框框"的范围内发挥而无法跳出这些"条条框框"，也不能自己定义"条条框框"，更难做到优雅地与"条条框框"共舞。

　　"软件定义硬件"代表了一种趋势：要站在系统层次主动定义个体的硬件。但"软件定义硬件"更多地强调系统，容易忽略个体的特点。站在系统层面可以"看得更远"，代表了宏观的整体思考，能够更好地统筹资源、定义系统功能。站在个体层面，个体是本源，代表了事物本质的特征。事物受客观规律的约束，具有特定的发展规律。

　　软件和硬件融合更好地协调了系统与个体的关系。站在系统的角度既可以更好地定义硬件，也可以更好地定义驾驭硬件的软件，没有既定"条条框框"的约束，有的只是各种各样软件和硬件的"积木"。我们可能需要重新设计或改造一些"积木"，与已有的"积木"配合，极其容易地搭建属于自己的系统。在这个系统里，软件里面可能会包含硬件，硬件里面也可能会包含软件，软件和硬件深度融合，密不可分，最终实现功能强大、深度优化、可持续快速迭代的系统平台。

1

第1章

云计算底层软硬件

丰富多彩的云计算是一个分层的 IT 服务体系，包括 IaaS 层、PaaS 层及 SaaS 层。与底层软硬件相关的主要是 IaaS 层的计算、存储、网络三大类服务。云计算具有很多本质、显著的特点，这些特点决定了云计算的内在发展规律。随着云计算持续快速的发展，支撑上层服务的云计算底层软硬件面临着巨大的挑战。

本章介绍的主要内容如下。

- 云计算概述及 IaaS 层核心服务。
- 云计算的特点。
- 云计算底层软硬件挑战。

1.1 云计算概述

用户利用云计算可以快速地获取 IT 资源，并且按需付费。云计算是通过 IaaS、PaaS 及 SaaS 的分层实现的 IT 服务体系。

1.1.1 云计算的概念

云计算通过互联网按需提供 IT 资源，并且采用按使用量计费的方式。用户可以根据需要从云计算服务商获得技术服务（如计算能力、存储和数据库），无须购买和维护物理数据中心及服务器。云计算服务按使用量计费，可以帮助用户降低运维成本，用户可以根据业务需求的变化快速调整云计算服务的使用量。

云计算相比于传统 IT 资源配置方式有如下优点。

- 节省费用。用户无须购买硬件、软件，也不需要在设置和运行数据中心方面进行资金投入。
- 速度快。大多数云计算服务是自助的，通常在数分钟内就可按需调配海量计算资源，企业不需要考虑容量规划。
- 弹性扩展能力。云计算具有弹性扩展能力，这意味着云计算能够在用户需要时从适当的地理位置提供适量的 IT 资源，如增加或减少计算能力、存储空间、网络带宽等。
- 较高的工作效率。云计算数据中心具有大量服务器，这意味着云计算具有非常多的硬件维护、硬件设置、软件补丁和其他费时的 IT 管理事务。云计算完成了这些任务中的绝大部分工作，使用户可以把时间和精力用来实现更重要的业务目标。
- 性能强大。云计算服务运行在分布于全球各地的数据中心，会定期升级网络硬件，使网络时刻保持快速和高效。与单个企业数据中心相比，云计算服务数据中心能提供多项好处，包括降低应用程序的网络延迟和提高缩放的经济性。
- 可靠性高。云计算能够以较低费用非常简单地完成数据备份、灾难恢复，以及实现业务连续性。
- 安全性高。许多云计算服务商都提供了广泛用于提高整体安全性的策略、技术和控件，它们有助于保护数据、应用和基础设施使其免受潜在的威胁。
- 敏捷性好。通过云计算服务，用户可以轻松使用各种技术，从而可以更快地进行创新，甚至可以构建任何想象出的产品。用户可以根据需要快速启动资源，比如，计算、存储、数据库、物联网、机器学习、数据湖和分析等；用户也可以在几分钟内部署技术服务，并且从构思到实施的速度比以前快了几个数量级。这使得用户可以自由地进行试验，测试新想法，以打造独特的用户体验。

1.1.2　IaaS、PaaS 和 SaaS

云计算服务基于分层结构，分为三层，分别为 IaaS（Infrastructure as a Service，基础设施即服务）层、PaaS（Platform as a Service，平台即服务）层和 SaaS（Software as a Service，软件即服务）层。每层的云计算服务都提供不同级别的控制、灵活性和管理，用户可以根据需要选择合适的服务集合。

如图 1.1 所示，基于数据中心构建 IaaS、PaaS 和 SaaS 不同层次的服务，具体介绍如下。

- IaaS 层。IaaS 层包含云计算 IT 资源的基本构建块，通常提供对网络、计算机（虚拟或专用硬件）和数据存储空间的访问。IaaS 层服务为用户提供高级别的灵活性，使用户可以对 IT 资源进行管理控制。IaaS 层服务与现有 IT 资源最为相似。
- PaaS 层。PaaS 层服务让用户无须管理底层基础设施（一般是硬件和操作系统），从而可以将更多精力放在应用程序的部署和管理上面。用户不需要关心资源购置、容量规划、软件维护、补丁安装或与应用程序运行有关的各种繁重工作，这有助于提高效率。
- SaaS 层。SaaS 层服务提供完善的产品，其运行和管理皆由服务提供商负责。在大多数情况下，SaaS 指的是最终用户应用程序。使用 SaaS 产品，用户在使用 SaaS 产品时无须考虑如何维护服务或管理基础设施，只需要考虑如何使用它。

图 1.1　云计算 IaaS、PaaS、SaaS 分层

1.2　IaaS 层核心服务

云计算服务按照 IaaS、PaaS 和 SaaS 分层，PaaS 层、SaaS 层的服务都基于 IaaS 层的基础服务。IaaS 层包括计算、存储和网络三大基础类服务，数据库类服务是基于三大基础类服务构建的 PaaS 层服务。

下面我们以 AWS 的服务体系为例进行介绍。图 1.2 给出了 AWS 典型服务分层。AWS 基础的 IaaS 层核心服务如下。

- 计算类服务：EC2（Elastic Compute Cloud，弹性计算云计算主机）服务。
- 存储类服务：EBS（Elastic Block Store，弹性块存储）服务；S3（Simple Storage Service，简单对象存储服务）；Glacier（冰川，AWS 的归档存储）服务。
- 网络类服务：VPC（Virtual Private Cloud，虚拟私有网络）服务；ELB（Elastic Load Balancing，弹性负载均衡）服务。

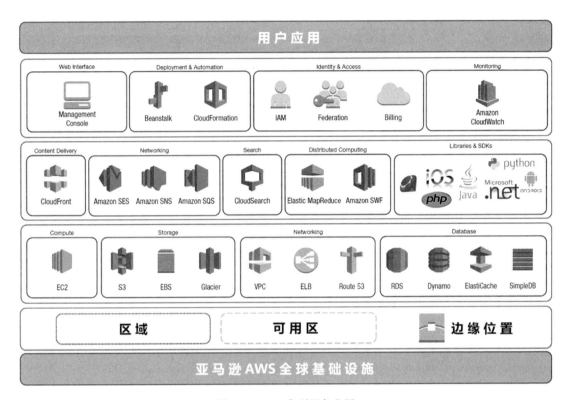

图 1.2 AWS 典型服务分层

1.2.1 计算类服务

EC2 是 AWS 计算类核心的服务，也是整个 AWS 生态构建的基础。EC2 是一项 Web 服务，可在云中提供安全、可调整大小的计算能力。EC2 旨在使开发人员更容易进行用于 Web 的规模计算。用户通过在简单的 Web 服务界面进行很少的操作就能够很快获得 EC2 并配置容量。EC2 提供了对计算资源的完全控制，并可以在 AWS 成熟的计算环境中运行。EC2 将获取和启动新服务器实例（称为 EC2 实例）所需的时间减少到了数分钟，使得用户可以根据计算需求的变化快速地调整容量。EC2 允许用户仅为实际使用的容量付费，提高了计算的经济性。

用户只需要进行如下操作即可使用 EC2。

- 选择一个预先配置的模板化 AMI（Amazon Machine Image，亚马逊系统镜像），或者创建并选择一个包含本地应用程序、库、数据和相关配置设置的 AMI，之后启动并运行 AMI。
- 在本地 EC2 实例上配置安全和网络访问权限。

- 选择合适的 EC2 实例类型，然后使用 Web 服务 API 或提供的多种管理工具来启动、终止和监控 AMI。
- 确定是否要在多个位置运行、选择静态 IP 地址及将持久化块存储到 EC2 实例上。
- 根据实际消耗的资源（如实例小时数或数据传输量）来付费。

EC2 提供多种经过优化、适用于不同使用场景的实例类型。EC2 实例类型由 CPU、内存、存储和网络容量组成不同的组合，用户可以灵活地为自己的应用程序选择适当的资源组合。每种 EC2 实例类型都包括一种或多种实例大小，使用户能够扩展资源以满足目标工作负载的要求。EC2 主要有如下实例类型。

- 通用型。通用型实例提供计算、存储和网络三方面资源的平衡能力，可用于各种类型的工作负载。通用型实例非常适合以相同比例使用计算、存储和网络资源的应用程序，如 Web 服务器和代码存储库。
- 计算优化型。计算优化型实例适用于对性能要求比较高的应用程序。计算优化型实例非常适合批处理工作负载、媒体转码、高性能 Web 服务器、高性能计算（HPC）、科学建模、专用游戏服务器和广告服务器引擎、机器学习推理和其他计算密集型应用程序。
- 内存优化型。内存优化型实例旨在提高大型（需要大量内存的）数据集类工作负载的性能。
- 加速计算型。加速计算型实例使用硬件加速器来执行浮点数计算、图形处理或数据模式匹配等功能，比在 CPU 上运行的软件更加高效。
- 存储优化型。存储优化型实例用于需要对本地存储上的大型数据集进行高速连续读写访问的工作负载，每秒可以向应用程序交付数以万计的低延迟、随机 I/O 操作（IOPS）。

下面我们以典型的 M5 实例为例进行介绍。M5 实例是当前新一代的通用型实例，提供了平衡的计算、内存和网络资源，是很多应用程序的理想之选。M5 实例具有特点。

- 最高配置为 3.1GHz Intel Xeon® Platinum 8175 的处理器，并配有功能丰富的 Intel Advanced Vector Extension（AVX-512）指令集。
- 拥有规模庞大的实例，最大实例为 m5.24xlarge，提供最多 96 个 vCPU 和最大 384GB 内存。
- 使用增强型网络，可提供最大为 25Gbit/s 的网络带宽。
- 需要包含 ENA 和 NVMe 驱动程序 HVM AMI 的支持。
- 由 AWS Nitro 系统（专用硬件和轻量级管理程序的组合）提供支持。
- 通过物理连接到主机服务器的 EBS 或 NVMe SSD 提供的实例存储。
- 可利用 M5d 实例，基于本地 NVMe 的 SSD 与主机服务器建立物理连接，提供与 M5 实例生命周期相一致的块存储。

M5 实例和 M5d 实例提供了 2～96 个 vCPU 的多种选择，以及内存、本地或远程存储、网络带宽等各种规格的选择，具体如表 1.1 所示。

表 1.1　AWS EC2 M5 实例规格大小可选项

实例大小	vCPU	内存（GB）	实例存储（GiB）	网络带宽（Gbit/s）	EBS 带宽（Mbit/s）
m5.large	2	8	仅限 EBS	最大为 10	最大为 4750
m5d.large			1 个 75 NVMe SSD		
m5.xlarge	4	16	仅限 EBS	最大为 10	最大为 4750
m5d.xlarge			1 个 150 NVMe SSD		
m5.2xlarge	8	32	仅限 EBS	最大为 10	最大为 4750
m5d.2xlarge			1 个 300 NVMe SSD		
m5.4xlarge	16	64	仅限 EBS	最大为 10	4750
m5d.4xlarge			2 个 300 NVMe SSD		
m5.8xlarge	32	128	仅限 EBS	10	6,800
m5d.8xlarge			2 个 600 NVMe SSD		
m5.12xlarge	48	192	仅限 EBS	10	9500
m5d.12xlarge			2 个 900 NVMe SSD		
m5.16xlarge	64	256	仅限 EBS	20	13600
m5d.16xlarge			4 个 600 NVMe SSD		
m5.24xlarge	96	384	仅限 EBS	25	19000
m5d.24xlarge			4 个 900 NVMe SSD		
m5.metal	96	384	仅限 EBS	25	19000
m5d.metal			4 个 900 NVMe SSD		

1.2.2　存储类服务

根据数据访问的性能和频次可以把数据分为热数据、温数据和冷数据，存储系统也可以相应地分为如下几种。

- 热存储：典型服务如 AWS 的弹性块存储 EBS。
- 温存储：典型场景如 AWS 的对象存储 S3。
- 冷存储：典型场景如 AWS 的归档存储 Glacier。

1. EBS

EBS 提供了可与 EC2 实例一起使用的持久化块存储。EBS 是网络连接的存储，独立于 EC2 实例而持续存在。在将 EBS 卷附加到 EC2 实例后，用户可以像使用物理硬盘驱动器一样使用 EBS 卷，通常通过所选择的文件系统对 EBS 卷进行格式化。

EBS 还提供了创建卷时间点快照的功能，这些快照存储在 S3 中，可用作新 EBS 卷的起点，并可以保护数据，以实现长期持久性。可以使用同一卷时间点快照实例化任意数量的 EBS 卷；也可以在 AWS 不同区域之间复制这些快照，从而利用多个 AWS 区域进行地理扩展，这使得数据中心迁移和灾难恢复变得更加容易。

　　EBS 适用于频繁更改且需要在 EC2 实例的生命周期之外持续存在的数据。EBS 非常适合用作数据库、文件系统或需要直接访问原始块级存储的任何应用程序或实例（操作系统）的主存储。EBS 提供了许多可让用户针对工作负载优化存储性能和成本的选项，这些选项分为两大类：用于事务性工作负载由固态驱动器（SSD）支持的存储，如数据库和启动卷（性能主要取决于 IOPS）；用于吞吐量密集型工作负载由硬盘驱动器（HDD）支持的存储，如大数据、数据仓库和日志处理（性能主要取决于 MB/s）。

　　表 1.2 列出了 EBS 卷类型和案例。EBS 提供了 SSD 和 HDD 两种介质的四种卷类型，默认卷类型为通用型 SSD（gp2）。

表 1.2　EBS卷类型和案例

	固态硬盘 （SSD）		硬盘驱动器 （HDD）	
卷类型	通用型 SSD（gp2）	预配置 IOPS SSD（io1）	吞吐优化 HDD（st1）	Cold HDD（sc1）
描述	平衡价格和性能的通用 SSD 卷，可用于多种工作负载	最高性能 SSD 卷，可用于任务关键型低延迟或高吞吐量工作负载	为频繁访问的吞吐量密集型工作负载设计的低成本 HDD 卷	为不常访问的工作负载设计的最低成本 HDD 卷
案例	• 大多数工作负载； • 系统引导卷； • 虚拟桌面； • 低延迟交互式应用程序； • 开发和测试环境	• 需要持续 IOPS 性能或每卷高于 16000 IOPS 或 250 MB/s 吞吐量的关键业务应用程序； • 大型数据库工作负载，如 MongoDB、Cassandra、Microsoft SQL Server、MySQL、PostgreSQL、Oracle	• 以低成本流式处理；需要一致、快速的吞吐量的工作负载； • 大数据； • 数据仓库； • 日志处理； • 非引导卷	• 大量不常访问的数据、面向吞吐量的存储； • 最低存储成本至关重要的情形； • 非引导卷
API 名称	gp2	io1	st1	sc1
卷大小	1GB～16TB	4GB～16TB	500GB～16TB	500GB～16TB
最大 IOPS/卷	16000（16KB I/O）	64000（16KB I/O）	500（1MB I/O）	250（1MB I/O）
最大吞吐量/卷	250MB/s	1000MB/s	500MB/s	250MB/s
最大 IOPS /实例	80000	80000	80000	80000
最大吞吐量/实例	2375MB/s	2375MB/s	2375MB/s	2375MB/s
性能属性	IOPS	IOPS	MB/s	MB/s

2.　S3

S3 以非常低的成本为开发人员和 IT 团队提供了安全、持久、高度可扩展的对象存储。用户利用 S3 可以随时通过简单的 Web 服务界面从 Web 上的任何位置存储和检索任意数量的数据，也可以写入、读取和删除包含 0～5TB 数据的对象。S3 具有高度可扩展性，允许多个独立的客户端或应用程序线程对数据进行并发读写访问。

S3 提供了如下针对不同用例设计的存储类。

- Amazon S3 标准版，用于通用存储频繁访问的数据。
- Amazon S3 标准不频繁访问版（Standard-IA），用于长期访问频率较低的数据。
- Amazon Glacier，用于低成本存档数据。

S3 有如下 4 种常见的使用模式。

（1）S3 用于存储和分发静态 Web 内容和媒体。由于 S3 中的每个对象都有唯一的 HTTP URL，因此可以直接由 S3 交付此内容。S3 也可以用作 CDN 的原始存储。S3 具有良好的弹性，特别适用于托管需要带宽，以应对 Web 内容的极端需求高峰问题。此外，因为不需要存储资源调配，所以 S3 可以很好地用于快速增长的网站，这些网站托管数据密集型用户生成的内容，如视频和照片共享站点。

（2）S3 用于托管整个静态网站。S3 提供了一种低成本、高可用和高度可扩展的解决方案，包括以 JavaScript 等格式存储的静态 HTML 文件、图像、视频和客户端脚本。

（3）S3 用作计算和大规模分析的数据存储，如金融交易分析、点击流分析和媒体转码。基于 S3 的水平可扩展性，用户可以同时从多个计算节点访问数据，而不受单个链接的限制。

（4）S3 用作高可用、高度可扩展且安全的解决方案，用于备份和存档关键数据。用户可以使用生命周期管理规则对 S3 中存储的数据进行管理，自动地将冷数据迁移至 Amazon Glacier。用户还可以使用 S3 跨区域复制功能，自动 f 在不同区域的 S3 存储桶复制对象，从而提供灾难恢复解决方案，实现业务连续性。

相对于 Internet 延迟，同一数据中心服务器间的延迟可以忽略不计。同一区域的 EC2 访问 S3 是同一数据中心内的快速访问，不需要通过外部 Internet 进行。此外，S3 的构建旨在扩展存储、请求和用户数量，以支持大量的 Web 规模应用程序。如果同时使用多个线程、应用程序或客户端访问 S3，则 S3 扩展的总聚合吞吐量通常会远远超过任何单个服务器可以生成或使用的速率。

3. Glacier

Glacier 是一项成本极低的存储服务，可为数据归档和在线备份提供高度安全、持久和灵活的存储。用户借助 Glacier 能够以低廉的价格可靠地存储数据。Glacier 使用户可以将操作和扩展存储的管理负担转移到 AWS，而不必考虑容量规划、硬件配置、数据复制、硬件故障检测和修复耗时的硬件迁移。

用户可以将数据作为档案存储在 Glacier 中。可以用单个文件作为一个档案上载，也可以组合多个文件作为一个档案上载。用户可以使用 S3 数据生命周期策略在 Glacier 和 S3 之间无缝移动数据。

Glacier 支持许多场景，包括归档异地企业信息、媒体资产、研究和科学数据，以及执行数字保存和磁带替换。

Glacier 旨在存储不经常访问且寿命长的数据。Glacier 检索作业通常在 3～5h 完成。

1.2.3 网络类服务

数据中心的网络大体上分为如下三类。

- 基础的物理承载网络，跟用户没有直接关系，因此没有必要暴露给用户。
- 用于租户隔离的虚拟网络，如 AWS 的虚拟私有网络 VPC。
- 用于用户业务的应用级网络，如 AWS 的弹性负载均衡 ELB。

1. VPC

用户借助 VPC 可以在 AWS 云中预置一个逻辑隔离的私有网，并且可以在该私有网中启动 AWS 资源。用户可以完全掌控自定义的虚拟网络环境，包括定义它的 IP 地址范围，为其创建子网、配置路由表和网络网关。用户 VPC 可以使用 IPv4 和 IPv6，因而能够轻松安全地访问资源和应用程序。

用户可以轻松自定义 VPC 的网络配置。例如，用户可以为 Web 服务器创建一个能访问 Internet 的公有子网；也可以将后端系统（如数据库或应用程序服务器）安置在无 Internet 访问的私有子网中；还可以使用安全组和网络访问控制列表等多种安全层，对各个子网中 EC2 实例的访问进行控制。

VPC 的功能总结如下。

- 能够在 AWS 的可扩展基础设施中创建 VPC，并可以选择任何私有 IP 地址范围。

- 可以通过添加辅助 IP 地址范围来扩展 VPC。
- 可以将 VPC 的私有 IP 地址范围分割成一个或多个公有或私有子网，以便在 VPC 中运行应用程序和服务。
- 可以使用网络控制列表控制进出各个子网的入站和出站访问。
- 可以在 S3 中存储数据并设置权限，以便仅可从 VPC 内部访问这些数据。
- 可以为 VPC 中的实例分配多个 IP 地址并为其连接多个弹性网络接口。
- 可以将一个或多个弹性 IP 地址连接到 VPC 中的某个实例，以便直接从 Internet 访问该实例。
- 可以将 VPC 与其他 VPC 相连，从而实现跨 VPC 访问其他 VPC 中的资源。
- 可以通过 VPC 终端节点建立与 AWS 服务的私有连接，无须使用 Internet 网关、NAT 或防火墙代理。
- 可以为私有服务或由 AWS PrivateLink 提供支持的 SaaS 解决方案建立私有连接。
- 可以使用 AWS 站点到站点 VPN 桥接 VPC 和现场 IT 基础设施。
- 可以在 EC2-Classic 平台中启用 EC2 实例，以使私有 IP 地址与 VPC 中的实例进行通信。
- 可以将 VPC 安全组与 EC2-Classic 中的实例进行关联。
- 可以使用 VPC Flow Logs 来记录有关进出 VPC 网络接口的网络流量信息。
- 支持 VPC 中的 IPv4 和 IPv6。
- 可以使用 VPC 流量镜像为 EC2 实例捕获和镜像网络流量。
- 可以使用网络和安全设备（包括第三方产品）来阻止或分析入口和出口的流量。

2．ELB

ELB 可以在多个目标（如 EC2 实例、容器、IP 地址和 Lambda 函数）之间自动分配传入的应用程序流量。ELB 既可以在单个可用区内处理不断变化的应用程序流量负载，也可以跨多个可用区处理此类负载。

ELB 提供三种负载均衡器，它们均能实现自动扩展，并且具有高可用性和安全性，能让用户的应用程序获得容错能力。

- ALB（Application Load Balancer，应用负载均衡器）。ALB 最适合 HTTP 和 HTTPS 流量的负载均衡，面向包括微服务和容器在内的现代应用程序架构，提供高网络层级请求的路由功能。ALB 运行于单独的请求级别（第 7 层），可根据请求的内容将流量路由至 VPC 内的不同目标。
- NLB（Network Load Balancer，网络负载均衡器）。若要对需要极高性能的传输控制协议（TCP）、用户数据报协议（UDP）和传输层安全性（TLS）协议流量进行负载均衡，最适合使用 NLB。NLB 运行于连接层（第 4 层），可将流量路由至 VPC 内的不同目标，每秒能够处理数百万个请求，同时能保持超低延迟。NLB 还对突发和不稳定的流量模式进行了优化。

- CLB（Classic Load Balancer，经典负载均衡器）。CLB 同时运行于请求级别和连接级别，可在多个 EC2 实例之间提供基本的负载均衡。CLB 适用于在 EC2-Classic 网络内构建的应用程序。

ELB 主要具有如下功能。

- 高可用性。ELB 可以在单个可用区或多个可用区内的多个目标（如 EC2 实例、容器和 IP 地址）之间自动分配流量。
- 运行状况检查。ELB 可以检测无法正常运行的目标并停止向它们发送流量，同时将负载分散到其他正常运行的目标上。
- 安全性。ELB 可以使用 VPC 创建和管理与负载均衡器关联的安全组，以提供更多网络和安全选项；还可以创建内部（非面向 Internet 的）负载均衡器。
- TLS 终止。ELB 提供集成化证书管理和 SSL/TLS 解密，使用户可以灵活地集中管理负载均衡器的 SSL 设置，并从用户自定义的应用程序上卸载 CPU 密集型模块。
- 第 4 层或第 7 层负载均衡。用户可以对 HTTP/HTTPS 应用程序执行负载均衡，以实现特定于第 7 层的功能；或者对依赖于 TCP 和 UDP 协议的应用程序执行严格的第 4 层负载均衡。
- 运行监控。ELB 支持对 Amazon CloudWatch 指标的集成和请求跟踪，可以实时监控应用程序的性能。

可以根据应用程序按需选择合适的负载均衡器。如果需要灵活管理应用程序，则应使用 ALB；如果应用程序需要实现极致性能和静态 IP，则应使用 NLB；如果现有应用程序构建于 EC2-Classic 网络内，则应使用 CLB。

1.2.4　IaaS 层服务总结

云计算 IaaS 层服务是对硬件产品的封装，上层其他云计算服务基于 IaaS 层服务实现自身的功能。IaaS 层服务涉及的底层软硬件技术如表 1.3 所示。

表 1.3　IaaS 层服务涉及的底层软硬件技术

类型	服务	涉及的底层软硬件技术
计算类	EC2 弹性计算主机	计算：CPU 计算、GPU 加速、FaaS 加速、DSA/ASIC 加速等； 存储：本地存储和 EBS 分布式块存储等； 网络：VPC、ENA/EFA 等； 虚拟化：管理、设备热迁移等； 安全：信任根、可信计算、加密、认证等

类型	服务	涉及的底层软硬件技术
存储类	EBS 弹性块存储	高性能、低延时存储服务器，存储介质 NVMe/HDD； 设备模拟、分布式存储客户端/服务器端； 存储接口、RDMA/NVMeoF 等高性能网络数据传输； 存储冗余、压缩、加密等
	S3 简单对象存储	高效能存储服务器，存储介质 SATA SSD/HDD； 存储服务器端； 存储冗余、压缩、加密等
	Glacier 归档存储	低成本存储服务器，存储介质归档型 HDD 或磁带； 存储冗余机制、压缩等
网络类	VPC 虚拟私有网络	虚拟网络协议处理，SDN 可编程控制面/数据面； 网络协议栈优化，网络接口优化
	ELB 弹性负载均衡	基于负载均衡算法的网络包转发处理； 平台化，基于特定算法的网络包转发处理

1.3　云计算的特点

云计算服务商所拥有的数据中心数量众多、规模庞大，所提供的服务多种多样，这使得云计算具有很多特点。其中，本质、关键的特点是大规模、"大"数据、多租户等，随着云计算的持续发展，这些特点会更加突出。

1.3.1　更大的规模

云计算数据中心规模越来越大，通常都是百万级的服务器规模。例如，AWS 在全球拥有 22个地理区域和 69 个可用区，服务器数量为 400 万台左右。庞大规模服务器任何一点小的优化，都可以帮助用户节省数以亿计的成本，这对服务器提出了很多新的要求，很多大型互联网公司都开启了各种定制硬件的道路。例如，谷歌大部分服务器都是自己设计的，采用定制化托盘，内建备用电源，比传统服务器的成本和能耗低得多，为谷歌节省了大笔电力开支。再如，Facebook 携手英特尔等公司于 2011 年成立了 OCP（Open Compute Project，开放计算项目），旨在通过开源硬件技术加快数据中心技术和运维等方面的创新步伐。OCP 一直围绕网络、服务器、存储设备和开放 Rack 等展开创新工作，以开放硬件及相关软件的形式促进整个生态的发展。

由于通用服务器要适应多种应用并兼顾扩展性，因此较难同时兼顾性能、能耗和成本，于是，为云计算定制的云计算服务器运用而生。云计算服务器对硬件资源进行更加充分的利用，实现量体裁衣，避免硬件资源的浪费。相比于传统服务器，云计算服务器需要大规模部署，这要求云计算服务器部署密度更高、能耗更低及易于管理。

- 高密度：云计算数据中心越来越大，土地资源有限，机房空间捉襟见肘，如何在有限空间容纳更多的计算节点和资源是云计算发展的关键。
- 低能耗：云计算数据中心建设成本中电力设备和空调系统投资比重达到65%，并且云计算数据中心运营成本中75%是能源成本。由此可见，能耗的降低对云计算数据中心而言是极其重要的，而云计算服务器是能耗的核心，因此云计算服务器实现低能耗对云计算数据中心的发展十分有利。
- 易于管理：规模庞大的服务器管理极具挑战性，通过云计算平台管理系统、服务器管理接口实现自动化的部署和管理是云计算数据中心发展必须考虑的问题。

1.3.2 更"大"的数据

数据的使用正在改变我们的生活、工作和娱乐方式。全球各行各业的企业都在使用数据来改造自身，以使企业变得更加敏捷；根据数据引入新的业务模型并发掘新的竞争优势，以改善用户体验。我们生活在一个日益数字化的世界中，几乎生活的方方面面都已经数字化，甚至包括睡眠。

如图1.3所示，IDC（知名市场研究公司）预测，到2025年，全球数据领域的数据规模将增长到175 ZB。IDC定义了数字产生和存储的三个区域：核心、边缘和终端。

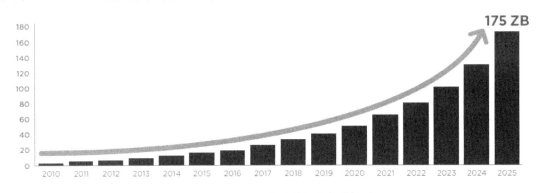

图 1.3　IDC 预测的全球数据按年增加量

- 核心（Core）：由企业和云计算服务商中的指定计算数据中心组成，包括所有类型的云计算（如公共云、私有云和混合云）及企业运营数据中心（如运行电网和电话网络的数据中心）。
- 边缘（Edge）：不在核心数据中心、经过企业强化的服务器和设备，包括现场服务器、基站和区域的较小数据中心。

- 终端（Endpoint）：包括网络边缘上的所有设备，如 PC、电话、工业传感器、联网的汽车和可穿戴设备等。

如图 1.4 所示，从数据产生规模的角度来看，终端所占百分比是逐年下降的，而核心和边缘所占百分比越来越多；从数据存储的角度来看，终端存储的数据量随着时间推移逐年与核心存储的数据量持平，这使得核心成为所有类型数据的首选存储库。IDC 预测，到 2024 年，在数据存储方面，核心的数据占比将增加一倍以上。

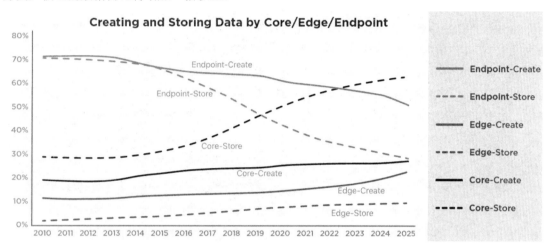

图 1.4　数据产生和存储的三个区域的占比

如今，数据量仍呈爆炸式增长，这么多数据的产生、传输、处理、存储、分析等都会对硬件的性能、带宽、延时、空间、功耗、成本等构成极大的挑战，应对大数据时代的挑战有赖于体系结构更深层次的创新。

1.3.3　更多的租户

多租户是云计算最为显著的特点。多租户是在一定安全机制上让多个不信任方共享资源，同时给这些不信任方完全独占资源的"假象"。例如，公寓大楼为每个租户提供单独的空间，同时为他们提供公共空间、安全性及物业等资源。多租户模式可以显著降低云计算用户的资源拥有成本，这使得云计算逐渐成为 IT 基础设施的主要模式。

Gartner（知名咨询公司）给出了多种不同层次的多租户模型，如图 1.5 所示。数据中心 IaaS 层的多租户模型主要是基于虚拟机共享硬件的虚拟化，通过虚拟网络技术构建 VPC，为每个租户提供独立的资源域，并创建虚拟机实例。云计算服务商为满足不同租户个性化需求，提供了多种应用场景和主机类型，为不同用户主机匹配个性化网络安全策略，并且针对不同租户设定不同的本地或远程存储盘的安全、加密和备份策略等。

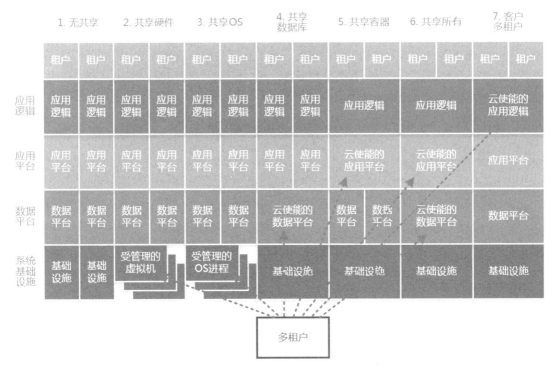

图 1.5　Gartner 弹性和多租户参考模型

若想更好地在一个云计算体系里支持更多的租户，并且以租户 VPC 域、服务实例、I/O 设备等为单位提供更多个性化的服务支持，同时能够兼顾性能和成本，则需要硬件更细粒度虚拟化的支持。

1.3.4　更复杂的网络

网络是数据中心核心的功能，其关键的两个性能指标是带宽和延迟。云计算是多租户场景，多租户域间隔离、跨域访问及动态的网络变化也是数据中心网络非常重要的特点。

1. 更大的带宽

数据量越来越大，网络传输的带宽也在快速升级，叠加数据中心东西向流量，据英特尔估计，数据中心内部的流量每年以 25% 的速度增长。当前数据中心大规模商用的主流数据带宽是25Gbit/s，预计未来会逐步过渡到 100Gbit/s。

带宽逐步增大意味着许多现有的网络数据处理架构会逐渐无法满足更高性能的处理要求。例如，传统的基于内核 TCP/IP 的网络处理会逐渐被 DPDK 取代，目前已经有完全硬件卸载的网络处理设备进行了批量部署。

2. 更低的延迟

Akami 的一项研究表明，页面加载速度每延迟 1s 就会导致转化率平均下降 7%，页面浏览量下降 11%，用户满意度下降 16%。在金融行业中，即使 1ms 的延迟也会对高速交易算法的性能产生巨大影响。金融行业对延迟敏感的一个案例是，某公司投资了 4 亿多美元，只是为了将纽约与伦敦之间的传输时间缩短 5ms。

在线事务处理（OLTP）的工作负载主要由南北流量控制、客户端请求、服务器响应，通过相对简单的三层网络结构就能得到很好的服务。但是，随着社交媒体和移动应用程序的爆炸式增长，流量模式已从南北向（客户端和数据中心之间）转变为东西向（数据中心内部的流量）。据估计，单个在线查询可以在数据中心内部生成数百甚至数千个请求，数据中心只有在这些请求全部生成之后才能对其进行响应。在这种模式下，即使数千个请求同时执行，并且需要花费较长响应时间的请求相对少见，但该模式仍然最终决定了服务的总体响应时间。

3. 域间隔离和跨域访问

VPC 是云计算服务商在数据中心内部为用户提供的一个逻辑隔离的区域，用户可以在自定义的虚拟网络中创建云计算服务资源。底层的虚拟网络系统实现了不同用户网络区域的隔离。

不同的私有网络区域并不是完全封闭的，有些场景需要跨域访问。例如，一些非实例型"独立服务"提供的服务就不是完全封闭的，当用户从自己的 VPC 去访问另外某个 VPC 服务的时候，通常有两种做法，一种是使用公网 IP 通过公网访问；另一种是利用一些特定的满足安全机制的跨域访问服务，通过数据中心内部网络访问，以此来提升访问效率，即数据中心内部的跨域访问。又如，数据中心按照区域和可用区进行划分，用户跨区域数据中心多地容灾或特定的服务和数据通信，需要跨数据中心访问。

通过 VPC 把不同用户或系统的资源隔离是出于安全的考虑；跨域访问是在保证安全基础上出于性能和功能的考虑。

4. 动态的网络变化

单个数据中心服务器规模可以达到数万台，需要数千台网络设备将这些服务器连接在一起，这种大规模的数据中心网络管理难度大，网络运行故障定位难，运维成本非常高。大规模数据中心动态网络变化主要体现在如下几方面。

- 云计算是多租户模式，不同的租户业务之间需要完全隔离，数据中心通过虚拟网络来实现不同租户网络域的隔离。租户及租户的资源一直处在动态的变化中，这加剧了网络变化的频次并加大了网络管理的难度。
- 数据中心的数万台服务器不可避免会发生故障，用户业务在不同的物理服务器之间迁移也会对网络变化产生影响。
- 互联网上层业务日新月异的变化也会对网络变化产生影响。

1.3.5　安全问题无处不在

在 Mazhar Ali 等人于 2015 年发表的文章 *Security in cloud computing: Opportunities and challenges* 中，细致地总结了云计算安全所面临的挑战。除了与传统 IT 基础设施共享的风险，云计算服务的部署方式还引入了特定于云的安全风险和漏洞。云中的安全风险可能与传统 IT 基础设施的风险在性质或强度方面有所不同。

云计算允许多用户通过虚拟化技术使用同一资源池，尽管这些虚拟化技术引入了快速的弹性和资源的优化管理，但也给系统带来了一定的风险。如图 1.6 所示，通过网络通信安全、架构安全和合同/法律三大领域来梳理云计算场景面临的安全挑战。

1. 网络通信安全

云的外部通信（用户与云之间）与 Internet 上的通信类似。基于互联网的特性，云通信面临的挑战与传统的 IT 通信面临的挑战相同，这些挑战包括拒绝服务、中间人、窃听、基于 IP 欺骗的洪水和伪装。这些挑战的解决方案也与常规采用的解决方案相同，如安全套接字层（SSL）、互联网安全协议（IPSec）、加密算法、入侵检测和防御系统、流量清理和数字证书。

云的内部通信，即数据中心内部东西向的网络通信，主要体现在如下几方面。

- 共享基础设施。资源池化不仅是计算和存储资源的共享，还是网络资源的共享。网络的共享为攻击者提供了跨租户攻击的可能性。
- 虚拟网络。物理网络上的安全和保护机制无法监视虚拟网络上的流量。虚拟机的潜在恶意活动超出了安全工具的监视范围，这成为云通信面临的严峻挑战。
- 安全配置错误。云计算网络基础设施的安全配置对于向用户提供安全的云计算服务至关重要，错误配置会从根本上破坏用户、应用程序和整个系统的安全性。虚拟机、数据和应用程序在多个物理节点之间的迁移，流量模式，拓扑结构的变化都需要动态地管理各种安全策略，而动态管理意味着随时刻刻都可能引发安全风险。

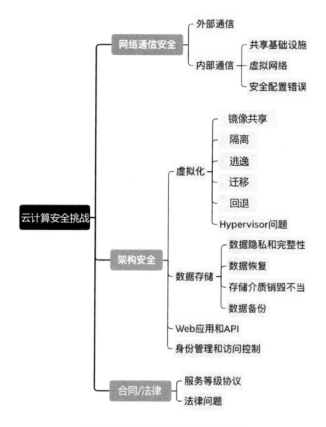

图 1.6　云计算安全面临的挑战

2．架构安全

虚拟化允许多个用户使用相同的物理资源，为每个用户实例化一个单独的 VM，从而允许在多租户环境中进行资源池化。虚拟化在镜像共享、隔离、逃逸迁移、回退及 Hypervisor 问题等方面给云用户和架构带来了一定的安全挑战。

云计算模型无法为用户提供对数据的完全控制，而允许云计算服务商行使控制权来管理服务器和数据。数据存储安全方面的挑战体现在如下几方面。

- 数据隐私和完整性。与传统计算模型的数据相比，云计算模型的数据在机密性、完整性和可用性方面更容易受到风险的影响。除了静态数据，正在处理的数据也面临安全风险。云计算场景的密码、密钥生成和管理机制也增加了数据加密的潜在风险。

- 数据恢复漏洞。资源池具有弹性，会将之前用户的资源在一定时间后分配给其他用户，恶意用户可能会通过特殊的数据恢复技术来获取先前用户的数据。

- 存储介质销毁不当。当磁盘需要更换，数据不再需要，以及终止服务的时候，需要销毁存储介质。多租户会增加设备清理的风险，在某个用户共享的磁盘寿命结束时，可能由于其他用户仍在使用而无法销毁。

- 数据备份。需要定期备份数据，以确保在某些特殊情况下，数据可用并可及时恢复。此外，还需要保护备份存储，防止未经授权的访问和篡改。

云计算服务商通过 Internet 向云用户提供服务和应用程序。云应用程序具有与传统 Web 应用程序相同的漏洞。但是，传统 Web 应用程序的安全解决方案并不适用于云应用程序，因为云应用程序中的漏洞可能比传统 Web 应用程序更具破坏性，并且多租户共存使问题变得更加严重。传统 Web 应用程序中的十大风险：注入（SQL、OS 和 LDAP）、身份认证和会话管理破坏、跨站脚本（XSS）、不安全的直接对象引用、安全配置错误、敏感数据暴露、缺少功能级别的访问控制、跨站请求伪造（CSRF）、使用已知易受攻击的组件、无效的重定向和转发，传统 Web 应用程序的开发，管理和使用必须考虑这些风险。API 桥接了用户和云中的服务，API 的安全性极大地影响云计算服务的安全性和可用性。

在云计算环境中，数据和服务的机密性、完整性与身份管理、访问控制联系在一起，跟踪用户的身份并控制未经授权的访问非常重要。与传统的 IT 设置不同，云可以使用不同的身份验证和授权框架，同时使用相同的物理资源来处理不同组织的用户。云计算服务具有弹性和动态性，经常重新分配 IP 地址，并在较短的时间内启动或重新启动服务。云计算服务的按需付费功能使用户可以频繁创建和释放云资源，但是需要使用动态、细粒度、严格的访问控制机制来防止未经授权的操作。

1.3.6　面向特定应用场景的云计算服务

云计算公司通过提供种类丰富的云计算服务来帮助用户快速发展业务、降低 IT 成本及快速扩展。很多大型企业和热门的初创公司都通过 AWS 等云计算服务商提供的云计算服务来完成自己的工作负载，包括 Web 和移动应用程序、游戏开发、数据处理与仓库、存储、存档及很多其他工作负载。

AWS 为用户提供了大量基于云计算服务的全球性产品，如图 1.7 所示。丰富的服务类型意味着针对各种特定的应用场景（如高性能计算、机器学习、内存数据库、网络转发、存储等）进行了定制、优化的服务设计。

图 1.7　AWS 产品服务分类

针对特定场景定制、优化服务设计的原因如下。

- 庞大的规模。云计算的规模越来越庞大，大型云计算服务商通常都拥有百万级规模的服务器，并且规模仍在持续扩大，即使这些服务器分散到不同的应用场景，各个应用场景依然具有数十万台服务器。因此，非常有必要针对特定的应用场景进行服务设计的定制、优化。
- 特定应用场景通常都性能敏感（通用应用场景无法覆盖）。特定应用场景不仅需要软件层面的优化，更需要硬件层面的优化。例如，AWS 的云计算主机通过基本 CPU、内存、存储和网络的不同组合，扩展出了计算优化、内存优化、存储优化及业务加速等不同的主机类型，这些扩展的主机主要用于各种特定应用场景。如果特定应用场景性能要求更加苛刻，这些扩展主机依然无法满足，则需要更深层次的定制优化。

庞大的规模及特定应用场景的需求是硬件定制优化本质的推动力量。然而，不同应用场景对底层软硬件有着不同的需求，云计算应用场景硬件定制最大的挑战是提供统一的平台来满足各种不同应用场景的优化定制需求。我们需要深入体系结构，通过底层软硬件的协同优化重构，提供灵活、可扩展的软硬件平台，以更有效地支撑各种性能敏感应用场景的需求。

1.3.7　服务接口的兼容性和通用性

大多数用户都希望云计算服务能够向前兼容，这样已有的系统可以无缝迁移到云。云计算服务的用户类型很多，只有云计算服务提供的是通用接口，才能够保证云计算服务覆盖绝大部分用户的应用场景。例如，云计算应用场景主流的操作系统是 Linux，它不仅能兼容许多开源的商业软件系统，也能向前兼容很多旧版本的软件系统。

通过虚拟化技术为上层虚拟出完全一致的硬件平台，包括一致的处理器架构、内存访问及 I/O 设备。绝大部分云计算服务器的 CPU 都是 x86 架构的，都支持 VT-d CPU 和内存的完全硬件虚拟化，这样能够在不损耗云计算服务器性能的基础上提供一致的处理器架构和内存访问。但物理 I/O 设备的类型通常很多，即使同种类型的物理 I/O 设备，其设备供应商也不止一个，这就形成了不一致的 I/O 接口。

一致性的 I/O 接口主要靠类虚拟化的技术来实现。Virtio 是已经得到广泛应用的通过 I/O 类虚拟化技术实现的接口标准。Virtio 通过分层的方式提供标准的软硬件接口，并在其之上封装网络、块存储、字符等各种特定类型设备的访问，这样的优势是可以最大限度地复用大部分设计；缺点是没有针对特定类型设备的特点进行优化，效率较低。

1.4 底层软硬件挑战

硬件永远面临软件的挑战：无论硬件性能多强劲，都无法满足软件持续快速上升的性能需求。在云计算应用场景中，大规模、多租户、复杂网络等多种需求叠加，这使得底层硬件及相关的底层软件（如驱动程序、固件等）面临更复杂的挑战。

1.4.1 业务异构加速

业务从无到有，再到大规模发展，对云计算主机的需求一直在变化。

- 最初的业务特征可能不明显，在这种情况下，宜选用以 CPU 为计算核心的通用云计算主机。
- 随着业务的进一步开展，业务场景逐渐稳定，当用户对自己的业务非常熟悉之后，用户可能会倾向于针对不同的业务选择不同类型的主机。例如，针对 HPC 选择计算优化型主机，针对大型数据集处理选择内存优化型主机等。
- 随着业务的深入开展，业务场景逐渐固定，当云计算资源的规模足够大时，就有了通过硬件进一步加速来提升性能并降低成本的诉求。

随着人工智能技术的蓬勃发展，基于 GPU 加速的机器学习训练及推理得到大规模应用。GPU 加速主要应用于机器/深度学习、高性能计算、计算流体动力学、计算金融学、地震分析、语音识别、无人驾驶汽车、药物发现、推荐引擎、预测、图像和视频分析、高级文本分析、文档分析、语音、对话式代理、翻译、转录和欺诈检测等领域。

FPGA 能够为特定应用场景定制加速器，相比 GPU，FPGA 加速效率更高，缺点在于硬件编程的技术难度和工作量大。因此，基于 FPGA 的加速主要是以 FaaS（FPGA as a Service，FPGA 即服务）平台的模式出现，由 Xilinx、英特尔或其他供应商提供底层的 FPGA 软硬件支持，把 FPGA 封装成标准的加速平台。一些第三方 ISV 可以基于标准平台开发一些针对主流应用场景的特定加速器。在云计算数据中心大规模服务的支持下，FaaS 既具备了硬件加速的高效，也具备了云计算的弹性特征，在一些特定领域得到了广泛的应用。

异构加速的实现架构通常是 CPU+GPU/FPGA，主要由 CPU 完成不可加速部分的计算及整个系统的控制调度，由 GPU/FPGA 完成特定任务的加速，这种架构面临如下挑战。

- 可加速部分占整个系统的比例有限。
- 受到数据在 CPU 和加速器之间来回搬运的影响，有些应用场景综合加速效率不明显。
- 额外的 CPU/FPGA 加速卡导致成本增加。
- 异构加速引入了新的实体，使得由一个实体完成的计算变成了由两个或多个实体协作完成，增加了整个系统的复杂度。
- GPU、FPGA 都有多种平台。例如，NVIDIA GPU 的 CUDA（Compute Unified Device Architecture，统一计算架构）、Xilinx FPGA 的 SDAccel、Intel 的 Accelerator Stack 等。每种平台都需要考虑各自的硬件加速器型号和规格，这给云计算的硬件成本及运维管理带来了挑战。
- 虽然底层软硬件供应商已经为自己的硬件平台封装了非常强大且对用户友好的开发和应用框架，但当面对一个新领域的时候，异构加速平台距离业务级的开发者还是太远，用户自己开发底层软硬件的难度依然很大。

1.4.2　工作任务卸载

在虚拟化的架构里，系统可以简单地分为两层：Guest 层和 Host 层。Guest 层是用户业务层，Host 层是后台管理层。Host 层的工作任务主要是虚拟化管理、I/O 后台处理，以及相关的监控、操作和管理等。

Host 层的多种工作任务中最消耗 CPU 资源的是 I/O 后台处理，如网络 VPC、分布式存储等。Intel 在 Xeon CPU 上做过网络 OVS 的性能测试：64B 数据包流消耗 4 个 CPU 内核，通过 DPDK 加速的 OVS 最佳性能是 9Mpps 的吞吐量 4.6Gbit/s 的带宽。随着网络带宽的不断升级。如果仍然通过 DPDK 加速 OVS 那么 CPU 开销将无法承受。将 10～15 个甚至更多的 CPU 核专门用于数据包处理，意味着没有多少剩余的 CPU 核可以用于用户业务。在服务器上运行的 VM 或容器越多，云计算服务商赚到的钱就越多。如果为 DPDK-OVS 分配大量 CPU 核，那么在服务器上启动的 VM 数量将减少，从而减少云计算服务商的收入。

Host 层的其他工作任务也都会占用一定的 CPU 资源，并且存在跟用户业务争抢 CPU 资源的问题，最好都能够卸载到硬件设备。云计算服务商总希望把尽可能多的 CPU 资源出售给用户业务，以此来赚取更多的收入。虚拟化的功能非常复杂，包括 vCPU 的调度、虚拟设备模拟、热迁移、虚拟机管理等。相比虚拟化的功能，虚拟化的卸载更加复杂，除了 Hypervisor 的功能，还涉及整个云计算体系结构的重构。

工作任务卸载跟业务异构加速有很多异同点，相同点在于两者本质上都通过硬件加速来提升性能，并且都需要软件的协同工作；区别主要有如下几点。

- 工作任务卸载不是局部算法加速而是整体卸载，所有的处理都放在硬件中实现（数据面会完全卸载，控制面可能依然在主机侧）。
- 业务异构加速是单个工作任务内部的协作，工作任务卸载是卸载的任务和主机侧其他任务的协作。
- 工作任务卸载对用户来说是透明无感知的，业务异构加速平台则需要暴露给用户。

工作任务卸载一般不改变现有云计算软件系统，而是做到与其兼容。工作任务卸载的挑战在于如何做好软硬件划分，以及更好地把软硬件接口划分清楚，以实现在不修改硬件数据面处理的情况下，软件能够快速迭代升级。工作任务卸载的目标是由硬件负责数据面，由软件负责控制面，实现硬件的高效和软件的灵活统一。

1.4.3　软硬件接口的标准化和灵活性

狭义的软硬件接口即 I/O 接口，我们通常把 CPU 和 I/O 设备之间的接口扩展到 CPU 与其他硬件之间的数据交互接口。我们通过 I/O 接口在软件和硬件之间传输数据，这些数据即在软件中处理，也在硬件中处理，而 I/O 接口就承担了软件和硬件之间数据通信接口的角色，我们称之为软硬件（数据）接口。

1. 软硬件接口的标准化

为了降低数据中心大规模管理及业务迁移的复杂度，同时提高二者的稳定性，需求云计算基于无差别、的硬件平台。通常通过虚拟化技术把底层有差别的硬件特性抹平，为虚拟机提供一个无差别的虚拟硬件服务器。

完全硬件虚拟化技术很难实现无差别的虚拟硬件服务器。我们通过硬件虚拟化技术把 CPU 里的处理器和内存访问直接暴露给虚拟机，因为主流的服务器架构都是 x86，所以我们依然可以认为这些服务器的 CPU 处理器和内存是无差别的。但是，在通过直通模式和 SR-IOV 等技术把硬件设备完全暴露给虚拟机的时候，出现了一些问题：不同供应商生产的同一类设备的接口完全不同，需要加载不同的驱动程序；同一个供应商的现代同类产品也可能因为产品升级换代的原因而无法保证二者之间的接口完全兼容。

当前云计算场景的 I/O 虚拟化技术仍然以类虚拟化技术为主，这不可避免地会影响 I/O 的性能。随着网络、存储向着大带宽、高性能的方向发展，类虚拟化技术越来越成为影响 I/O 性能的主要因素。

为了实现在支持标准化接口的同时保证完全硬件虚拟化 I/O 设备的性能，云计算厂家更倾向于选用公开、高效、标准、广泛使用的 I/O 接口。例如，AWS 的网络设备接口为 ENA，存储接口为 NVMe。

2. 软硬件接口的灵活性

I/O 硬件虚拟化虽然可以呈现出很多虚拟设备，但实际上是将物理设备进行了共享，这些物理设备既可以是同类型的，也可以是不同类型的。物理的硬件接口可以根据实际需求进行灵活配置，配置的灵活性体现在如下几方面。

- 接口的类型可配置。我们可以根据不同的应用场景，配置每个物理接口上需要虚拟的多个不同类型的接口。例如，网络类型的接口、存储类型的接口、网络类型和存储类型共存的接口，以及其他不同接口类型或接口类型集合。
- 接口的可扩展性。每一种类型的虚拟接口还可以灵活地配置同类型虚拟设备的数量。
- 接口的性能弹性。如果是网络接口，我们可以灵活配置不同网络虚拟接口的最大带宽、网络包处理的最大 PPS 值等；如果是存储接口，我们可以灵活配置不同的最大存储吞吐量和 IOPS 等。

1.4.4　硬件处理的虚拟化和个性化

云计算场景面临的一大挑战是多租户，当我们把 Host 层的工作任务从软件转移到硬件处理时，硬件就需要实现虚拟化功能来支持多租户。云计算通过 PCIe SR-IOV 及多队列（Multi-Queue）技术实现了更细粒度的接口完全硬件虚拟化，硬件内部同样需要支持完全硬件虚拟化的多队列，以实现逻辑分离的硬件处理引擎，使每一个队列的处理一一对应。

很多硬件内部支持多通道（Multi-Channel）技术，硬件处理的虚拟化跟多通道类似，但又不完全相同。就像服务器虚拟化可以虚拟出各种不同资源配置、用于不同工作处理的虚拟机一样，硬件处理的虚拟化同样需要在队列粒度的层级上实现不同队列的个性化处理。例如，块存储场景有数据压缩、加密、备份等需求，网络场景有 IPSec、新的网络转发协议的需求，但并不是所有用户都有同样的需求，不同用户的需求可能千差万别，甚至同一个用户的不同实例需求也不一样。这就需要实现队列粒度、有状态、虚拟化、个性化的硬件处理。

1.4.5 业务和管理物理分离

后台管理层的工作任务卸载一般只卸载部分后台任务，或者主要卸载工作任务数据面，以此来减少绝大部分的 CPU 资源消耗，控制面的处理仍然要运行在 Host 层。而业务和管理物理的分离更加彻底，把后台管理完全转移到了新的硬件设备，把 CPU 完全交付给用户业务使用。业务和物理管理分离的诉求一是来自后端管理和用户业务之间的相互影响；二是来自安全管理；三是来自用户独占物理服务器。

在云计算基于虚拟化的多租户环境下，用户业务和后台的管理共存于一个服务器软件系统里，用户之间会因为资源抢占而相互影响，后端管理和用户业务之间也会相互影响。

- 虚拟化管理可能会对共存于同一个硬件服务器的业务实例造成影响。例如，如果我们不想让热迁移影响业务实例的性能，那么就需要增加整体迁移持续的时间，但这样会降低热迁移的效率，并且影响业务实例高可用的体验；如果尽可能地减少整体迁移持续的时间，那么就会对其他业务实例性能产生影响。
- 后台工作负载会占用 CPU 资源。例如，当某个业务有突发大流量网络访问的时候，由于后台网络 VPC 工作负载主要进行数据面的处理，因此会等比例地增加 CPU 资源消耗，这也会对业务实例性能造成影响。

云计算多租户运行于同一个环境里，势必会增加安全风险：一方面，操作系统或虚拟化管理潜在的漏洞可能会被别有用心之人利用；另一方面，云计算运维管理存在人为失误的可能，从而影响用户实例。

一些用户会有物理机实例的需求。例如，一些 HPC 的场景性能敏感，即使非常少量的性能损耗也不可接受。又如，一些企业用户已经有一套自己的企业级虚拟化环境，大量的虚拟机运行在这些企业级的虚拟化环境中，当用户迁移到云的时候，需要考虑更多的兼容性问题，因此这些企业用户希望服务器是物理机，从而可以不改动底层的虚拟化环境，整体迁移到云计算环境。物理机实例的需求给云计算运行环境带来了非常大的挑战，例如：

- 我们很难把网络 VPC、分布式存储等后台 I/O 工作负载添加到用户的业务实例中。

- 无法实现物理机实例的高可用（物理机无法迁移）。
- 面临很多 I/O 接口不一致的问题。

1.4.6　硬件的功能扩展

在处理某个任务时，软件处理比硬件处理的灵活性更好；而硬件处理比软件处理的处理性能更好。硬件处理一旦确定就很难更改，也意味着很难再加入新的功能。

传统的 SoC 芯片上通常会集成有参与数据面处理的高性能处理器，可以通过加入软件处理的方式实现功能扩展，但这种方式存在性能瓶颈问题。云计算场景对处理的带宽、延迟、OPS（Operations Per Second）等非常敏感，基于软件的功能扩展并不是很好的解决办法。PCIe 等芯片间总线互连的性能远低于片内总线互连的性能。例如，CPU+GPU 等异构加速架构通过片间总线互连，同时加入软件的任务处理，数据要频繁地在两者之间交互，性能很差。

由于硬件处理加入的延迟非常有限，几乎可以忽略，因此带宽、OPS 能够保持一致。加入独立的硬件处理来进行功能的扩展会是一种比较好的办法，但硬件功能扩展面临如下几方面的挑战。

- 硬件部分可编程。利用 FPGA 可以支持硬件可编程，但如果完全基于 FPGA 实现所有的硬件处理，那么又会得不偿失。因为对于同样的硬件逻辑，基于 FPGA 的实现比基于 ASIC 的实现性能更差、成本更高。通常我们将 ASIC 和 FPGA 配合使用，比如，把 80% 的硬件功能用 ASIC 实现，把 20% 的硬件功能用 FPGA 实现。
- 接口标准化。固定的硬件处理需要为扩展的硬件处理提供标准的数据 I/O 接口，扩展的硬件处理需要具有标准的配置接口等。
- 功能扩展平台化。与基于 FPGA 实现的硬件加速平台类似，基于 FPGA 实现的硬件处理需要把支持扩展的整个架构平台化，这样才能比较高效地加入扩展的功能。

1.4.7　让硬件快速迭代

嘀嗒（Tick-Tock）模式是英特尔芯片技术发展的战略模式：在 Tick 年，设计的微架构不变，通过改进制造工艺来提升 CPU 的性能；在 Tock 年，制造工艺不变，通过设计全新的微架构来提升 CPU 的性能。采用嘀嗒模式，既能稳妥地让制造工艺和微架构设计相互印证，又能够把 2 年迭代一次 CPU 变成 1 年迭代一次 CPU。

网络协议栈，通常用硬件实现比较稳定的物理层和数据链路层，用内核态实现通用的 TCP/IP 层，用用户态实现变化多样的应用层。

上述这些案例为我们提供了一些思路：我们可以把系统实现分为硬件 ASIC、可编程 FPGA、底层系统栈、上层应用 4 种类型。我们用硬件 ASIC 实现一些基础架构和路径，ASIC 可以 2 年左右周期迭代；FPGA 可以半年左右周期迭代，这样在以 ASIC 为基础的硬件整个生命周期，我们大概可以迭代 4 版硬件。快速的硬件迭代可以最大限度地发挥硬件的价值，并且在新版本 ASIC 的迭代过程中，我们可以把一些成熟的硬件逻辑从 FPGA 转移到 ASIC，实现硬件到硬件的"卸载"。

硬件快速迭代最大的挑战在于如何像软件系统分层那样，构建分层的硬件体系结构，设计好各个分层的功能，并定义好标准、清晰、简洁的层间接口。

1.4.8　硬件高可用

对于云计算服务来说,可用性是非常重要的指标。例如,AWS 的 SLA(Service-Level Agreement,服务等级协议）可以保证一个区域内的 EC2 和 EBS 月度正常运行时间百分比至少达到 99.99%。虽然单点的故障概率很低，但大规模的数据中心每天仍会发生数百起故障。主流的互联网系统都是基于大规模服务器集群构建的，单点的故障会导致非常严重的问题。软件层面通过非常复杂的技术来保证云计算服务的高可用，如采用虚拟机 Live Migration、主备切换、负载均衡、分布式存储等技术。更稳妥的做法还是在硬件层面实现高可用。

- 提升硬件稳定性。ASIC 芯片的初始成本很高，芯片公司只有大规模提升单款 ASIC 芯片的销售数量才能最大限度地实现销售收入。为了提升单款 ASIC 芯片的销售数量，就需要让芯片产品适应尽可能多的场景，这增加了 ASIC 芯片的复杂度。即使 ASIC 芯片经过充分的验证测试，却仍然很难完全适应各种应用场景。很多互联网公司自己做硬件，并可针对特定应用场景定制，不但不需要应付各种各样的应用场景，还能够用实际业务环境的灰度机制来做好压力测试，效果会好很多。
- 多路独立硬件资源。我们可以采用一定的机制把多路独立硬件资源当作一个整体，使它们共同服务于上层软件，当其中部分资源出现故障的时候，仍然可以为上层软件提供一定程度的服务。
- 快速故障检测和自重启恢复。受到多租户的影响，云计算服务需要构建基于硬件虚拟化粒度的故障检测和恢复机制。
- 硬件可在线可升级。我们可以利用 FPGA 的可现场编程特性不断地优化硬件设计，提高硬件的稳定性。

1.5　总结

云计算是互联网的底层技术和基础设施。云计算在传统互联网、物联网、人工智能、大数据、产业互联网等领域扮演着越来越重要的角色。底层软硬件挑战是云计算进入新阶段的重要标志。新阶段的云计算具有如下显著特征。

- 随着云计算行业规模的不断扩大，云计算服务及商业模式趋于成熟，云计算由粗狂式发展转向精细化发展，基于通用服务器的各种云计算服务越来越受到性能、效率及成本的约束。
- 云计算服务商的服务器规模持续扩大，主流服务商都拥有百万级的服务器。
- 在通用服务的基础上，云计算开始分化出面向特定应用场景的各种类型的产品服务。

上述特征共同决定了云计算未来的发展，只有深层次地对软硬件融合的体系结构进行创新，才能应对不断提升的产品创新、性能、成本、运维管理等多方面的挑战。

云计算面临的最大的挑战是如何把应对底层软硬件挑战的解决方案整合到一起。

- 我们希望尽可能在不改变上层软件访问方式和风格的基础上，合理优化底层软硬件架构，以此来实现性能、成本、管理和用户易用性等方面的提升。
- 我们希望这些解决方案能够跟云计算（特别是 IaaS 层）服务结合起来，通过一些具体的底层软硬件优化来实现价值的快速落地。
- 我们需要建立底层软硬件系统的平台化能力，以此来迎接互联网未来持续快速迭代的挑战。
- 我们需要站在底层软件栈、芯片、板卡、服务器、交换机和基础物理/虚拟网络架构，IaaS/PaaS/Saas 层云计算服务和云计算系统运行管理，以及机架、电源、散热、DC 管理等基础设施层面，统筹考虑底层软硬件挑战。

2

第 2 章
软硬件融合综述

软件和硬件是计算机的两个基本概念，但二者其实很难完全划分清楚：从 CPU、协处理器、GPU、FPGA 到 ASIC，具有很多中间状态。CPU 是软件平台，AISC 是硬件平台，而协处理器、GPU 和 FPGA 介于 CPU 和 ASIC 之间。此外，软件和硬件如何协作完成工作任务，以及软件和硬件如何融合，本章都会给出概括性论述。

本章介绍的主要内容如下。

- 软硬件基本概念。
- 软硬件划分。
- 软硬件协作。
- 软硬件融合。

2.1 软硬件基本概念

本节主要介绍软件和硬件的一些基本概念，以及硬件加速原理，以使大家对软硬件有概括性认识。

2.1.1 软件和硬件

软件和硬件的通俗定义：计算机软件看不见摸不着；而计算机硬件看得见摸得着。软件和硬件更详细、严谨的定义如下。

- 软件是在计算机系统上执行不同任务的说明、过程、文档的集合。也可以说，软件是在计算机处理器上执行的编程代码，该代码可以是裸机级别的代码，也可以是为操作系统编写的应用级别的代码。例如，Word、Chrome、Photoshop、MySQL 等属于软件。
- 硬件指计算机的物理组件，可以看到和触摸的部分，如处理器、存储设备、监视器、打印机、键盘、鼠标等。

由上述软硬件的定义可知，软件和硬件的界限非常清楚，我们可以明确地知道哪些是软件，哪些是硬件。但是当我们深入底层的技术细节时，会发现软件和硬件的界限并不完全清晰。

指令是计算机技术的核心概念，用于控制处理器执行相应动作的命令。指令集体系结构（Instruction Set Architecture，ISA）是处理器与软件程序进行交互的媒介。也可以说，指令是 CPU 中软件和硬件交互的接口（区别于 I/O 接口），我们编写的程序和相应的数据是软件，而支持软件运行的 CPU 和内存是硬件。

我们将网卡、硬盘及打印机等各种 I/O 设备定义为硬件，这些 I/O 设备只有在内部具有相应固件且有驱动程序及控制程序支持的情况下才能正常工作。我们将运行在 CPU 上的 I/O 设备驱动程序及控制程序，以及 I/O 设备内部协调硬件工作的固件定义为软件。其中，运行固件的载体必然是 I/O 设备内部的某个嵌入式处理器和存储器（ROM、RAM 等），而内部嵌入式处理器和存储器又是硬件。

2.1.2　FPGA、ASIC 和 SoC

具有软件背景的读者通常对 CPU、GPU 的概念比较熟悉，但可能对 FPGA、ASIC 及 SoC 的概念不够明确。本节通过对 FPGA、ASIC 及 SoC 进行基本介绍及对比来使读者更明确地理解三者的含义。

1．FPGA

FPGA（Field Programmable Gate Array，现场可编程门阵列）是一种特殊的集成电路，具有现场可编程的功能，可以用作微处理器、加密单元、图形卡，甚至可以同时实现这三者的功能。在 FPGA 上运行的任务通常使用诸如 VHDL 和 Verilog 等硬件描述语言来创建。

FPGA 由大量嵌入式可编程互连结构及数以千计的可配置逻辑模块（CLB）组成。CLB 主要由查找表（LUT）、多路复用开关和触发器组成，可以实现复杂的逻辑功能。除了 CLB 和可编程互连结构，许多 FPGA 还包含专门用于实现特定功能的各种硬核模块（如 Block RAM、DSP 模块、外部存储器控制器、PLL、多千兆位收发器等），甚至提供纯硬件处理器内核（如 Xilinx Zynq 系列芯片中集成 ARM Cortex-A 系列应用处理器），纯硬件处理器内核用于处理日常的非关键任务，而 FPGA 处理纯硬件处理器内核无法完成的高速任务。这些专门用于实现特定功能的硬核模块是 FPGA 相比 ASIC 所具有的优势。

2. ASIC

ASIC（Application Specific Integrated Circuit，专用集成电路）是特定于应用的。ASIC 仅用于一种功能，并且在整个生命周期中功能相同。例如，从器件的角度来看，手机内部的 CPU 是 ASIC；从架构的角度来看，ASIC 特指功能加速器。手机内部的 CPU 在整个生命周期中都充当 CPU，它的逻辑功能不能更改为其他任何功能，因为其数字电路由硅片中永久连接的门和触发器组成。ASIC 也使用诸如 Verilog 或 VHDL 等硬件描述语言，以类似于 FPGA 的逻辑实现方式实现逻辑功能。ASIC 与 FPGA 的不同之处在于，ASIC 的数字电路被永久性地写入硅片中，而 FPGA 的数字电路是通过连接多个可配置逻辑模块而构成的。形象而言，FPGA 使用乐高积木建造城堡，而 ASIC 使用混凝土建造城堡。

3. SoC

SoC（System on Chip，片上系统）是一种集成电路（也称芯片），集成了计算机或其他电子系统的所有组件，这些组件通常（但不总是）包括 CPU、内存、I/O 接口和外部存储器控制器，它们都位于一个芯片上。根据应用的不同，SoC 可能包含数字、模拟、混合信号及射频信号处理功能。由于集成在单个芯片上，因此与具有相同功能的多芯片相比，SoC 的功耗要小得多，占用面积少得多，所需成本低得多。另外，由于 SoC 内部信号传递速率高于芯片间的信号传递速率，组件间具有更高的信号传递速率，因此 SoC 可以拥有很强劲的性能。SoC 在移动计算（如智能手机）、边缘计算，以及 IOT 等功耗、成本敏感的场景中非常普遍。

4. FPGA、ASIC 和 SoC 的对比

FPGA 与 ASIC 的比较如表 2.1 所示。

表 2.1 FPGA与ASIC的比较

对比项	FPGA	ASIC
可编程性	可重配置电路。甚至可以部分可重配置 FPGA，以及在芯片的部分区域工作时重新配置其他分芯片	永久电路，一旦将其刻蚀到硅片中，就无法对其进行更改
逻辑功能	通常使用诸如 VHDL 或 Verilog 等硬件描述语言来实现	通常使用诸如 VHDL 或 Verilog 等硬件描述语言来实现

续表

对比项	FPGA	ASIC
入门门槛	较低的进入门槛，仅需开发板即可开始 FPGA 的开发	在成本、学习曲线、与代工厂的联系等方面，进入门槛非常高。从零开始进行 ASIC 开发可能耗资数百万美元
批量	不适合大批量生产	适合大批量生产
功耗	较低的能源效率，相同功能需要更多功耗	功耗比 FPGA 低得多，可以非常精细地控制和优化自身的功耗
频率性能	与使用同一工艺节点制造的 ASIC 相比，工作频率低，路由和可配置逻辑占用了 FPGA 中的时序裕量	由于其针对特定功能进行了优化，因此与使用同一工艺节点制造的 FPGA 相比，ASIC 的运行频率高得多
模拟器件集成	FPGA 无法进行模拟设计，尽管它可能包含特定的模拟硬件，如 PLL、ADC 等，但是这些模拟硬件创建 RF 收发器的灵活性并不高	ASIC 可以在单个芯片上集成完整的模拟电路，如 Wi-Fi 收发器及微处理器内核
开发流程	快速的开发流程，不需要制造封装等流程。如果基于之前的设计进行优化，那么 FPGA 可以像软件一样更新版本	ASIC 需要非常严谨的开发流程，并且需要制造封装等流程。开发 ASIC 需要一年甚至更长的时间
设计流程	FPGA 设计人员通常不需要关心后端设计，一切都由综合和路由工具处理，以确保设计按 RTL 代码中的描述进行并符合时序要求。设计人员可以专注于 RTL 的设计	ASIC 设计人员需要注意 RTL、复位树、时钟树、物理布局和路由、工艺、制造约束（DFM）、测试约束（DFT）等很多方面，通常每个方面都需要专业人员来处理

注：深色背景表示优势所在。

随着技术的发展，FPGA、ASIC 和 SoC 也在相互融合，它们之间的界限越来越模糊。例如，随着 FPGA 的发展，现在很多 FPGA 内部集成了硬核，这种硬核就是传统意义上的 ASIC；从硬件可编程的角度来看，SoC 与 FPGA 相反，它可以看作 SAIC，这里的 ASIC 主要指硬件不可编程，而不是单指特定功能芯片。FPGA、ASIC 和 SoC 的区别和联系如表 2.2 所示。

表 2.2　FPGA、ASIC和SOC的区别和联系

分类方法	类别	描述
从器件硬件可编程角度来分类	FPGA	只包括可编程逻辑的 FPGA 是纯粹的 FPGA
	ASIC	硬件固定，可以实现软件配置甚至软件编程的芯片属于 ASIC。从器件是否可硬件编程的角度来看，传统的 SoC 也属于 ASIC
	FPGA+ASIC 混合结构	FPGA 公司也推出了集成有 CPU 等硬核的器件，这种器件属于 FPGA+ASIC 混合结构

分类方法	类别	描述
从设计架构的角度	ASIC	从架构角度来看，ASIC 一般指功能特定的器件。当 FPGA 可编程逻辑中写入的是单个特定功能逻辑时，这种 FPGA 就属于架构角度的 ASIC
	SoC	狭义的 ASIC 代表专用功能的模块，可以当作 SoC 的组件，SoC 可以看作很多 ASIC 组件的集成。 因此，当 FPGA 可编程逻辑中写入了由多个功能组件组成的系统时，FPGA 也可看作 SoC

2.1.3 硬件加速原理

DES（Data Encryption Standard，数据加密标准）算法是一种非常经典的加密算法。Mbire McLoone 等人发表的 *A high performance FPGA implementation of DES* 文章中给出了一组数据，如表 2.3 所示。硬件加速器性能比 CPU 软件性能强 30 倍，如果不考虑频率的影响，则硬件加速器性能比 CPU 软件性能强 140 倍。若用软件（CPU 执行指令）完成一次 DES（一次数据处理量为 64bit），则需要执行几百条指令，大概需要 140 个时钟周期；若用专用硬件加速器完成一次 DES，则只需要 1 个时钟周期。

表 2.3 DES算法CPU与硬件加速器的对比

运行平台	频率	性能	性能对比	折算性能	折算性能对比
DES 算法 CPU：Alpha 8400 处理器	300MHz	137Mbit/s	1	45.67Mbit/s	1
硬件加速器：Xilinx Virtex XCV1000-4 BG560	60.5MHz	3873.15Mbit/s	28.27	6402Mbit/s	140

SHA-256 也是一种经典的加密算法，比特币所用技术区块链的核心算法就是 SHA-256，它在各个平台上的性能对比如下。

- CPU：最初大家都使用 CPU 挖矿，一台高端个人计算机的，处理速度大概为 20MH/s（H/s, Hash per second）；
- GPU：后来，有人用 GPU 挖矿，SHA-256 可以继续拆分成普通的算术逻辑运算，而 GPU 具有超级多的算术逻辑运算单元，一个高端 GPU 的处理速度可以达到 200MH/s。
- FPGA：再后来，有人用定制 SHA-256 算法硬件逻辑的 FPGA 加速卡来挖矿，经过精心设计定制电路的 FPGA 的运算速度可以达到 1GH/s。
- ASIC：比特大陆公司于 2015 年发布了 ASIC 矿机芯片 BM1385，单颗芯片算力可达 32.5GH/s。

上述 CPU、GPU、FPGA 性能数据来自 2016 年左右的《区块链：技术驱动金融》。

2.2　软硬件划分

指令是软件和硬件交互的媒介。软硬件划分其实就是确定指令复杂度的过程。根据指令复杂度划分出五个典型的计算平台：CPU、协处理器、GPU、FPGA 和 ASIC，它们的指令复杂度依次增大，也依次从软件平台转向硬件平台。

2.2.1　三个维度

我们可以列举如下形象示例。

- 团队 A 的每个工人可以在单位时间内加工 5 个零件，团队 B 的每个工人可以在单位时间内加工 8 个零件。
- 团队 A 的单位时间是 3 分钟，一小时拥有 20 个单位时间；团队 B 的单位时间是 5 分钟，一小时拥有 12 个单位时间。
- 团队 A 有 10 个人，团队 B 有 20 个人。
- 在一小时内，团队 A 可以完成 1000 个零件的加工，团队 B 可以完成 1920 个零件的加工。

需要通过以下三个维度衡量一个处理器的性能。

- 指令复杂度。类比于上述示例中单位时间内加工的零件数量，指令复杂度指的是单个指令计算量的密度。
- 运行速度，即运行频率。类比于上述示例中一小时内的单位时间数量，运行频率指的是 1 秒时钟周期的数量。
- 并行度。类比于上述示例中团队的成员数量，并行度指的是多个并行处理。

1.　指令复杂度

CPU 和 GPU 是硬件，基于 CPU 和 GPU 运行的程序是软件。相对于 DSP（数字信号处理器）、GPU 等，我们一般也称 CPU 为通用处理器。CPU（不考虑协处理器）支持的指令称为通用指令，包括整形计算类、浮点类、数据传输类、控制类等指令。相比于通用指令，一些复杂指令（复杂指令需要复杂的硬件逻辑来处理）需要使用专用的硬件处理单元，比如，SIMD（Single Instruction Multiple Data，单指令流多数据流）类和 MIMD（Multiple Instruction Multiple Data，多指令多数据流）类指令需要运行于 GPU。

对硬件加速单元（Accelerator，从设计架构的角度来看，就是 ASIC，见表 2.2 中的相关描述）

来说,指令是对算法的一次处理。例如,对于 2.1.3 节介绍的 DES 算法,其设计指令为一次 64bit DES 计算。CPU 对 DES 的一次处理需要上百条指令,而 DES 硬件加速器对 DES 的一次处理只需要 1 条指令,可见 DES 硬件加速器指令的复杂度远大于 CPU 指令的复杂度。

指令复杂度和编程灵活性是两个互反的指标:指令越简单,编程灵活性越高软件灵活性真好;指令越复杂,性能越强,受到的限制越多,软件灵活性越差。

我们在通过定制硬件加速器的方式来获得性能提升的同时,会失去软件应有的灵活性。

2. 运行频率

运行频率越高,计算速度越快。若不考虑其他因素的制约,则计算速度和运行频率为正比关系。而运行频率受电路中关键路径(延迟最大路径)的约束,二者为反比关系:关键路径越短,运行频率越高。

运行频率与电路逻辑的关系如图 2.1 所示。运行频率受关键路径制约,而关键路径与如下两个因素有关。

- 关键路径所包含门的数量:从前一级寄存器到后一级寄存器之间的最长路径所包含的逻辑门的数量。
- 单个逻辑门的延迟时间。逻辑门的延迟时间与半导体生产工艺有关,在一般情况下,半导体工艺尺寸越小,单个逻辑门的延迟时间越短。

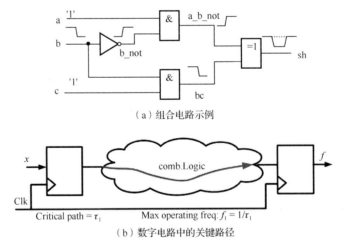

(a) 组合电路示例

(b) 数字电路中的关键路径

图 2.1　运行频率与电路逻辑的关系

逻辑门的延迟时间越短,或者两级寄存器之间的逻辑门数量越少,运行频率越高,计算速度也就越快。要想缩短逻辑门延迟时间，就需要采用更先进的工艺；要想减少两级寄存器之间逻辑门的数量，就需要采用更多级的流水，因为每一级流水所做的事情越少，所需要的逻辑门也就越少。

3.　并行度

并行设计在硬件逻辑设计中很常见。以下是一些常见的并行度设计项目。

- 指令流水线。指令流水线是一种时间并行机制，在同一时刻有多条指令处于流水线的不同阶段，相当于多条指令并行处理。
- 指令多发射（Multiple Issue）。指令多发射是种空间并行机制一条流水线从指令缓冲区一次发送到译码阶段就有多条指令，在执行阶段也是多条指令并行。
- 超线程（Hyper-Thread）。在一个处理器核内部，多组不同的指令流处理分时共享处理器核内部的各种硬件资源，以实现更佳的资源利用率并提升整体性能。
- 多总线。多总线设计可以进一步增加处理器的数据处理带宽。
- 多核技术。通过一些内部互连总线把多个处理器核集成到一块芯片上，以此来提升综合性能。
- 多处理器芯片。受限于芯片工艺、功耗水平、设计架构，单芯片内的多核互连不能无限制增加，也可以通过一些芯片互连技术把多个 CPU 芯片连成一个 NUMA 系统。当前比较常见的是 2～8 个 CPU 芯片互连的架构。
- 总线。对并行总线来说，增加数据线的宽度可以显著增加总线的带宽，并行总线一般用于芯片内部逻辑通信。对于串行总线，以 PCIe 为例，相比于并行总线 PCI，PCIe 不仅可以快速提升频率，还可以通过将很多组串行总线进行组合来提升传输性能，串行总线一般用于芯片间数据通信。
- 异构计算单元。CPU、GPU、xPU 及各种硬件加速器可以组成异构多处理单元，共同协作完成工作任务，CPU 主要承担控制和数据交互的角色。
- 多服务器集群。大型互联网系统需要成百上千的服务器，包括业务处理、网络处理、存储和数据库处理等不同功能的服务器，这些服务器共同组成性能强大且运行稳定的系统对外提供服务。

不同方向、不同层次的并行技术都可以提升硬件系统的性能。如果我们把不同复杂度的单位处理都当作指令，那么我们就可以通过 IPC（Instruction Per Cycle）来评价并行度。对一个 CPU 核来说，IPC 代表的是每个周期执行的指令数量；对一个硬件加速模块来说，IPC 代表的是一个周期所能进行单位处理的数量。

2.2.2 综合分析

我们通过指令复杂度、运行频率、并行度三个维度对 CPU、协处理器、GPU、FPGA 和 ASIC 五种硬件平台进行定性分析（受不同硬件平台、型号、架构实现和工艺的影响，很难对每个维度给出定量的分析数据），具体如表 2.4 所示。

表 2.4　五种硬件平台性能定性分析

硬件平台	指令复杂度	运行频率	并行度
CPU	通用指令集，最简单。指令越简单，灵活性越好	极致优化的流水线，最高的运行频率	单核 IPC 一般为个位数
协处理器	SIMD 等扩展型指令，比通用指令复杂	等于或低于 CPU 的运行频率	一般与 CPU 的并行度处于同一数量级
GPU	类 SIMD 和 MIMD/VLIW 指令等，比协处理器指令复杂一些	受限于访存、指令计算的复杂度，一般低于 CPU 的运行频率	超多的线程，每个线程进行一次算术逻辑计算可以有成百上千的并行度
FPGA	完整算法的单位处理，复杂度远超通用指令	受限于 FPGA 硬件可编程，在同工艺同设计的情况下，一般运行频率为 ASIC 运行频率的 1/6 左右	受资源限制，比 ASIC 并行度低
ASIC	和 FPGA 复杂度相当或超过 FPGA 复杂度	受限于算法本身的复杂度，即使有流水线的实现，运行频率仍然会明显低于 CPU 的运行频率	资源规模较大，一般有比 FPGA 更多的并行度

由图 2.2 可知，不同硬件平台具有不同的灵活性和性能。

- CPU：通用指令的处理器，指令最简单，具有最高的灵活性，但具有最差的性能。通常所说的某个任务或算法运行在软件，即指用编程实现任务或算法，并将它们运行于 CPU。
- 协处理器：现代处理器通常都会支持一些扩展指令集，如英特尔的 AVX 及 ARM 的 NEON 等。这些扩展指令集的计算在扩展的执行模块中进行，一般把这些处理扩展指令集的执行模块称为协处理器。相比 CPU，协处理器的灵活性稍差，但在一些特定应用场景能够提升性能。例如，把 Intel Xeon 的 AVX-512 扩展指令集用于机器学习推理场景，可以获得比使用 CPU 明显的性能提升。
- GPU：图形处理单元，采用并行架构设计，内部有上千个计算单元，可以并行执行上千个线程。GPU 具有比较折中的灵活性和性能。由于图形计算都是以向量计算为主的，因此 GPU 非常擅长对类 SIMD/MIMD 指令的处理。NVIDIA 提供的 CUDA 计算框架降低了 GPU 软件开发的门槛，并且能够充分利用 GPU 的计算性能。
- FPGA：一般实现特定的任务或算法加速器设计。从设计架构的角度来看，FPGA 和 ASIC

是一致的，二者的主要区别在于，FPGA 付出的代价是运行频率降低和硬件成本增加，但获得了硬件可编程的灵活性。

- ASIC：实现特定的任务和算法。ASIC 与 FPGA 的区别是，其硬件电路是不可更改的。与 FPGA 相比，ASIC 的优势是可以获得更高的运行频率和更强劲的性能。ASIC 是这五个硬件平台中灵活性最差的，只能用于特定应用场景。

图 2.2　CPU、协处理器、GPU、FPGA、ASIC 的对比分析

从设计角度来看，FPGA 和 ASIC 都可以实现基于特定任务或算法处理的硬件加速模块，也就是我们通常所说的硬件加速器。

纯硬件没有意义，即使是硬件加速单元，也离不开软件的参与，至少都需要软件驱动来初始化和配置模块，以此来控制模块的运行。DSA 在 ASIC 基础上做了一定程度的"妥协"回调，也就是说，DSA 在 ASIC 针对特定应用场景的基础上定义了少量指令，以此来提升 ASIC 的灵活性。DSA 仍然属于 ASIC 的范畴，作为 ASIC 的特例或升级。我们会在 7.4 节详细介绍 DSA，以及基于 DSA 的异构加速。

2.2.3　平台选择

由 2.1.3 节 SHA-256 在不同平台上的性能可知，平台选择具有如下规律。

- CPU 通用软件平台。每个新的应用最早通常都是基于软件实现的：一是因为软件实现所需要的代价较小，可以快速实现想法；二是因为 CPU 灵活性很好，在不考虑性能的情况下几乎可以处理任何应用场的任务。
- 协处理器扩展指令加速平台。随着技术的演进，对平台性能提出了一些要求，这个时候，可以针对一些比较消耗 CPU 资源的程序进行一定的编程和编译优化。
- GPU 向量及并行加速平台。随着技术的进一步演进，当我们能从算法中寻找到更多的并行性时，我们就可以找一些专用的处理器（如 GPU、DSP、NPU 等），通过特定的并行优化，以及支持向量（SIMD）、多指令并行（MIMD/VLIW）等复杂指令编译优化的方式，深度优化平台性能。

- FPGA 硬件可编程加速平台。随着技术不断成熟，应用的规模越来越大，也越来越消耗资源。这个时候，我们值得花费更多的精力，提炼出复杂度非常高或可以当作非常复杂指令的算法，通过硬件逻辑实现平台加速，再通过 FPGA 硬件可编程的方式快速落地。
- ASIC 定制加速平台。随着技术更加成熟、稳定，当应用规模足够庞大时，就非常有必要为此应用场景定制开发 ASIC，来达到最优的性能、最低的成本、最小的功耗。

当需要面向一个新领域开发的时候，要快速实现，或者应用的场景不够确定，需要硬件平台有足够的适应性，这些情况使用 CPU 比较合适。当需要极致的效率，并且成本、功耗敏感，规模足够庞大时，选择定制开发 ASIC 会更合适一些。如果既需要有一定的灵活性，又要保证一定的性能加速，并且应用有足够的并行度，那么使用 GPU 更合适一些。

2.3 软硬件协作

2.2.3 节讲了平台选择，但一般来说，除了 CPU 通用软件平台，其他平台通常都不是图灵完备的，需要和 CPU 一起协作来完成工作任务的处理。在本书中，我们约定如下。

- 如果一个任务由 CPU 执行，那么我们可以称之为软件执行。
- 如果一个任务或任务的一部分由协处理器、GPU、FPGA 或 ASIC 执行，那么我们可以统称之为硬件加速执行。
- 如果一个任务至少分为两个部分，一部分在 CPU 的软件中执行；另一部分在协处理器、GPU、FPGA 或 ASIC 硬件中执行，并且这两个部分之间需要相互通信和协作，那么我们可以称此任务是软硬件协作完成的。

2.3.1 多平台混合架构

根据不同的层次，多平台混合架构（以下简称多平台）可以简单地分成如下三类。

- 芯片级多平台，即在 SoC（System on Chip，片上系统）芯片内部，不同架构处理器之间的协作。
- 板级多平台，即在服务器主板及扩展板卡组成的 SoB（System on Board，板级系统）上，不同架构处理芯片之间的协作。
- 网络级多平台，即在多个不同架构服务器通过网络组成的 SoN（System on Network，网络系统）上，不同服务器之间的协作。

1. SoC

智能手机使用电池供电，同时需要提供足够强大的性能，如此苛刻的应用条件，使得智能手机处理器通常都选用集成度非常高的 SoC，它是典型的芯片级多平台。下面以高通骁龙 810 处理器为例对 SoC 进行简单介绍。如图 2.3 所示，高通骁龙 810 处理器主要包括如下模块。

- 定位（Location）：支持 GPS、格洛纳斯、北斗、伽利略等导航系统。
- GPU（Adreno 430 GPU）：支持 OpenGL ES 2.0/3.1、OpenCL 1.2 完整版、内容安全等功能。
- 显示处理（Display Processing）：支持 4K、Miracast 无线投影、图像增强等。
- 基带（Modem）：第四代产品，支持 Cat6 LTE，最高 3×20 MHz CA。
- USB 3.0。
- 双路 ISP（Dual ISPs）：摄像头最高 55MP、12GPix/s 带宽。
- ARM Cortex 系列 A57 及 A53 通用 CPU（ARM Cortex-A57 & Cortex-A53 CPUs）：主要用于运行 Android 等智能手机操作系统及 App。
- 内存控制器（Memory）：支持 LPDDR4。
- 专用 DSP（Hexagon DSP）：超低功耗传感器引擎。
- 多媒体处理引擎（Multimedia Processing）：支持 4K 编解码、骁龙语音激活、手势、工作室访问安全等功能。

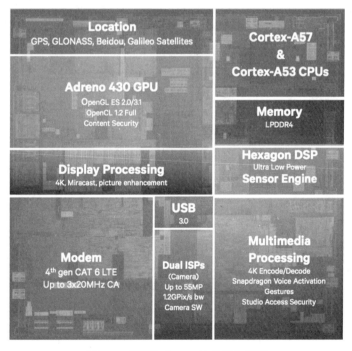

图 2.3　高通骁龙 810 处理器布局图

2. SoB

单个计算平台规模足够庞大，难以作为一个模块被 SoC 单芯片集成，而要独占整个 SoC 芯片的晶体管资源。因此，相比于 SoC，SoB 通常用于较大规模的计算场景。

CPU 连接 GPU 的混合架构如图 2.4 所示，它属于典型的用于机器学习场景的 GPU 服务器主板拓扑结构，是一种典型的 SoB。在此混合架构中，通过主板连接了 2 个通用 CPU 和 8 个 GPU 加速卡。2 个 CPU 通过 UPI/QPI 相连；每个 CPU 均通过 2 条 PCIe 总线连接 2 个 PCIe Switch（交换机）；每个 PCIe Switch 均连接 2 个 GPU；另外，GPU 间还通过 NVLink 总线相互连接。

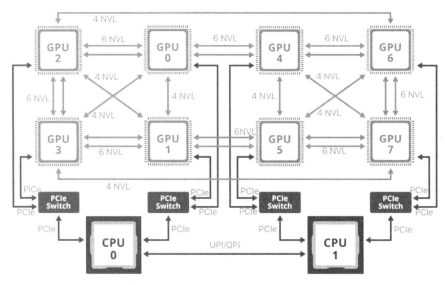

图 2.4 CPU 连接 GPU 的混合架构

在该混合架构中，数据可以在两个 CPU（的内存）、任意两个相连 GPU（的内存）之间，以及通过 PCIe Switch 相连的 CPU（的内存）和 GPU（的内存）之间传输，通过 CPU 和 GPU 的相互协作，来完成既定的工作任务。

3. SON

网络级多平台（也称异构服务器的网络集群）通过网络连接众多的服务器，适用于大规模互联网应用的协同计算场景。

英特尔的机架级计算架构的资源解构如图 2.5 所示。英特尔的机架级计算（Rack Scale Compute，RSC）架构提供了一整套计算节点动态组织的解决方案：支持通过 PCIe 连接各个不同的平台（存储也可以理解成一个计算平台，同样的架构，存储的位置也可以由其他加速器平台代替）；在架构不变的情况下，也可以通过网络来连接各个计算平台，来支持更大规模的资源解构。由于互联网系统通常要面对数以百万计的访问量，因此可以把整个系统解构到多台服务器，把数量众多的通用计算节点、存储节点、加速器节点等计算平台通过网络连接，从而组成一个相互协作的服务器集群。

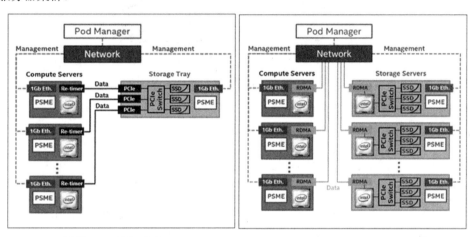

基于PCIe的解构存储　　　　基于NVMeoF（以太网）的解构存储

图 2.5　英特尔的机架级计算架构的资源解构

2.3.2　软硬件平台的协作

以基于 CPU+GPU 的异构计算架构为例来对软硬件平台的协作进行介绍。CUDA 是 NVIDIA 创建的并行计算平台和应用程序编程接口（API）模型。CUDA 允许软件开发人员使用具有支持 CUDA 功能的 GPU 进行通用处理。CUDA 平台是一个软件层，可直接访问 GPU 的虚拟指令集和并行计算元素，以执行计算内核。

如图 2.6 所示，CPU 视角的 CUDA 处理流程如下。

- CPU 顺序执行任务，结束后把数据保存在 CPU 的内存中。
- 将待处理的数据从 CPU 内存复制到 GPU 内存（图 2.6 中的①处理）。
- CPU 指示 GPU 工作，配置并启动 CUDA 内核（图 2.6 中的②处理）。
- 多个 CUDA 内核并行执行，处理准备好的数据（图 2.6 中的③处理）。
- 处理完成后，将处理结果复制到 CPU 内存（图 2.6 中的④处理）。
- CPU 把处理结果进行进一步处理，并继续做后续的工作。

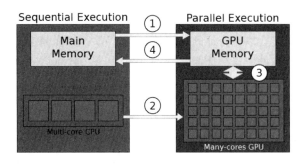

图 2.6 CPU 视角的 CUDA 处理流程

说明： 在 GPU 工作期间，CPU 处于空闲状况，也可以把这段时间利用起来，用于处理其他工作任务。

如图 2.7 所示，我们按照在软件运行的部分任务和在硬件运行的部分任务之间的关系把软硬件协作分为如下两类。

- 平行的软硬件协作。例如，CUDA 线程间通信或服务器/客户端的交互，虽然双方可能有主动（Master）和从动（Slave）的区别，但本质上是相互平等的通信或交互。
- 垂直的软硬件协作。如，分层的网络协议栈或很多大规模分层系统的上下层之间的服务调用，下层封装技术实现细节并为上层调用提供接口。

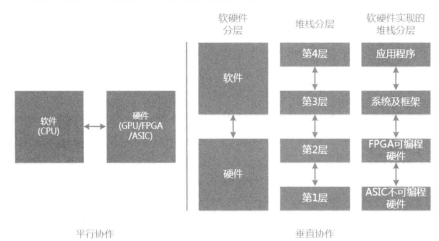

图 2.7 平行和垂直的软硬件协作

平行模式和垂直模式本质上是一样的，一方面，双方各自完成自己的工作；另一方面，双方通过交互达到交换数据和信息的目的，最终实现软硬件平台间的工作协作。平行模式和垂直模式的区别主要在于逻辑上的调用关系，垂直模式主要是基于下一层提供的服务来完成本层的功能，并上一层提供服务；而水平模式则是两者相互调用、协作。

2.3.3　软硬件平台的交互

软件平台和硬件平台之间的协作一方面是双方各自完成自己的工作，更重要的一方面则是通过交互来实现相互间的协作。我们通过一个简单的交互模型来理解软硬件平台之间的交互。

软硬件交互模型如图 2.8 所示。

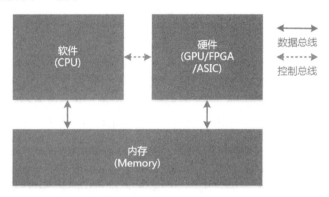

图 2.8　软硬件交互模型

其中，软件负责如下三部分工作。

- 硬件的控制：包括硬件的配置、运行控制等。
- 软件数据处理：当我们讲软硬件协作的时候，意味着软件不仅要参与控制面的处理，也要参与数据面的处理。如果软件处理在前，则需要软件完成处理后按照软硬件之间的约定把数据在内存准备好；如果硬件处理在前，则等待硬件处理完成并按照约定把数据写入内存中后，再由软件处理。
- 数据交互处理：如果数据从软件传到硬件，则需要软件先把数据准备好，然后通过操作寄存器或发送指令的方式通知硬件处理，硬件把数据搬运到硬件之后，告知软件释放内存；如果数据从硬件传到软件，则需要软件预先提供内存位置，然后硬件把数据写到预定的内存中并通过中断等方式告知软件，软件处理数据并释放内存。

硬件主要负责如下两部分工作。

- 硬件数据的输入和输出：负责跟软件交互，把数据从内存搬运到硬件内部缓冲（数据输入），等待处理；或者把处理后的结果从内部缓冲搬运到内存（数据输出）。

- 硬件的数据处理：硬件数据在内部缓冲准备好后，硬件把数据加载到硬件内部的处理引擎进行相应的处理，并把结果写到内部缓冲。

2.4 软硬件融合

系统越来越复杂，简单的软硬件协作已经很难完成系统任务。在一个分层的复杂系统里，每个层次均是一个系统，这个系统既可能是软件，也可能是硬件，或者是软件和硬件的混合；上下层的调用可能是软件调用软件或硬件，也可能是硬件调用软件或硬件。

2.4.1 软硬件融合的概念

随着互联网的迅猛发展，物联网、大数据、人工智能等领域不断深入发展，上层应用创新层出不穷，快速迭代，在这样的局面下：半导体工艺日益复杂，NRE 成本的门槛越来越高；工艺不断进步，芯片规模不断增大，单位面积可以容纳更多的晶体管，芯片设计也越来越复杂；硬件的开发周期越来越长，硬件投入成本高昂，风险很高。

要想解决互联网云计算发展过程中面临的各种各样的架构挑战，就要从根本上把硬件的高效和软件的灵活性深度地结合起来，通过系统的统筹及软硬件的协作，实现高效和灵活的统一，最大限度满足上层业务的性能和迭代需求。

复杂系统必然是分层的系统，这类似于计算机的网络协议栈模型。如图 2.9（a）所示，我们建立一个通用的软硬件系统模型，这个模型是基于分层的架构。在通用的软硬件系统模型中，越靠近下层的功能越固定，越靠近上层的功能越灵活可变；每一层均完成特定的功能，也均依赖于下一层提供的服务，同时均对上一层提供服务，具体介绍如下。

- 基础处理层。我们把底层相对固定的功能一般实现在硬件里，称之为基础处理层。
- 系统层。我们把一些底层共享的软件（如系统软件栈、库、框架等）称为系统层。
- 应用层。系统层为应用层提供标准的 API，应用层则基于这些标准的 API 实现丰富多样的功能。

我们将通用的软硬件系统模型进行细化，如图 2.9（b）所示。

- 基础处理层。该层没有变化，依然是基本的一层，存在于硬件。
- 软硬件接口层。软件驱动程序和硬件中负责交互的部分共同构成软硬件接口层，该层是负责传输的一层，不属于系统协议栈。
- 虚拟化层。虚拟化层实现资源的虚拟化，把下一层接口虚拟映射到上一层接口。

- 系统层。根据不同的虚拟层次，虚拟化层的位置会有所不同，从而导致系统层定义的不同，存在如下四种可能。
  - 虚拟化层可能位于系统层的下方，这样就只有系统层 2，系统层 1 不存在。
  - 虚拟化层可能位于系统层的上方，这样就只有系统层 1，系统层 2 不存在。
  - 虚拟化层可能位于系统层中间，这样把系统层一分为二，系统层 1 和系统层 2 都存在。
  - 也可能不存在虚拟化层，这样系统层可以作为一个整体存在。
- 应用层。用户层即用户应用场景，在计算敏感型应用中，存在一定的性能优化空间，一些特定的算法存在加速的可能。

如图 2.9（c）所示，我们通过硬件来进一步承载软件的功能，优化整个系统的性能，具体如下。

- 基础处理层。基础处理层（包括为上一层提供的硬件接口）没有改动。
- 系统层 1。之前跟基础处理层相连的软硬件接口层取消，系统层 1 整体卸载到硬件，系统层 1 通过硬件接口直接连接到基础处理层。
- 虚拟化层。虚拟化层是云计算场景的核心层，不管是服务器虚拟化，还是虚拟网络、虚拟存储等，它们都是通过特定的虚拟化层实现后端"接口"到前端访问的虚拟映射。虚拟化层通常需要硬件和软件相互协作来完成映射的处理。
- 系统层 2。根据不同的应用场景，系统层 2 有如下三种可能。
  - 整体卸载到硬件。
  - 依然处于软件。
  - 分成两部分，一部分在硬件，一部分在软件。
- 系统层 1.5。系统层 1.5 属于系统协议栈的优化，系统中的每层均会持续地优化，并且有可能加入新层。
- 应用层。应用层一般需要在软件和硬件之间来回搬运数据，这是影响应用层算法加速性能的主要因素，具体如下。
  - 如图 2.9（c）中双向箭头①所示的数据走向，当数据需要在应用层和系统层 2 之间传输时，需要从应用层走到硬件算法加速引擎，算法加速引擎处理完成后把数据送回应用层，应用层再把数据送到系统层 2。
  - 如图 2.9（c）中双向箭头②所示的数据走向，如果系统层 2 和算法加速有硬件数据旁路直通，则可以直接在系统层 2 和算法加速引擎之间进行数据传递，绕开应用层软件的参与，以此来优化性能。

在图 2.9（a）中，我们把软件层分为系统层和应用层；同样地，在图 2.9（c）中，随着系统越来越复杂，硬件完成的工作越来越多，我们也可以把硬件进行分层。在对硬件进行分层时，把一些非常固定的基础功能放在基础硬件层，通过 ASIC 实现，这样能够最大限度地提高性能，降低成本和功耗；FPGA 比 ASIC 灵活，比软件高效，因此可以把一些仍在优化演进、需要升级的部分通过 FPGA 实现，这样可以实现硬件的快速迭代。

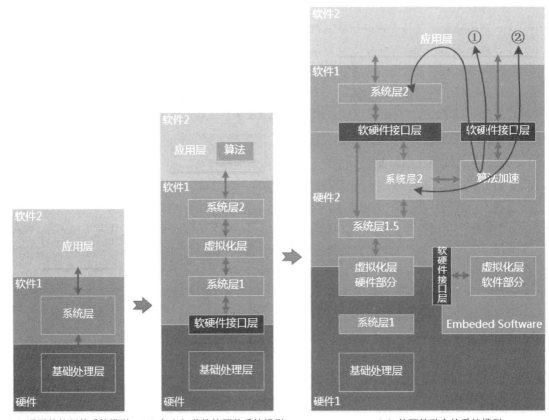

（a）通用的软硬件系统模型　（b）加入细节的软硬件系统模型　　　　　（c）软硬件融合的系统模型

图 2.9　软硬件融合演进示意图

2.4.2　软硬件融合的特点

芯片、板卡、服务器、上层系统和应用软件组成单个计算的节点，通过网络接口卡、交换机和路由器连接成数据中心网络，并与支撑数据中心网络的各项基础设施共同组成一个分层次的宏观大系统。个体和系统、不同层次的系统之间都相互影响，软硬件融合可以通过系统级的协同设计优化来达成系统的整体最优。

软硬件融合并不是要改变系统的层次结构和各个组件之间的交互关系，而是要打破软硬件界限的约束，在打破软硬件界限的约束之后，重新从系统需求出发，更灵活、深层次地统筹系统设计，并落地到具体的软硬件融合的系统设计中。

通常传统分层的下层是硬件，上层是软件。对于软硬件融合的分层，具体每个层的实现是软件还是硬件，或者由软件和硬件协作，都有可能，软件中有硬件，硬件中有软件，软硬件融合成一体。

宏观来看，软硬件融合从上到下也是一个从软件到硬件的层次结构：越靠近上层，软件的成分越多；越靠近下层，硬件的成分越多。像热数据随着时间变冷会被转移到冷存储一样，庞大的服务器规模及特定应用场景的服务使得云计算系统栈变得逐渐稳定并逐步沉淀，把已经稳定的系统功能转移到了硬件中。与此同时，软硬件融合的底层"硬件"越来越灵活，"硬件"加速处理的功能也越来越强大，这使得更多的系统层次功能向"硬件"加速转移。

2.4.3　软硬件融合技术

总结图 2.9（c），从系统的角度来看，软硬件融合主要有如下四类技术类型。

（1）软硬件接口：主要关注软硬件的数据如何高效地交互。软硬件的数据交互从传统的 I/O 接口的数据交互演进而来，随着异构计算的广泛应用，软硬件之间的数据交互比 I/O 设备之间的数据交互更频繁。高带宽、低延时、频繁双向传输等是软硬件交互的主要特点。软硬件接口还有一个重要的特点是标准化，宏观的云计算服务需要为用户提供标准化的硬件平台环境，除了 CPU 等计算平台的标准化（如都是 x86 架构），I/O 设备和加速器等也需要保持标准化的接口，这样才能够满足云计算厂家对硬件平台一致性的要求。

（2）算法加速和任务卸载：主要关注特定算法加速的实现及任务卸载的软硬件框架。云计算数据中心的典型数据处理加速算法包括加密、压缩、冗余、数据分析、机器学习等，这些算法都用于大吞吐量数据的处理，主要关注处理性能和处理延迟，实现完全流水线的硬件处理引擎及多硬件处理引擎并行的设计是这些算法的两大特点。任务卸载是在算法加速基础上的封装，包括软件卸载、硬件卸载及软硬件协作卸载。

（3）虚拟化的硬件加速。虚拟化是云计算的核心之一，在云计算中无处不在，从 CPU 的虚拟化到 I/O 虚拟化，从虚拟网络到分布式存储，到处都会用到虚拟技术。实现虚拟化处理的三个主要机制：数据/指令驱动的流水线、虚拟化映射的软硬件协作、强大的缓存机制。网络和存储虚拟化是除 CPU 和内存虚拟化之外，云计算场景重要的两个方面。虚拟化处理是与带宽具有正比关系、计算密集、延迟敏感的场景，因而可以通过数据流驱动的硬件加速设计来加速网络虚拟化和存储虚拟化的处理。

（4）业务的异构加速。面向业务的加速需要平台化的加速平台，更加强大的加速性能，能够覆盖尽可能多的加速场景；并且需要为用户提供一套软硬件整体解决方案，让用户能够快速方便地使用平台化的加速平台。异构加速主要包括基于 GPU、FPGA/FaaS 及 DSA/ASIC 的加速方案。NVIDIA 的 GPU 加速主要通过 CUDA 的编程开发框架实现；基于 FPGA 的 FaaS 服务依赖于 FPGA 提供的硬件可编程性，需要用户或第三方开发者针对特定应用场景完成加速硬件和软件镜像的开发；DSA 面向特定应用场景的加速，在 ASIC 的基础上提供了更多的灵活性，效率高于 GPU 和 FPGA。

3

第 3 章
计算机体系结构基础

计算、存储、网络及虚拟化都是云计算核心的技术。因此，本章内容按照与这四种技术对应的结构来组织，使读者对计算机体系结构相关知识有概括性的理解。本章内容跟后续章节的核心内容是密切相关的，作为核心内容的前导知识。

本章介绍的主要内容如下。

- 计算机原理。
- 存储。
- 网络。
- 虚拟化。

3.1 计算机原理

计算机由处理器、内存、I/O 设备三大部分组成，本节通过处理器架构、内存地址、I/O 三个方面介绍计算机的组件功能，并通过多核互连及服务器板级架构整体性地介绍计算机架构。

3.1.1 处理器架构：从冯·诺依曼架构到 RISC-V

我们通过如下四个重要的概念来理解处理器架构。

- 冯·诺依曼架构。处理器也是一个系统,有 I/O 及内部处理等,我们可以通过经典的冯·诺依曼架构来理解处理器的基本原理。
- 指令集体系结构(ISA)。指令是软件和硬件的媒介,软件程序经过编译后生成二进制机器码的指令序列,指令序列在处理器硬件中执行来完成具体工作。ISA 是处理器架构核心的概念。
- CPU 流水线。CPU 为了实现极致的性能,首要的办法是通过流水线设计,把频率提升到极致,CPU 微架构(架构实现的细节)通常就是按照流水线阶段进行设计的。
- RISC-V(称为“RISC Five”)。RISC-V 是当前主流的开源 ISA,像 Linux 在操作系统领域的地位一样,RISC-V 可能会成为未来最流行的处理器 ISA。

1. 冯·诺依曼架构

冯·诺依曼架构是数学家和物理学家约翰·冯·诺依曼等人于 1945 年提出的一种计算机架构。虽然冯·诺依曼架构具有各种各样的瓶颈,之后也有各种新的架构来对之进行改进,但这些都不妨碍其成为一个经典的架构。

冯·诺依曼架构如图 3.1 所示。

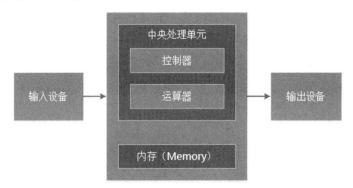

图 3.1　冯·诺依曼架构

冯·诺依曼架构描述了具有如下功能组件的计算机的架构。

- 中央处理单元:需要包含一个算术逻辑单元和处理器寄存器。
- 控制器:包含一个指令寄存器和程序计数器。
- 内部存储器(Memory)简称内存,用来保存数据和指令。
- 输入设备和输出设备,即外部存储器(Storage),简称外存。

说明：内存跟外存在冯·诺依曼架构里是完全不同的两个功能组件。内存作为程序运行时的指令和数据存储单元，它的存储地址是程序可见的，是跟程序运行相关的一个单元，因此也称运行内存。外存是输入设备和输出设备，其地址是程序运行时不直接可见的，对外存的访问需要通过 I/O 访问的方式进行。

2. 指令集体系结构（ISA）

ISA 是处理器与程序员进行交互的媒介：指令送到处理器以执行动作，指令集是给定处理器整个指令的集合，体系结构表示构建该处理器系统的特定方式。RISC（Reduced Instruction Set Computer，精简指令集计算机）是处理器或 ISA 的一种类别，它是 CISC（Complex Instruction Set Computer，复杂指令集计算机）的简化版本。英特尔的 x86 架构典型的 CISC ISA，而 MIPS 架构和 ARMv8 架构是典型的 RISC ISA。

x86 架构最典型的 CISC ISA，指令编码可变长度，对内存访问允许不对齐的存储器地址，按照低位字节在前的顺序存储在存储器中。"向前兼容"及英特尔"领先的工艺"一直是 x86 架构发展背后根本的驱动力量。但在较新的微架构中，x86 处理器会把 x86 指令翻译成多条 RISC 风格的微码指令，执行，从而获得可与 RISC 比拟的超标量性能，同时保持"向前兼容"。

RISC 出现的根本的原因是，CISC 存在典型的"二八定律"：在整个指令集中，只有约 20% 的指令会被使用到，约占整个程序的 80%；其余 80% 的指令只占整个程序的 20%。RISC 机器的优点就是，比 CISC 更优的资源使用，效率更高。ARM 指令集是基于 RISC 设计的，其译码机制比较简单。ARM 架构的主要优点是低功耗、高效能，缺点是性能比 x86 架构性能低。

ARMv8 架构引入了 64 位指令集，扩展了原有 32 位指令集：提供对 64 位宽的整数寄存器和数据操作的访问权限，以及使用 64 位大小的内存指针的能力。ARMv8 引入的新指令称为 A64，并以 AArch64 状态执行。ARMv8 还包括原有的 ARM 指令集（称为 A32）和 Thumb（T32）指令集。A32 和 T32 均以 AArch32 状态执行，并提供与 ARMv7 的向后兼容性。

3. CPU 流水线

在计算机硬件的发展历程中，一些早期的精简指令集计算机中央处理器（RISC CPU）使用了非常相似的架构，称为经典 RISC 5 级流水线。在经典 RISC 5 级流水中，试图每个周期都获取并执行一条指令。在 CPU 运行期间，每个流水线阶段一次处理一条指令。每个流水线阶段均由一组初始触发器和对这些触发器的输出进行操作的组合逻辑组成。

经典 RISC 5 级流水线如图 3.2 所示，具体介绍如下。

- IF（取指阶段）：从指令缓存中读取指令。

- ID（指令译码）：对获取到的指令进行译码。
- EX（执行）：根据对操作数的译码把对应寄存器送到执行单元，根据操作码进行具体的操作。
- MEM（内存访问）：如果需要访问数据存储器，则在此阶段完成。
- WB（写回）：将指令计算结果写入通用寄存器文件中。

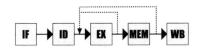

图 3.2　经典 RISC 5 级流水线

流水线是指令并行的一种非常重要的方式，在不考虑指令并行执行只考虑指令流水的理想情况下，一个时钟周期可以只处理一条指令。增加流水线级数有一个立竿见影的好处，即快速提升时钟频率，通过不断加深流水线，每个流水线级做的事情越来越少，用的时间也就越来越少，这样 CPU 的运行频率就可以提高，进而提升处理速度。我们花了 28 年时间才使得 CPU 的运行频率达到 1GHz，但从 1GHz 发展到 2GHz，只花了仅仅 18 个月的时间。

但流水线并不是可以无限加深的，它会受到很多因素的制约。图 3.3 为英特尔奔腾 4 20 级流水线，这是一个失败的案例。英特尔奔腾 3 是 10 级流水线，英特尔披露的奔腾 4 是 20 级流水线（还存在一个英特尔未披露技术细节的 31 级流水线的奔腾 4）。

图 3.3　英特尔奔腾 4 20 级流水线

英特尔奔腾 4 追求超高的运行频率，流水线切分得非常细，但综合效果受到如下很多因素的影响。

- 分支预测失败的开销非常大。
- 指令间相互依赖，导致更频繁的 Stall。
- 超高的运行频率导致整个芯片功耗居高不下。

上述因素导致奔腾 4 的综合性能反倒不如流水线级数少、运行频率低奔腾 3 的综合性能。

奔腾 4 的失败教训告诉我们，物极必反。体系结构设计是一个非常系统化、讲究多方因素平衡的过程，需要更整体、细致的综合优化。

4. RISC-V

RISC-V 是加州大学伯克利分校开发的第五代 RISC ISA。要创建一个面向处理器的 Linux，就需要行业标准的开源 ISA，如果许多组织使用相同的 ISA 设计处理器，那么更大的竞争可能会推动更快的创新。RISC-V 的目标是为芯片提供低成本的处理器，成本从几美分到 100 美元不等。

RISC-V 是一个模块化的指令集：一小部分指令，运行完整的开源软件栈；可选的标准扩展，设计人员可以根据需要包含或省略这些扩展。可选的标准扩展设计器分为 32 位和 64 位版本，RISC-V 只能通过可选扩展来发展；即使架构师不接受新的扩展，软件堆栈仍可以很好地运行。

RISC-V 的一种显著特征是 ISA 的简单性，虽然难以量化，但与 ARM 同期开发的 ARMv8 架构相比，RISC-V 具有如下两点优势。

- 更少的指令。RISC-V 的指令要少得多。基础版本 RISC-V 的指令只有 50 条，在数量和性质上与最初的 RISC-I 惊人地相似；可选的标准扩展（M、A、F 和 D）添加了 53 条指令，同时 C 增加了 34 条指令，共 137 条指令。而 ARMv8 有 500 多条指令。
- 更少的指令格式。RISC-V 比 ARMv8 少六种指令格式，ARMv8 至少有 14 种指令格式。

RISC-V 的目标范围从数据中心芯片到物联网设备，设计验证是开发成本的重要组成部分，而简单性减少了设计处理器和验证硬件正确性的工作量。

3.1.2　内存地址：从寻址模式到 MMU

与内存访问相关的基本概念主要有如下三个。

- 指令的寻址模式，代表了地址是如何产生的。
- 存储空间映射，代表了整个系统地址空间的划分及实现。
- 与虚拟地址/物理地址相关的 MMU/TLB，此功能支撑了 Linux/Windows 等智能操作系统中独立应用的概念。

1. 寻址模式

在处理器的设计中，寻址模式是指令集体系结构一个非常重要的方面。特定指令集体系结构中各种寻址模式定义了该体系结构中的机器语言指令如何识别每条指令的操作数。寻址模式指定如何通过使用寄存器中保存的信息和（或）机器指令和（或）其他位置包含的常量来计算操作数的有效内存地址。

本节通过介绍基本的寻址模式来帮助读者理解处理器读写内存相关指令的基本原理。程序和数据寻址模式示例如表 3.1 所示。

表 3.1 程序和数据寻址模式示例

常见寻址模式		指令示例	寻址地址
程序	直接寻址	BR addr	NPC = addr NPC, Next Program Counter,下一条程序地址
	间接寻址	BR offset	NPC = PC + offset;偏移量 offset 可以是负值
数据	寄存器寻址	LDR R1, [R2] STR R1, [R2]	Addr = R2 值 LDR,把地址为 R2 值的内存内容加载到 R1 中 STR,把 R1 值写入地址为 R2 值的内存中
	基地址寻址	LDR R1, [R2, #0x0F] STR R1, [R2, #0x0F]	Addr = R2 值 + 16 LDR,把以 R2 值+16 为地址的内存内容加载到 R1 中 STR,把 R1 值写入以 R2 值+16 为地址的内存中

通过程序寻址生成程序读取访问,从相应的内存地址读取指令到处理器中;通过数据寻址生成数据读写访问,从相应的内存地址读取数据到处理器中,或者把处理器中的数据写入内存相应地址中。

2. 存储空间映射

对内存的访问需要提供地址和访问大小两种信息,这样才能访问到具体的内存内容。例如,32bit 地址可以访问 4GB 大小的内存空间 [称为存储空间(Memory Space)],但这 4GB 的存储空间并不都是分配给内存使用的,还分配给其他各种类型的可访问地址,并且这些可访问地址一般都映射到内存空间(称为存储空间映射)。

ARM Cortex-M3 的存储空间映射如图 3.4 所示。在 RISC 类型的处理器架构中,对寄存器的访问是通过把寄存器映射到存储器空间进行访问的,称为 MMR(Memory Map Register,存储器映射寄存器)。对寄存器的访问和对存储器的访问是一样的,都通过 Load/Store 类指令访问。但在 x86体系里,存在独立的 I/O 空间,有的 I/O 空间也可以映射到存储空间,这样可以通过 I/O 类指令或访存类指令访问 I/O 地址。

典型的存储空间映射实现示意图如图 3.5 所示,若要实现存储空间映射则需要通过总线 Fabric。CPU、内部 DMA 等都是主设备(Master),主动去访问存储地址;而内存 DDR 和外存 Flash 则是从设备(Slave),是被访问对象。总线 Fabric 实现地址路由的功能,CPU 和内部 DMA 是主动发起存储地址访问的单元,模块 B 为内置 DMA 的模块。

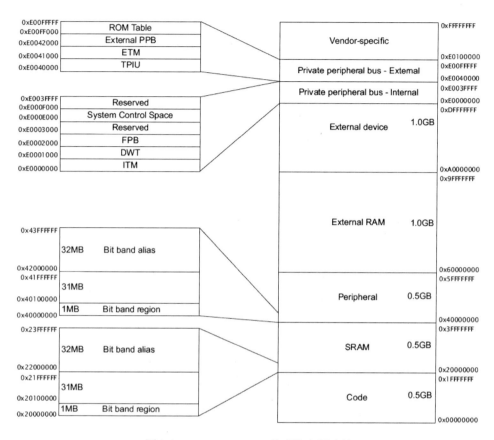

图 3.4 ARM Cortex-M3 的存储空间映射

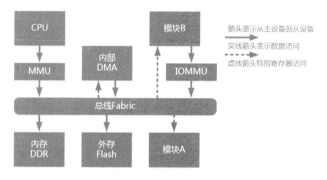

图 3.5 典型的存储空间映射实现示意图

3. MMU 地址转换

MCU 级别处理器通常是没有物理地址和虚拟地址概念的，只有一套地址体系，即物理地址，在这种处理器上运行的程序本质上只有一个，不可分割。虽然有一些办法可以在 MCU 级别处理器上动态加载局部的程序块，但不改变所有程序是一个整体的本质。运行于 MCU 级别处理器的操作系统通常是 RTOS（Real-Time Operating System，实时操作系统），它可以支持多核和多线程机制，但 RTOS 本质上依然是一个程序实体，共享同一套地址空间。

对于运行诸如 Windows 和 Linux 等智能操作系统的处理器，我们通常称之为应用处理器（Application Processor，AP）。处理器访存地址有物理地址和虚拟地址之分，处理器内部都有内存管理单元 MMU（Memory Management Unit），它是一种负责处理中央处理器（CPU）内存访问请求的计算机硬件。虚拟地址到物理地址的映射如图 3.6 所示，Process（进程）1～Process 3 的寻址都是从 0 开始的，但这些地址都会通过 MMU 映射到整个系统物理地址所指向的内存中。

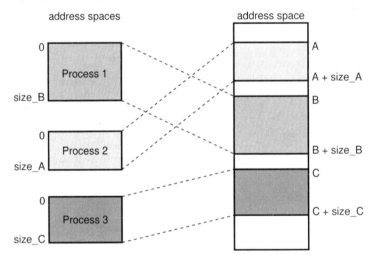

图 3.6　虚拟地址到物理地址的映射

MMU 的功能包括虚拟地址到物理地址的转换（虚拟内存管理）、内存保护等。计算机通过虚拟存储器可以获得比实际物理内存更大的存储空间。同时，MMU 还具有对实际物理内存进行分割和保护的功能，可以使每个任务只能访问其分配到的内存空间。如果某个任务试图访问其他任务的内存空间，那么 MMU 将自动产生异常，保护其他任务的程序和数据不受破坏。

由于 MMU 对从 VA 到 PA 的转换需要进行多次访存，因此设计了 TLB（Translation Lookaside Buffer）来存放最近使用的页表项（每一项为单个页表的 VA 到 PA 的映射关系及相关的访问属性），这样就可直接在 TLB 中查询某个页的 VA 到 PA 映射，以此来提高地址转换的性能。TLB 可以看作 MMU 的缓存。

I/O 设备在连接内存的时候，也需要通过一个 IOMMU，这是因为一般高速 I/O 设备内部都有一个独立的 DMA 负责设备与 CPU 内存间的数据交互。IOMMU 的功能跟 MMU 的功能类似，这使得 I/O 设备也像 CPU 一样，成为访问内存（内存作为从设备）的一个主设备。

3.1.3　I/O：从 CPU 中断到 DMA

在经典的计算机体系结构书籍中，通常会介绍如下四类 I/O 方式。

- CPU 轮询方式：早期计算机系统对 I/O 设备的一种管理方式。CPU 定时对各种 I/O 设备进行轮询，判断是否有待处理的数据传输请求，有请求的就加以处理，在处理完所有 I/O 设备的数据传输请求之后，CPU 返回继续工作。轮询是为了保证问题的及时处理，CPU 需要经常性地去查询设备是否有处理，可能查询到的绝大部分结果是无处理。即使 CPU 速度很快，但轮询依然要浪费大量的 I/O 处理时间，这意味着 CPU 轮询是一种低效率的 I/O 方式。
- 中断方式：CPU 的高速和 I/O 设备的低速相矛盾，为了提高效率，CPU 不会主动询问 I/O 设备是否有数据传输请求，而是由 I/O 设备在需要 CPU 参与处理的时候主动发送中断请求给 CPU，CPU 在收到中断请求后停下当前的工作来处理 I/O 设备中断，处理完成后返回原有任务继续处理。相比于 CPU 轮询方式，中断方式提高了 CPU 的利用率。
- DMA（Direct Memory Access，直接内存存取）方式：数据在内存与 I/O 设备间进行直接传输，数据传输不需要 CPU 的参与。DMA 是专用于数据传输的硬件，在内存与 I/O 设备进行数据传送的过程中，不需要 CPU 的任何干涉，只需要 CPU 在初始化配置时向 I/O 设备发出"传送数据"的命令，DMA 在传输结束的时候发送中断请求给 CPU。DMA 方式与中断方式最大的区别在于，最终的数据操作是由专有硬件 DMA 完成，而不是由 CPU 完成的。
- 通道方式：I/O 通道是一个独立于 CPU、专门用于处理 I/O 的处理器，它控制 I/O 设备与内存直接进行数据交换。I/O 通道有自己的通道指令，这些通道指令由 CPU 启动，并在操作结束时向 CPU 发出中断信号。通道方式是一种以内存为中心，实现 I/O 设备和内存之间直接交换数据的控制方式。在通道方式中，数据的传送方向、存放数据的内存起始地址及传送的数据块长度等都由 I/O 通道进行控制。

I/O 的速度越来越快，但由 CPU 处理 I/O 的速度提升空间有限，用 CPU 来处理 I/O 设备和内存之间的数据搬运越来越不可能，这样传统的 CPU 轮询方式和中断方式都无法用于高速 I/O 设备。通道方式由于全局考虑 I/O 数据传输，因此要求每个 I/O 设备均须与通道处理器进行配合，这样在巨型机等定制系统领域是可行的，但在服务器、个人计算机领域则会成为一种约束，限制硬件设计的升级、迭代。

当前主流 I/O 接口一般具有如下特征。

- 设备独立的 DMA。DMA 是现代 I/O 设备（相比于传统由 CPU 负责数据传输的设备）的基本特征，独立 DMA 可以不考虑系统和其他 I/O 设备的影响，提高并行度。
- 共享队列。I/O 设备和 CPU 处理是异步的，在内存中开辟一个共享缓冲空间，这样 CPU 和 I/O 设备都可以全速、相互不受太多影响地处理数据。

用户态轮询驱动是 I/O 接口一个比较高级的特征，虽然一些场景还在使用内核态中断驱动，但用户态轮询驱动已经逐渐占据高速 I/O 接口的主流。CPU 和 I/O 设备之间通过内存中的共享队列实现了异步机制，但共享队列依然存在用满的情况，从而导致阻塞。通过用户态轮询驱动，可以进一步降低 I/O 延时，并且提升 I/O 数据传输的性能。

说明： 用户态轮询驱动跟前面介绍的 CPU 轮询最大的区别在于，CPU 轮询不但要轮询 I/O 设备的状态，还需要在 I/O 设备和内存之间搬运数据；而用户态轮询驱动依靠 I/O 设备内部的 DMA 把数据搬运到内存中的共享队列，轮询的是内存中共享队列的状态信息。

3.1.4 多核互连：从传统总线到网状总线

非一致性内存访问（NUMA）用于多处理的计算机内存设计，其内存访问时间由相对于处理器的内存位置决定。在 NUMA 机制中，处理器访问本地内存的速度比访问非本地内存（另一个处理器本地的内存或处理器之间共享的内存）的速度更快。总线型多核架构示意图如图 3.7 所示。

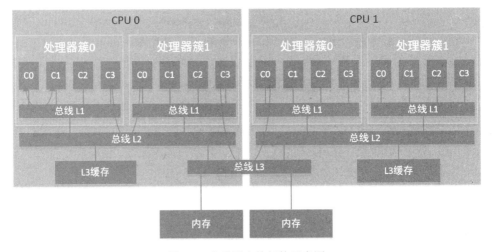

图 3.7 总线型多核架构示意图

传统总线互连结构受到总线效率的约束，单个处理器簇（Cluster）中一般只能集成 4～8 个

CPU 核。单个处理器簇组成一个 NUMA 域，在同一个 NUMA 域通过一级总线处理共享数据的缓存一致性（Cache Coherence）。但在两个处理器簇之间，则需要两级总线来处理共享数据的缓存一致性；如果跨 CPU 芯片，则需要三级总线来处理共享数据的缓存一致性。类似于树形的总线型多核架构不同 NUMA 域核间数据一致性代价很大，线程在不同核之间调度的代价很大。所以，总线型多核架构需要在软件层面做优化，尽量把共享数据的任务固定在同一个处理器簇，以减少跨NUMA 域对性能的影响。

如图 3.8 所示，常见的多核互连拓扑结构有如下三种。

- 网状（Mesh）总线结构。这种拓扑结构提供了更大的带宽，代价是需要更多的线路。这种拓扑结构是非常模块化的，可以通过添加更多的行和列来方便地扩展到更大的系统。这种拓扑结构适用于更大规模的互连。
- 环形（Ring）总线结构。这种拓扑结构在互连效率和延迟之间实现了很好的平衡。延迟随环上节点的数目线性增加。这种拓扑结构适合中等规模的互连。
- 交叉（Crossbar）总线结构。这种拓扑结构构建起来很简单，并且自然地提供了一个低延迟的有序网络，这种拓扑结构适合与少量节点进行互连。传统的总线结构通常在单一时刻只能进行一次访问，并且访问需要独占总线，而交叉总线结构则具有更多的访问通路，可以同时进行多次访问。

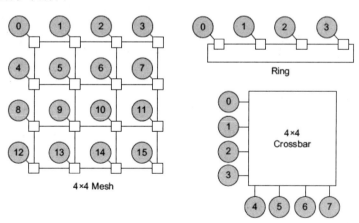

图 3.8　常见的多核互连拓扑结构

环形总线结构在保证总线效率的情况下，能够连接更多的处理器核节点。网状总线结构通过矩形的总线互连，可以比交叉总线结构和环形总线结构具有更多的处理器核节点。英特尔 Xeon系列 CPU 内部环形总线结构和网状总线结构对比如图 3.9 所示。

相比于环形总线结构和交叉总线结构，网状总线结构的优点体现在如下几方面。

- 整个网状总线上任何两个核之间都通过缓存一致性来共享数据，可以更加高效。
- 没有了多级总线，CPU 核经过一级总线即可快速访问内存。
- 更大的 NUMA 域，这样可以降低软件的优化难度，确保更高效的软件线程协调和调度。

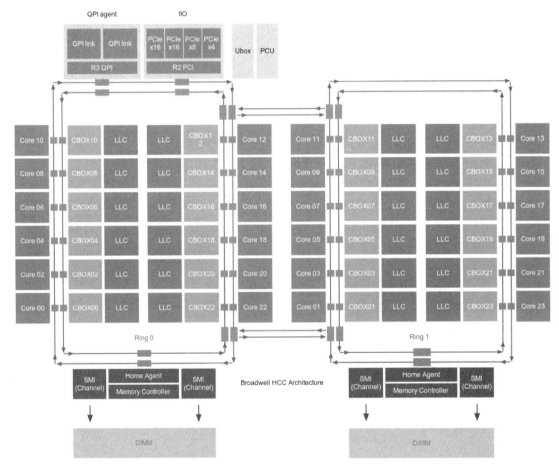

（a）英特尔 Broadwell 环形总线结构

图 3.9　英特尔 Xeon 系列 CPU 内部环形总线结构和网状总线结构对比

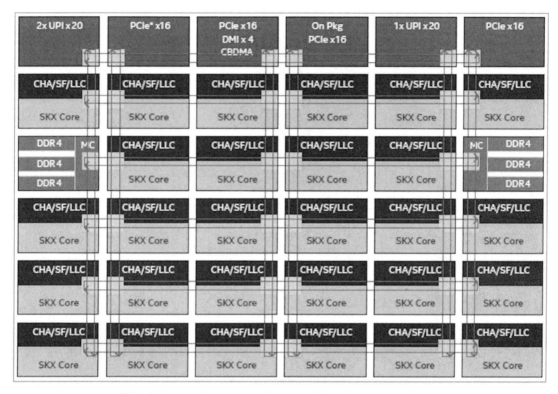

CHA – Caching and Home Agent；SF – Snoop Filter; LLC – Last Level Cache;
SKX Core – Skylake Server Core; UPI – Intel® UltraPath Interconnect

（b）英特尔 Skylake 网状总线结构

图 3.9　英特尔 Xeon 系列 CPU 内部环形总线结构和网状总线结构对比（续）

3.1.5　服务器板级架构

服务器是云计算核心的硬件产品，几乎所有的服务都是基于服务器构建的。从架构的角度来看，服务器跟通常的计算机大体一致，不同的是服务器会拥有更多的计算资源，支持更多的 I/O 设备连接，并且具备更高速的网络、更大的存储空间等。

微软 Olympus 项目 XSP（Xeon Scalable Processor，至强可扩展处理器）主板结构是一种典型的服务器主板结构，来自 OCP（Open Compute Project，开源计算项目）组织中微软贡献的 Olympus 项目，如图 3.10 所示。

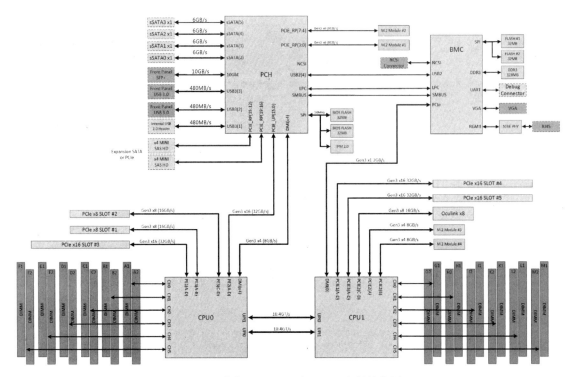

图 3.10　微软 Olympus 项目 XSP 主板结构图

微软 Olympus 项目 XSP 主板的功能特征如表 3.2 所示。

表 3.2　微软Olympus项目XSP主板的功能特征

功能特征	
处理器	
平台	Intel® Xeon® Scalable 平台
CPU	Intel® Xeon® Scalable 处理器
Sockets	双路操作
TDP	不超过 205W（支持所有服务器 SKU）
内存	
DIMM 插槽	24 个 DIMM 插槽 每个 CPU 具有 12 个 DIMM 每个通道具有 2 个 DIMM
DIMM 类型	DDR4，RDIMM，支持 ECC
DIMM 速率	DDR4-2400（2DPC），DDR4-2666（2DPC）

续表

功能特征	
内存	
DIMM 大小	16GB，32GB，64GB
支持的总容量	128GB，192GB，256GB，512GB，768GB，1536GB
板级设备	
芯片组	Intel® C620 系列芯片组（PCH）
SATA	4 路本地端口 @ 6.0GB/s（SATA x1） 8 路弹性 I/O 扩展端口 @ 6.0GB/s（MiniSAS HD）
服务器管理	
芯片组	BMC Aspeed AST1250/AST2400
接口	REST API，WMI，OMI，CLI
系统固件	
版本，厂家	UEFI 2.3.1，AMI
安全	TPM 2.0，Secure Boot
PCIe 扩展	
2 路 PCIe x8 插槽	支持 PCIe M.2 转接卡
3 路 PCIe x16 插槽	支持标准 PCIe x16 卡
4 路 M.2 插槽	支持 60/80/110 mm M.2 卡
1 路 PCIe x8 扩展	OCuLink PCIe x8
2 路 PCIe x4 扩展	2 路 MiniSAS HD PCIe x4 连接到 PCH 根端口
1 路 PCIe x16 扩展	支持 Intel® QAT
1 路 PCIe x8 扩展	2 路 MiniSAS HD PCIe x4 连接到 PCH 弹性 I/O
网络	
LOM	1 路 10GbE 从 PCH 连接到 SFP+
MGMT	1 路 1GbE 从 BMC 到 RJ45

3.2　存储

整个存储体系是一个分层结构（Hierarchy），程序局部性原理是存储分层结构的理论基础。分层的存储结构持续延伸，从本地存储延伸到分布式的网络存储。

3.2.1　缓存和存储分层结构

存储的容量越大，存储的速度越慢。由于存在程序局部性原理，因此计算机引入了内存的缓存机制，以此来兼顾性能和容量。存储分层进一步从寄存器、缓存、内存一直往下延伸，延伸到了远程分布式存储。

1. 程序局部性原理

程序在执行时呈现出局部性规律，即在一定时间内，程序花费 90%时间执行 10%的代码；相应地，程序访问的存储空间也局限于某个区域。局部性表现为以下两个方面。

一方面是时间局部性：如果程序中的某条指令执行过，则不久之后该指令可能再次执行；如果某数据被访问过，则不久之后该数据可能再次被访问。产生时间局部性的主要原因是，程序中存在着大量的循环操作。时间局部性是存储分层的本质原因。

另一个方面是空间局部性：一旦程序访问了某个存储单元，在不久之后，该存储单位附近的其他存储单元也将被访问，即程序在一段时间内所访问的地址可能集中在一定的范围之内，典型情况便是程序的顺序执行。空间局部性最大的作用是数据预取，提前把慢速存储介质的数据加载到高一级、更快速的存储介质，从而加速存储访问。

2. 缓存

处理器内部用于计算的寄存器一般称为 GPR（General Purpose Register，通用寄存器）。GPR 用于暂存处理器的运算原始数据和运算结果：在执行指令计算的时候，首先要去内存读取数据到内部寄存器；在计算的过程中，数据会一直存储在处理器寄存器中；计算结束后，结果会被写到内存中。在 RISC 机器里，通过 Load 类指令从内存读取数据到 GPR，或者通过 Store 类指令把 GPR 值写入内存。GPR 可以在一个处理器周期完成响应，只有在不需要访存的情况下，处理器才能真正全速运行。

内存又称运行内存，程序和数据从外部非易失性存储设备（如硬盘）加载到内存中，处理器通过程序总线从特定的内存程序地址读取指令进行执行。在指令执行的过程中，访存类指令会生成访存操作并通过数据总线（因为架构的不同，程序总线和数据总线可以是同一条，也可以是不同条）进行数据访问。

处理器性能和内存性能增长对比图如图 3.11 所示。从图 3.11 中可以看出内存性能和处理器性能差距越来越大。随着多核的出现，要求处理器带宽比单个 CPU 核的带宽大，致使内存访问延迟跟 CPU 核延迟的差距越来越大。为了解决处理器和内存之间延迟和带宽匹配的问题，根据程序局部性原理，在处理器寄存器和内存之间增加了缓存。

为了进一步优化缓存速度和性能，现代处理器一般有三种级别的缓存。一级缓存分为指令缓存（ICache）和数据缓存（DCache），二级缓存通常不区分指令和数据。每个 CPU 核均具有独立的一级缓存和二级缓存，一级数据缓存和二级缓存都支持硬件缓存一致性，方便在多核之间共享数据。三级缓存一般也称 LLC（Last Level Cache，末级缓存），同时是多核共享的缓存。

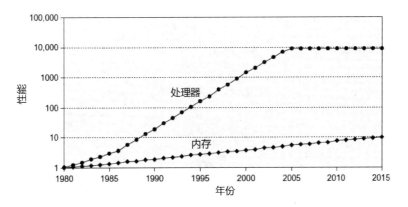

图 3.11　处理器性能和内存性能增长对比图

3. 存储分层

GPR 用于暂存处理器的运算原始数据和运算结果，GPR 和处理器的频率是一致的，只需要一个周期就会响应结果。随着处理器及 GPR 的频率越来越高，而内存的频率提升有限（相对而言），这使得延迟无法满足处理器的要求。为了解决处理器和内存的延迟匹配问题，出现了缓存（Cache）。缓存的访问延迟低于寄存器延迟但高于内存延迟，容量大于寄存器容量但小于内存容量，利用程序局部性原理，合理地解决了处理器和内存之间延迟匹配的问题。

在计算机体系结构里，根据访问延迟和容量大小来对计算机存储分层，利用程序局部性原理对存储进行性能优化，既可以匹配处理器延迟又可以提供大容量存储。服务器存储层次典型性能参数如表 3.3。由表 3.3 可知，在存储层次体系里，层次越往下，访问速度越低，存储容量越大，同时单位容量成本越低。

表 3.3　服务器存储层次典型性能参数

层级	存储层级	典型大小	典型延迟	对应频率
1	寄存器	4000B	200ps	5GHz
2.1	L1 Cache	64KB	1ns	1GHz
2.2	L2 Cache	256KB	3～10ns	100～333MHz
2.3	L3 Cache	16～64MB	10～20ns	50～100MHz
3	Memory	32～256GB	50～100ns	10～20MHz
4.1	Flash	1～16TB	5～10ms	100～200KHz
4.2	Disk	16～64TB	100～200μs	5～10Hz
数据来源：*Computer Architecture, A Quantitative Approach, Sixth Edition*，第 2 章				

计算机存储分层结构如图 3.12 所示。在只考虑架构层面不同存储层次的功能和作用时，可以

把存储结构简单地分为如下五个存储级别。

- 寄存器（Register）。
- 缓存（Cache）。
- 内存（Memory），包括 ROM 及 RAM（DDR）等。
- 本地外存。
- 远程外存。

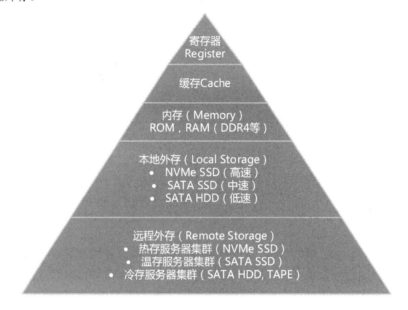

图 3.12　计算机存储分层结构

　　说明：这里的存储分层主要是硬件层面的分层，为了使分层结构简单清晰，方便理解，没有进行软件层面的各种更加细致的考量（如虚拟内存、近线/离线存储等），也没有考虑每个分层不同存储介质的延迟和容量区别等。

3.2.2　本地存储：磁盘分区和逻辑/物理卷

　　本地存储是指通过 SATA、PCIe 等总线直接或间接连接到主机 CPU，或者 CPU 上的存储设备及相应的软件系统，是跟分布式存储（也称远程存储）相对的一个概念。本节介绍本地存储的一些核心概念。

1. 扇区、块和页

扇区（Sector）是指磁盘上划分的区域。磁盘上的每个磁道被等分为若干个弧段，这些弧段便是磁盘的扇区，硬盘的读写以扇区为基本单位。通常的扇区大小为 512B，随着磁盘容量的不断扩大，部分厂商开始设定每个扇区的大小为 4096B。

块（Block）是操作系统可以寻址的一组扇区。一个块可能是一个扇区，也可能是几个扇区。块是一个抽象的概念，代表文件系统上最小的存储单元，所有文件系统操作均以块为单位进行，块也是文件系统跟硬件交互的基本单位。

说明：由于 SSD 可以很方便地分块，因此在 SSD 中一般采取跟块一样大小的物理块划分，也就是不再有扇区的划分，这样可以简化 SSD 的处理。

操作系统不直接指向扇区的原因：操作系统寻址的块或磁盘地址数量有限，也考虑到磁盘和内存之间交换数据的效率，通过将一个块定义为多个扇区，操作系统可以使用更大的硬盘容量，而无须增加块地址的数量。

在操作系统中确定块大小是需要权衡的，即使文件的长度为 0，每个文件也必须至少占据一个块。当需要存储许多小文件时，块小一些会很好：一方面，更多的块需要更多的元数据，这会花费存储系统的一部分开销（用于追踪所有文件的位置）；另一方面，大块意味着较少的元数据，在存储小文件时会严重浪费存储空间。

页（Page）类似于块，通常是内存组织的最小单元。内存页面的典型大小是 4KB，为了获得更高的传输效率，操作系统一般支持大页（Huge Page），常见的大页尺寸有 2MB、1GB 等。

块是内存和存储之间进行数据交换的基本单位；页是内存中虚拟地址和物理地址进行空间映射的基本单位，由一个或多个块组成的。内存页缺失，操作系统会发起相应的多个块读取操作；内存写回外存，操作系统会发起相应的多个块写入操作。

2. 逻辑卷管理器

在 Linux 中，逻辑卷管理器（Logical Volume Manager，LVM）通过在物理存储设备上分层抽象来发挥作用，为 Linux 内核提供逻辑卷管理。大多数现代 Linux 都支持 LVM，可以将 LVM 根文件系统放在逻辑卷上。

Linux 中的 LVM 如图 3.13 所示。LVM 技术是一种存储设备管理技术，它使用户能够合并和抽象化存储设备的物理布局，从而更轻松、灵活地进行管理。Linux 内核框架中的设备映射器 LVM2 可用于将现有存储设备卷集中到一个卷组中，并根据需要从卷组空间中分配逻辑卷。

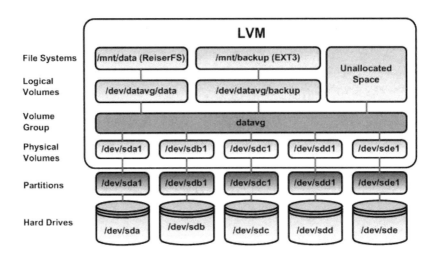

图 3.13　Linux 中的 LVM

LVM 的主要优点是增加了抽象性、灵活性和可控性。逻辑卷可以是具有意义的名称，如"数据库"或"根备份"。随着空间需求的变化，LVM 可以动态调整卷的大小，并且可以在运行着的系统池中物理设备之间迁移或轻松导出卷。LVM 还提供高级功能，如快照、条带化和镜像。

LVM 存储管理结构如下。

- PV（Physical Volume）：LVM 将物理块设备或其他类似于磁盘的设备（如 RAID 阵列等由设备映射器创建的其他设备）用作更高层次抽象的原始材料。物理卷是常规存储设备。LVM 将标头写入设备，以此来分配设备进行管理。
- VG（Volume Group）：LVM 将物理卷组合到卷组的存储池中。卷组抽象了基础设备的特性，并充当具有组件物理卷组合存储容量的统一逻辑设备。
- LV（Logical Volume）：一个卷组可以切成任意数量的逻辑卷。逻辑卷在功能上等同于物理磁盘上的分区，但前者具有更大的灵活性。逻辑卷是用户和应用程序进行交互的主要组件。

3.2.3　分布式存储：GFS 和存储的"温度"

分布式系统是通过网络连接的、由多个存储服务器组成的集群系统。与本地存储相比，分布式存储是一个非常庞大的系统，通常同时服务于很多个客户端主机。

1. GFS

GFS（Google File System，谷歌文件系统）是一个面向大规模数据密集型应用、可扩展的分布式文件系统。GFS 假设所有的硬件设备都是不可靠的，提供了强大的冗余能力，可以为业务提供高性能、高可用的服务。

GFS 与传统分布式文件系统有很多相同的设计目标，如性能、可扩展性、可靠性及可用性。但是，GFS 重新审视了传统分布式文件系统在设计上的折中选择，衍生出了与后者完全不同的如下设计思路。

（1）组件失效被认为是常态事件，而不是意外事件。持续的监控、错误侦测、灾难冗余及自动恢复机制必须集成在 GFS 中。

（2）以通常的标准衡量，文件巨大，GB 级的文件非常普遍。因此，设计的假设条件和参数，如 I/O 操作和块大小，都需要重新考虑。

（3）绝大部分文件修改采用在文件尾追加数据，而不是覆盖原有数据的方式。

（4）应用程序和文件系统 API 的协同设计提高了整个系统的灵活性。

GFS 提供了一套类似于传统分布式文件系统的 API 接口函数，文件以分层目录的形式组织，用路径名称来标识。GFS 也支持常用的操作，如创建/删除、打开/关闭、读/写文件等。

GFS 架构如图 3.14 所示。一个 GFS 集群包含一个单独的主（Master）节点、多台 Chunk（大块）存储服务器，并且可以同时被多个客户端访问，所有的这些设备通常都是普通的 Linux 设备，运行着用户态的服务进程。

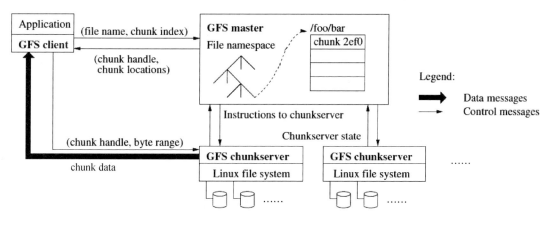

图 3.14　GFS 架构

GFS 存储的文件都被分割成固定大小的 Chunk，主服务器会为每个 Chunk 分配一个不变的、全球唯一的 64 位 Chunk 标识。服务器把 Chunk 以文件的形式保存在本地硬盘上，并且根据指定的 Chunk

标识和字节范围来读写块数据。出于数据可靠性的考虑，每个块均会被复制到多个块服务器上。

主节点管理所有的文件系统元数据，包括名字空间、访问控制信息、文件和 Chunk 的映射信息，以及当前 Chunk 的位置信息。

GFS 客户端代码以库的形式被链接到客户程序里。GFS 客户端代码实现了 GFS 文件系统的 API 接口函数、应用程序与主节点和 Chunk 服务器的通信，以及对数据进行读写操作。客户端只从主节点获取元数据，所有的数据操作都是由客户端直接和 Chunk 服务器交互的。

Chunk 的大小是关键的设计参数之一。GFS 选择了 64MB，这个尺寸远远大于一般文件系统的块大小。每个 Chunk 的副本均以文件的形式保存在 Chunk 服务器上，只有在需要的时候才扩大。选择较大的 Chunk 尺寸有如下几个优点。

（1）减少了客户端和主节点通信的需求，只需要和主节点进行一次通信就可以获取 Chunk 的位置信息，之后可以对同一个 Chunk 进行多次的读写操作。即使是小规模的随机读取，采用较大的 Chunk 尺寸也带来明显的好处，客户端可以轻松地缓存一个数 TB 工作数据集的所有 Chunk 位置信息。

（2）客户端能够对一个块进行多次操作，这样就可以通过与 Chunk 服务器保持较长时间的 TCP 连接来减少网络负载。

（3）减少了主节点需要保存的元数据的数量，这就允许我们把元数据全部放在内存中，从而可以快速地响应元数据读取。

2. 存储的温度：热存、温存和冷存

物联网、大数据等技术的发展产生了越来越多的数据。这么多的数据如果都保存在常规的 SSD 或 HDD 中，则需要付出非常昂贵的代价。

据 Facebook 对图片数据的访问分析显示，82%访问都集中在近三个月内产生的 8%新数据上，绝大部分数据在迅速变"冷"。另一家调研机构发布的白皮书中提到：热数据、温数据和冷数据各占总数据量的比例约为 5%、15%、80%。

热存、温存、冷存对比如图 3.15 所示。由图 3.15 可知，跟存储分层类似，热存、温存、冷存依然是一个金字塔形的分层结构：最上层的热数据规模最小但速度最快，最下层的冷存速度最慢但规模最大。

不同温度的数据来自不同的应用场景。例如，远程块存储、大数据分析场景的数据必然是热数据，这类数据需要的是低延迟和大吞吐量，在硬件层面，对应的服务器必然需要高带宽、低延迟网络，同时需要配备 SATA SSD（甚至 NVMe SSD）等高性能存储设备。冷数据规模庞大（占数据总量的 80%），但是访问频次超低（写入以后平均年访问量少于一次）。对于冷数据场景，必然使用一些低成本的 HDD（甚至磁带）来达到一定性能的同时最大程度上优化成本。

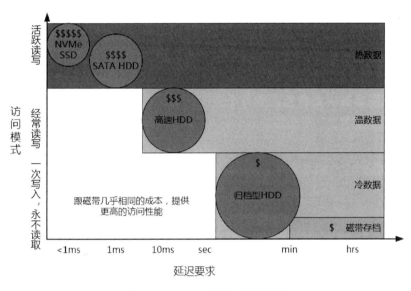

图 3.15　热存、温存、冷存对比

3.3　网络

网络是云计算最关键的部分。网络系统非常复杂，通常都是通过分层结构实现的。虚拟网络是云计算核心的网络，基于基础物理网络构建。软件定义网络则用于动态网络变更及网络功能创新。

3.3.1　基础物理网络：分层和拓扑

基础物理网络有如下两个核心的概念。

- 分层的协议栈。在接收协议栈的基础上，通过泛化网络分层来理解复杂系统的组成，即复杂系统必然是分层的。
- 网络拓扑。网络拓扑代表了数据中心基本的服务器物理组织方式，从小到大依次为：服务器、机架、POD、同一个机架的服务器通过接入层交换机组织到一个组，多个机架再通过汇聚层交换机组成 POD（群聚），许多 POD 再通过核心层交换机组成整个数据中心。

1. 网络分层协议栈

为了降低网络设计的复杂度，绝大部分网络都采用了分层的结构，构成一个层次栈，每一层均建立在下一层的基础之上。在不同的网络中，层的数量，以及每一层的名称、功能不尽相同。每一层均向上一层提供特定的服务，而把如何实现这些服务的具体细节封装起来，对上一层屏蔽。

分层广泛应用于计算机科学各个领域，只是在不同的领域有不同的称谓，如细节屏蔽、抽象数据类型、数据封装及面向对象的程序设计等。分层的基本思想是一个特定的软件（或硬件）向其用户提供某种服务，但是把内部状态、算法及实现细节隐藏起来。

图 3.16 给出了某个 5 层网络的层级、协议和接口。不同机器上的同一层相互对应，这样构成的实体一般称为对等体（Peer）。对等体可以是软件进程、硬件设备，或者其他交互实体。一台机器上第 n 层与另一台机器上第 n 层进行对话，对话中使用的规则和约定统称为第 n 层协议。

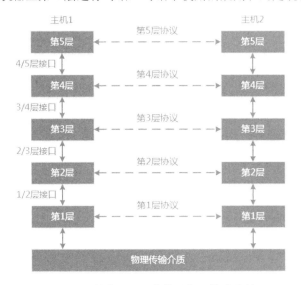

图 3.16　某个 5 层网络的层级、协议和接口

数据并不是从一台机器的第 n 层直接传递到另一台机器的第 n 层的，实际上，每一层都将数据和控制信息传递给下一层，一直传递到底层，然后通过物理传输介质进行实际通信。图 3.16 中的实线表示实际的物理通信，而虚线则表示虚拟通信。

每一对相邻层次间的连线即接口，它定义了下层往上层提供哪些原语操作和服务。当网络设计者在决定一个网络中应该包括多少层，以及每一层应该提供什么功能时，必须定义清楚层与层之间的接口。

2. 5 层参考模型

OSI 参考模型共七层，分别是物理层、数据链路层、网络层、传输层、会话层、表示层、应用层。TCP/IP 参考模型精简了 OSI 参考模型，只有数据链路层、网络层、传输层、应用层。OSI 参考模型的影响力在于模型本身（除去会话层和表示层），它已被证明对于讨论计算机网络非常有价值；而 TCP/IP 参考模型的优势体现在协议，这些协议已经广泛应用多年，证明了模型自身在各种复杂网络条件下的稳定性。

TCP/IP 网络协议栈如图 3.17 所示。

- 物理层：规定了如何在不同的介质上用电气（或其他模拟）信号传输比特。
- 数据链路层：关注的是如何在两台相连的计算机之间发送有限长度的消息，具有指定级别的可靠性。以太网协议和 802.11 协议就是数据链路层协议。
- 网络层：主要关注如何把多条链路结合到网络中，以及把网络与网络连接成互联网，使我们可以在两个相隔遥远的计算机之间发送数据包。网络层的任务包括找到传递数据包的路径。IP 协议是网络层主要的协议。
- 传输层：增强了网络层的传输，通常具有更高的可靠性，提供满足不同应用要求的可靠字节流。TCP 和 UDP 是传输层主要的协议。
- 应用层：包含了使用网络的应用程序，如 HTTP 和 DNS 等。

一般情况下，TCP/IP 网络协议栈各层分别实现在硬件、内核态软件和用户态程序。物理层和数据链路层是由以太网和 802.11 标准定义的，比较稳定，一般实现在硬件里；网络层和传输层作为系统共用的组件，一般作为 TCP/IP 协议栈集成在操作系统内核里；而应用层的任务一般交给用户态的程序去实现。

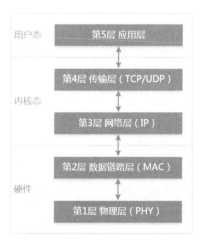

图 3.17　TCP/IP 网络协议栈

3. 数据中心网络拓扑

物理网络是一切网络系统的基础，承载着各种网络流量的传输。很多大型数据中心物理网络都采用经典的三层连接，即由 cisco 定义的分层互联网络模型（Hierarchical Internetworking Model）。常见的数据中心网络互联结构如图 3.18 所示。如图 3.18（a）所示，由 cisco 定义的分层互联网络模型包含以下三层。

- 接入层（Access Layer）。接入交换机通常位于机架顶部，通常也被称为 ToR（Top of Rack）交换机，它们物理连接服务器。
- 汇聚层（Aggregation Layer）。汇聚交换机连接接入交换机，同时提供其他服务，如防火墙、SSL offload、入侵检测、网络分析等。
- 核心层（Core Layer）。核心交换机为进出数据中心的包提供高速转发服务，同时为多个汇聚层提供连接性。

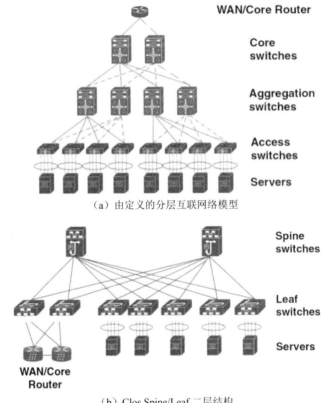

（a）由定义的分层互联网络模型

（b）Clos Spine/Leaf 二层结构

图 3.18 常见的数据中心网络互联结构

2008 年，美国加州大学圣迭戈分校的研究人员提出了将 Clos 架构用于数据中心的观点。现在流行的 Clos 网络架构是一个二层 Spine/Leaf 结构，如图 3.18（b）所示。主干交换机之间或叶子交换机之间不需要链接同步数据。每个叶子交换机的上行链路数等于主干交换机数，每个主干交换机的下行链路数等于叶子交换机数。可以这样说，主干交换机和叶子交换机之间是以 full-mesh 方式连接的。在 Clos Spine/Leaf 二层结构中，每一层的作用分别如下。

- 叶子交换机（Leaf Switch）：相当于传统三层架构中的接入交换机，作为 TOR 直接连接物理服务器。
- 主干交换机（Spine Switch）：相当于核心交换机。主干交换机和叶子交换机之间通过 ECMP（Equal Cost Multi Path）动态选择多条路径。

对比 Clos Spine/Leaf 二层结构和传统三层网络架构，可以看出传统三层网络架构是垂直结构，而 Clos Spine/Leaf 二层结构是扁平结构，从结构上来看，Clos Spine/Leaf 二层结构更易于进行水平扩展。

3.3.2 虚拟网络：VLAN 和 VxLAN

虚拟网络是云计算多租户共存的基础，通过可动态配置的虚拟网络构建足够多的私有网络域，承载多租户的安全访问隔离。VLAN 是一种 underlay 网络，而 VxLAN 是基于 underlay 网络隧道实现的 overlay 网络。

1. VLAN

VLAN（Virtual Local Area Network，虚拟局域网）是同一广播域中设备的逻辑分组。通常，通过在交换机上配置 VLAN，将一些接口置于一个广播域中，而将另一些接口置于另一个广播域中。VLAN 可以分布在多个交换机上，每个 VLAN 均被当作自己的子网或广播域，这意味着广播到网络上的帧将仅在同一 VLAN 内的端口之间传递。

VLAN 的作用与物理 LAN 的作用类似，不同的是，即使主机未连接到同一交换机，VLAN 也可以将主机在同一广播域中分组在一起。在网络中使用 VLAN 的主要原因如下。

- VLAN 增加了广播域的数量，同时缩小了广播域的范围。
- VLAN 通过减少接收交换机泛洪帧副本的主机数量来降低安全风险。
- 可以将保存敏感数据的主机保留在单独的 VLAN 上，从而提高安全性。
- 可以实现更灵活的网络设计，以便按部门而不是按地理位置将用户分组。
- 只需要将端口配置到适当的 VLAN 即可轻松实现网络更改。

未设置 VLAN 的局域网如图 3.19（a）所示，所有主机都位于同一 VLAN 中，如果没有 VLAN，则从 Host（主机）A 发送的广播会到达局域网中的所有设备。设置 VLAN 的局域网如图 3.19（b）所示，两个交换机上的接口 Fa0/0 和 Fa0/1 被放置在单独的 VLAN 中，来自主机 A 的广播将仅到达主机 B，这是因为每个 VLAN 均是一个单独的广播域，并且只有主机 B 与主机 A 处于同一 VLAN 内。在如图 3.19（b）所示的局域网中，VLAN 3 和 VLAN 5 中的主机甚至都不知道发生了通信。

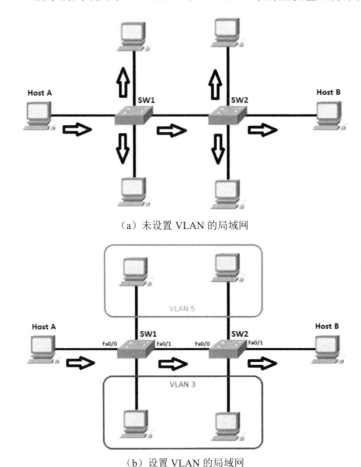

（a）未设置 VLAN 的局域网

（b）设置 VLAN 的局域网

图 3.19　VLAN 示意图

VLAN 的帧格式是在 802.1Q 协议里规定的。如图 3.20 所示，相比于传统的 802.3 协议包，802.1Q 帧格式增加了 4B 的字段：第一个 16bit 字段是 VLAN 协议标识符（Protocol ID），值为 0x8100；第二个字段包括优先级 Pri（3bit）、规范格式指示器 CFI（1bit）、VLAN ID（12bit）。

2. VxLAN

VxLAN(Virtual Extensible LAN,虚拟扩展局域网)是目前十分热门的网络虚拟化技术。VxLAN 由 RFC7348 定义。VxLAN 协议将以太网帧封装在 UDP 内。

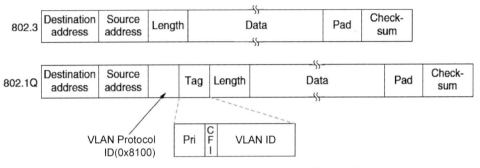

图 3.20　传统的 802.3 协议包和 802.1Q 帧格式对比

VxLAN 包格式如图 3.21 所示，除了常规各层的包头，VxLAN 协议还定义了 8B 的 VxLAN 包头（Header），其中 24bit 用来标识不同的二层网络，这样总共可以标识 1600 多万个不同的二层网络。一般的传输层端口号用来标识进程或应用，但是在 VxLAN 协议里，以太网帧封装在 UDP 内，UDP 的源端口被用来在 ECMP 或 LACP 做负载均衡；目的端口被用来标识 VxLAN 数据，分配给 VxLAN 的端口号是 4789。VxLAN 数据是经过 VTEP（VxLAN Tunnel End Point，VxLAN 隧道终端）进行封装和解封装的，相应的 VxLAN 数据外层 IP 地址就是 VTEP IP 地址。最外层的 MAC 地址用来实现 VTEP 之间的数据传递。

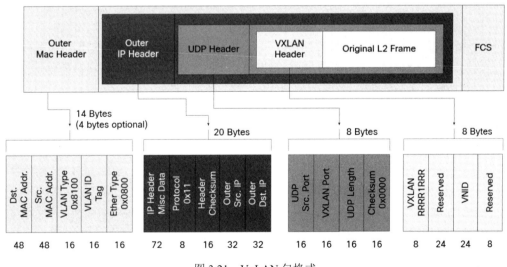

图 3.21　VxLAN 包格式

VxLAN 与 VLAN 的主要区别在于，VLAN 只是修改了原始的以太网包头，整个网络数据包没有发生变化；VxLAN 则将原始的以太网帧封装在 UDP 内，经过 VTEP 封装之后，在网络线路上看起来只有 VTEP 之间的 UDP 数据传递，原始的网络数据包被掩盖了。

相比于 VLAN，VxLAN 要复杂很多，并且 VLAN 具有先发优势，已经在交换机硬件中得到了广泛支持，那为什么 VxLAN 还得到了极大发展呢？原因主要如下。

- VLAN ID 数量受限。VLAN 支持的二层网络数量有限它用 12bit 来标识不同的二层网络，总共可以标识 4096 个虚拟网络域。4096 个虚拟网络域在当前大型数据中心数以十万计的节点数量面前显得捉襟见肘。而 VxLAN 用 24bit 来标识不同的二层网络，总共可以标识 1600 多万个虚拟网络域，受完全可以满足大型数据中心的需求。
- 交换机 MAC 地址表受限。之前交换机的一个端口连接一个物理主机，对应一个 MAC 地址，现在交换机的一个端口虽然还是连接一个物理主机，但是可能连接几十个虚拟机，并对应相应数量的 MAC 地址。交换机是根据 MAC 地址表实现二层转发的。因为交换机的内存比较宝贵，所以 MAC 地址表的大小通常是有限的。如果使用 VxLAN，则虚拟机的以太网帧被 VTEP 封装在 UDP 内，一个物理主机对应一个 VTEP，这样交换机的 MAC 地址表只需要记录与物理主机数量相当的条目就可以了，也不存在虚拟化带来的 MAC 地址表暴增的问题。
- 灵活的虚机拟部署。采用 VLAN 的虚拟环境不存在 overlay 网络。虚拟机的网络数据被打上 VLAN 标签之后，直接在物理网络上传输，与物理网络上的 VLAN 是融合在一起的。这样的好处是，虚拟机能直接访问物理网络的设备；坏处是虚拟网络不能打破物理网络的限制。因为 VxLAN 通过 UDP 传输以太网帧，如果使用 VxLAN，那么可以在一个三层网络上传递二层的数据，虽然物理网络的二层边界还存在，但虚拟机的网络数据在三层网络传输，可以跨越物理二层网络的限制。通过 VxLAN 的封装，虚拟机走的是一个独立于物理网络的 overlay 网络，感知不到物理网络的二层或三层。这样的话，在物理网络上就不必把所有的交换机连接起来，还可以保持许多个小的二层节点；同时，虚拟机的部署和迁移不受物理网络的限制，整个数据中心可以保持一个平均的利用率。
- 更好地利用多条网络链路。VLAN 协议使用 STP（Spanning Tree Protocol）来管理多条线路，STP 根据优先级和代价，只会选出一条线路来工作，这样可以避免数据传递的环路，但是当网络流量较大时，不能通过增加线路来提升性能。而 VxLAN 通过 UDP 封装在三层网络上传输，虽然传递的还是二层的以太网帧，但是 VxLAN 可以利用一些基于三层的协议（如 ECMP 和 LACP 等）来实现多条线路共同工作，从而实现负载均衡。当网络流量较大时，VxLAN 可以通过增加线路来减轻现有线路的负担，这对提升数据中心网络性能，尤其是东西向流量的性能来说，尤其重要。

3.3.3　软件定义网络：从 OpenFlow 到 P4

软件定义网络从控制面扩展到数据面。

- 控制面最重要的协议是 OpenFlow，OVS 是支持 OpenFlow 协议的开源虚拟交换机。
- 数据面通过 P4 语言编程，实现用户自定义网络协议的处理。

1．软件定义网络概念

传统网络体系结构已经不能适应企业、运营商和网络端用户的发展需求。ONF（Open Networking Foundation，开放网络基金会）提出的 SDN（Software Defined Network，软件定义网络）将会改变当前的网络体系结构。采用 SDN 体系结构，企业和运营商可以获得强大的可编程、自动化和网络控制能力，从而可以构建一个高可扩展且足够灵活的网络，以适应不断变化的商业需求。

SDN 是一种新型网络体系结构，网络的控制面从数据面分离出来且直接可编程。控制面的这种变化，实现了紧耦合特定网络设备向更接近计算设备的演进，使得底层网络设施成为上层应用和网络服务的通用抽象，网络成为一个逻辑或虚拟的实体。

SDN 体系结构如图 3.22 所示。网络的控制部分逻辑上集中在由软件实现的 SDN 控制器上，在 SDN 控制器上维护一个网络全局视图。整个网络类似于单个包含应用和策略机制的逻辑交换机。利用 SDN 体系结构，企业和运营商能在一个逻辑点上控制整个网络而不受设备厂商的限制，简化了网络设计和运维。SDN 体系结构也能让网络设备尽可能简单、通用，而不需要理解、处理和实现大量的网络协议，只需要从 SDN 控制器动态接收指令。

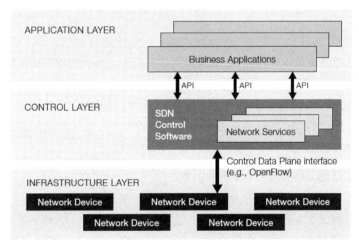

图 3.22　SDN 体系结构

网络运维工程师能像软件编程一样配置 SDN 体系结构，而不需要依靠人工编码去配置分散的大量网络设备。同时，利益于 SDN 控制器的集中智能管控，网络运维工程师能实时改变网络行为，短时间内部署新的网络应用和服务；在控制层把网络状态集中起来，使网络运维依赖动态、自动的软件程序，实现灵活地配置、管理、部署安全策略和优化网络资源。网络运维工程师可以直接编写动态自动的软件程序，而不需要通过设备厂商在专用网络中的封闭式软件环境中实现。

除了抽象网络，SDN 还支持一系列用来实现通用网络服务的 API，包括路由、多播、安全、访问控制、带宽管理、能耗利用率、任意形式的策略管理，以及商业目标的定制化服务。例如，采用 SDN 可以在校园无线和有线网络之间实施统一的控制策略。又如，SDN 可以通过智能服务和自适应系统管理整个网络。ONF 正在研究能管理多家厂商设备的开放 API，以期打开一扇门：按需分配网络资源、服务自适应系统，实现真正意义上的网络虚拟化及安全的云计算服务。SDN 控制层和应用层之间的开放 API 使得商业应用能运行在网络抽象之上，充分利用网络的服务和能力，而不需要关注网络实现的细节。总之，SDN 使得网络不必"应用感知而能应用定制"，应用也不必"网络和网络容量感知"，只有这二者之间完全逻辑隔离，才能真正实现计算、存储和网络资源的最优化利用。

2. OpenFlow

OpenFlow 是 SDN 体系结构中控制面和数据面之间定义的第一个标准化通信接口，允许直接访问并操作网络设备（交换机和路由器等，不论是物理设备还是虚拟设备）的数据面，数据面的开放接口使得网络设备参数可配置化。OpenFlow 好比是 CPU 的指令集，指定了软件对网络设备数据面编程的基本原语。

OpenFlow 协议在网络设备的接口和 SDN 控制软件的接口都要实现，采用 Flow 的概念来识别基于预定义规则匹配的网络流量，而 SDN 控制软件可以静态或动态编程这些预定义规则。这样 IT 管理就能通过使用方式、应用和云资源等定义流量通过网络设备的方式。由于 OpenFlow 允许在 Per-Flow 基础上进行网络编程，因此基于 OpenFlow 的 SDN 体系结构能提供更细粒度的网络控制，从而使网络能实时响应应用级、用户级和会话级的变化需求。

OpenFlow 协议是 SDN 的一个关键驱动因素，也是唯一允许直接操作设备数据面的 SDN 标准协议。初始应用在以太网中时，OpenFlow 式交换能扩展更多的应用实例。基于 OpenFlow 的 SDN 能部署在现有网络上，不论是物理网络还是虚拟网络。支持 OpenFlow 转发的网络设备也能进行传统转发，即使在多厂商设备的网络环境下，企业和运营商也很容易逐步引进基于 OpenFlow 的 SDN。

基于 OpenFlow 的 SDN 已经部署在很多网络设备上，给企业及运营商带来的好处如下。

- 可以集中管理和控制不同厂商的网络设备。
- 通过通用的 API，抽象底层网络细节，作为系统和应用的调用接口，以此来提升网络的自动化管理能力。
- 加快了网络部署新服务和功能的速度，不需要像过去一样配置每一个设备或等待厂商发布新产品。
- 可供运营商、企业、第三方软件供应商和网络用户使用的通用编程环境给产业链上各方提供了更多实现差异化的机会。
- 通过自动化的集中式网络设备管理，实现了统一的部署策略和更少的配置错误，可提升网络的可靠性和安全性。
- 更细度的网络控制，具备在会话层级、用户级、设备和应用级实施简单、清晰且宽泛的控制策略。
- 网络应用可以利用集中式的网络状态信息，使得网络行为紧贴用户需求，从而提供更加良好的终端用户体验。

3. OVS

OVS（Open Virtual Switch）是 Apache 2 许可的开源虚拟交换机。OVS 的目标是提供一个生产环境的交换机平台，支持标准管理界面，并为程序扩展和控制开放转发功能。OVS 非常适合在虚拟机环境中用作虚拟交换机，除了向虚拟网络层公开标准控制和可见性接口，它还支持跨多个物理服务器的分发。OVS 支持多种基于 Linux 的虚拟化平台，包括 Xen、KVM 等。

OVS 通常支持以下功能。

- 具有主干和接入端口的标准 802.1Q VLAN 模型。
- NIC 绑定在上行交换机上，可以支持或不支持 LACP。
- 通过 NetFlow、sFlow（R）和镜像来增强可视性。
- QoS（服务质量）配置及策略。
- Geneve、GRE、VxLAN、STT 和 LISP 隧道。
- 802.1ag 连接故障管理。
- OpenFlow 1.0 及众多扩展。
- 支持 C 和 Python 的事务配置数据库。
- 基于 Linux 内核的高性能转发模块。

OVS 架构示意图如图 3.23 所示。OVS 分为如下三层。

- 管理层，即 ovs-dpctl、ovs-vsctl、ovs-ofctl、ovsdb-tool。
- 业务逻辑层，即 vswitchd、ovsdb。
- 数据处理层，即 datapath。

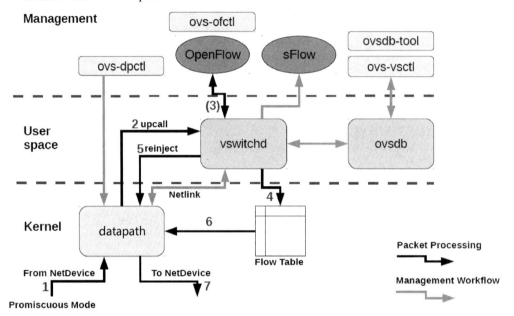

图 3.23　OVS 架构示意图

对具体的 OVS 所处服务器而言，管理层是远程控制，业务逻辑层是用户态应用程序，数据处理层是内核态应用程序。OVS 主要包括以下模块和特性。

- ovs-vswitchd：实现交换功能的守护进程（daemon），和 Linux 内核模块一起实现基于流的交换。
- ovsdb-server：提供轻量级数据库查询服务。ovsdb-server 保存了整个 OVS 的配置信息，包括接口、流表、VLAN 等。ovs-vswitchd 从 ovsdb-server 中查询配置信息。
- ovs-dpctl：dapapath 控制，用来配置交换机内核模块，可以控制转发规则。
- ovs-vsctl：用于查询和更新 ovs-vswitchd 配置的实用程序。
- ovs-appctl：用来将指令发送到正在运行 OVS 守护进程的实用程序。

OVS 还提供了如下工具。

- ovs-ofctl：用于查询和控制交换机和控制器的实用程序。
- ovs-pki：用于创建和管理交换机公共密钥基础设施的实用程序。

- ovs-testcontroller：一个简单的控制器，可能对测试有用（尽管不适用于生产）。
- tcpdump 的补丁程序：使 tcpdump 能够解析 OpenFlow 消息。

4．P4 数据面可编程

上面我们介绍了 SDN 和 OpenFlow，里面讲了很多 OpenFlow 的优点。但是随着 SDN 技术的进一步发展，我们也逐步发现了 OpenFlow 的一些局限之处，最大的局限就是 OpenFlow 没有做到协议无关，它只能依据现有的协议来定义流表项。

OpenFlow 接口一开始很简单，只抽象了单个规则表，并且表中数据只能在数据包特定的十二个包头字段上进行匹配（如 MAC 地址、IP 地址、载荷协议类型、TCP/UDP 端口等）。在过去的几年中，OpenFlow 协议标准越来越复杂，支持匹配越来越多的首部区域并支持多级的规则表，能够允许交换机向控制器暴露更多它们的能力。

新的包头字段不断增多，而且没有表露出任何即将停止增多的迹象。相比于持续地扩展 OpenFlow 的协议标准，未来的交换机应该为包解析和包头字段匹配提供灵活的机制，从而允许控制器应用通过一个通用的开放接口使用交换机的能力。

P4（Programming Protocol-Independent Packet Processors，可编程的协议无关的包处理器）是一种面向网络数据面编程的高级语言。图 3.24 展示了 P4 和已有协议接口之间的关系。P4 用来配置交换机，告诉交换机应该如何处理数据包。已有的协议接口（如 OpenFlow）负责将转发表送入固定功能的交换机。

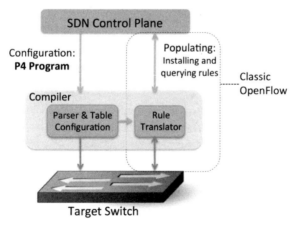

图 3.24　P4 和已有协议接口之间的关系

P4 提升了网络编程的抽象等级，可以作为控制器和交换机之间的通用接口。未来的 OpenFlow

协议应该允许控制器告诉交换机如何去做，而不受交换机设计的局限，关键是要找到一个平衡点，在该平衡点上，既能够灵活表达多种控制意愿的特性需求，也能够在大范围的软硬件交换机上低难度的实现。

P4 有如下三个主要的目标。

- 重配置能力：控制器应该能够重新定义数据包的解析过程和对包头字段的处理过程。
- 协议无关性：交换机不应该与特定的包格式绑定。相反地，控制器应该能够指定一个能提取出特定名称和类型的包头字段的包解析器，以及一个类型化的"匹配–执行动作"表的集合（用于处理包头字段）。
- 目标无关性：控制器的开发者不必知道底层交换机的细节。只有当 P4 编译器将目标无关的 P4 描述转换成目标相关的用来配置交换机的程序时，才应该考虑交换机的能力。

图 3.25 为 P4 的抽象转发模型，下面简称 P4 模型。交换机通过一个可编程的解析器和随后多阶段"匹配–执行动作"的流程组合转发数据包，其中"匹配–执行动作"的过程可以是串行、并行或二者结合的。

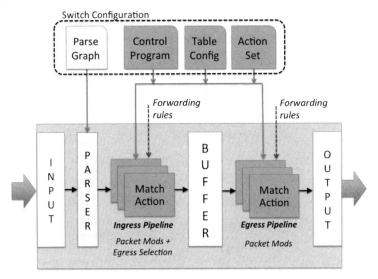

图 3.25　P4 的抽象转发模型

OpenFlow 与 P4 模型的对比如下。

- OpenFlow 假设有一个固定的包解析器；P4 模型能够支持可编程的包解析器，允许定义新的包头字段。
- OpenFlow 假设"匹配–执行动作"的各个阶段是串行的；而 P4 模型允许并行或串行。

- P4 模型假设"动作"是使用交换机所支持的协议无关的原语编写而成的。

P4 模型将数据包如何在不同转发设备上（如以太网交换机、负载均衡器、路由器）被不同技术（如固定功能的 ASIC 交换芯片、NPU、可重配置的交换机、软件交换机、FPGA 等）进行处理的问题通用化。这样我们就能够用一门通用的语言来描绘 P4 模型，以此来处理数据包：开发者既可以开发目标无关的程序；也可以映射 P4 程序到不同的转发设备中，这些设备可以是处理速度很慢的软件交换机，也可以是基于 ASIC 芯片处理速度极快的交换机。

3.4　虚拟化

虚拟化是云计算的基础技术，虚拟化既可以实现资源的最大化利用，也可以实现共享资源基础上的用户隔离。本节讲的虚拟化主要是指计算机硬件层次的虚拟化，主要包括 CPU、内存和 I/O 设备的虚拟化。另外，本节扩展介绍了操作系统层次实现的容器虚拟化。

3.4.1　虚拟化的层次、定义和分类

下面通过虚拟化的层次、定义和分类来概括介绍虚拟化技术。

1. 虚拟化的层次

本质上，虚拟化是一种由下层软件模块向上层软件模块提供一个与它原先所期望的运行环境完全一致的接口的方法。通过虚拟化，抽象出一个虚拟的软件或硬件接口，使得上层软件可以直接运行在虚拟环境上。

计算机系统的抽象层如图 3.26 所示，它是一种典型的计算机系统分层结构。硬件抽象层（Hardware Abstraction Layer，HAL）是硬件和系统软件之间的抽象接口，API 抽象层是一个进程所能控制系统功能的合集。

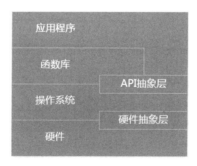

图 3.26　计算机系统的抽象层

基于计算机系统的抽象层，我们可以把虚拟化技术分为如下几种层面。

- 基于硬件抽象层面的虚拟化：为用户操作系统提供和物理硬件相同或相近的硬件抽象层，包括处理器、内存、I/O 设备、中断等硬件资源的抽象。
- 基于操作系统层面的虚拟化：在操作系统层面，可以提供多个相互隔离的用户态实例，这些用户态实例也称容器，它们拥有独立的文件系统、网络、系统设置和库函数等。
- 基于库函数层面的虚拟化：操作系统会为应用级的程序提供库函数，这些库函数隐藏操作系统内部细节，使得应用程序的编写更简单。基于库函数层面的虚拟化通过虚拟操作系统的应用级库函数，使应用程序不需要修改，从而实现在不同的操作系统之间无缝运行。
- 基于编程语言的虚拟化。编程语言虚拟机，如 JVM（Java Virtual Machine），运行的是进程级程序，这种程序在由虚拟机运行时，支持系统将其中的代码翻译成硬件机器语言执行。编程语言虚拟机属于进程级虚拟化。

2. 虚拟化的定义

计算机系统虚拟化是指将一台物理计算机系统虚拟成一台或多台虚拟计算机系统，每个虚拟计算机系统也成为虚拟机，都拥有自己的虚拟硬件，如 CPU、内存和 I/O 设备等。我们称实现虚拟化功能的软件为 Hypervisor（超级监督者）或 VMM（Virtual Machine Monitor，虚拟机监控器）。

虚拟化技术提供了很多非常强大的功能，具体如下。

- 封装。以虚拟机为粒度的抽象提供了非常好的封装性，使得一台计算机可以运行多个虚拟机，很方便地提供虚拟机快照、克隆、挂起和恢复等服务。
- 多实例。在一台计算机上运行多个虚拟机使得资源的调度更为优化，不同的虚拟机有不同的繁忙时段和空闲时段，忙闲交错使得单个计算机系统资源利用率大大提高。
- 隔离。不同的虚拟机提供独立的硬件资源，独立的操作系统运行独立的应用程序，这样就不会干扰其他工作负载。
- 硬件无关性。基于虚拟化层的抽象，虚拟机和底层硬件没有必然联系。尽管计算机硬件有很大的差异性，但只要另一台计算机能够提供相同的虚拟硬件抽象，我们就可以无缝地把虚拟机迁移过去。
- 特权功能。虚拟化层处于客户机（Guest）操作系统的下层，这样一些特权功能（如事件记录和回放、入侵检测和防护等）都可以很方便地在 Hypervisor 层实现。

3. 虚拟化的分类

通常意义上的虚拟化指的是硬件抽象层的虚拟化。按照物理资源，虚拟化主要分为三类：CPU 虚拟化、内存虚拟化、I/O 设备虚拟化。此外，还有中断虚拟化和定时器（Timer）虚拟化等。

按照虚拟平台，一般把虚拟化分为如下几类。

- 完全软件虚拟化：支持不需要修改的客户机操作系统，所有的操作都可以由软件模拟，但性能消耗高，为 50%～90%。
- 类虚拟化（Para-Virtualization）：客户机操作系统通过修改内核和驱动程序，调用由 Hypervisor 提供的 Hypercall，客户机和 Hypervisor 共同合作，使得模拟更高效。类虚拟化性能消耗为 10%～50%。
- 完全硬件虚拟化：硬件支持虚拟化，性能接近裸机，只有 0.1%～1.5% 的虚拟化消耗。

虚拟化典型技术分类总结如表 3.4 所示。

表 3.4 虚拟化典型技术分类总结

资源类型	完全软件虚拟化	类虚拟化	完全硬件虚拟化
CPU	指令模拟执行、扫描修补或二进制翻译	Hypercall	根模式/非根模式、VMCS 和 VM-Entry/VM-Exit
内存	两级页表地址翻译	影子页表	EPT
I/O 设备	设备模拟	共享队列	IOMMU、Pass-Through 和 SR-IOV

按照虚拟化的实现方式，Hypervisor 可以分为如下两种模式。

- 裸 Hypervisor 模式。在裸 Hypervisor 模式下，Hypervisor 相当于一个操作系统，与传统操作系统相比，增加了虚拟化管理的功能。所有的物理资源（如处理器、内存和 I/O 设备等）都归 Hypervisor 所有，Hypervisor 负责硬件资源的管理。Hypervisor 需要向上提供用于客户操作系统运行的虚拟机，也就是说，Hypervisor 还负责虚拟环境的创建和管理。从技术角度来看，Xen 属于一种混合结构，如图 3.27（a）所示。Xen 的特权操作系统可以是 Linux，也可以是其他操作系统。
- 宿主机（Host）模式。在宿主机模式下，所有的硬件资源由宿主机操作系统管理，Hypervisor 只负责虚拟化管理及设备模拟等。如图 3.27（b）所示，KVM 是 Linux 内核的一个组件。KVM 一开始就支持 VT-d 等硬件虚拟化技术，并且结合 Qemu 的 I/O 设备模拟提供设备虚拟化支持。

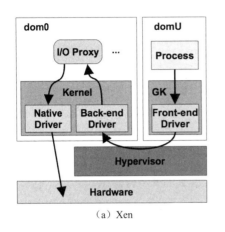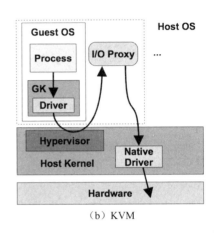

（a）Xen   （b）KVM

图 3.27　裸 Hypervisor 模式和宿主机模式的虚拟化实现

3.4.2　CPU 虚拟化：从软件模拟到完全硬件

CPU 虚拟化是计算机虚拟化的核心。CPU 虚拟化有很多种方式，可概括分为软件虚拟化、类虚拟化及完全硬件虚拟化，三者的性能依次增强。

1. CPU 的软件虚拟化

由于操作系统设计的目标是直接在裸机硬件上运行，因此会假定其完全"拥有"所有的计算机硬件。x86 架构为操作系统和应用程序提供了四个级别的特权，分别称为 Ring 0、Ring 1、Ring 2、Ring 3，以此管理对计算机硬件资源的访问。

无虚拟化的场景如图 3.28（a）所示。用户级应用程序通常在 Ring 3 中运行，操作系统要想直接访问内存和硬件，就必须在 Ring 0 中执行其特权指令。

CPU 的软件虚拟化有如下三类。

- 解释执行。解释执行也称全软件模拟，即取出一条指令，模拟出这条指令执行的效果，再继续解释执行下一条指令。由于每条指令都要模拟，相当于虚拟机的每条指令都会陷入 Hypervisor，因此解释执行的性能非常差。

- 扫描和修补。让大多数的指令在物理 CPU 中直接运行，而把操作系统敏感指令替换成跳转指令或会陷入 Hypervisor 的指令，在执行到系统敏感指令的时候，会进入 Hypervisor，由 Hypervisor 代为模拟执行。扫描和修补技术的实现相对简单，大部分客户机操作系统和应用代码可以在物理 CPU 中执行，性能损失相对较小。扫描与修补也会带来一些问题：特权指令和敏感指令都被模拟执行，有的指令模拟时间较短，有的指令模拟时间非常长；

特权指令和敏感指令引入的额外跳转降低了代码的局部性；需要维护两套代码，之后还需要将这些代码恢复原状。

- 二进制翻译。在 Hypervisor 中开辟一块代码缓存，将代码翻译好放在其中，这样客户机操作系统代码并不会直接被物理 CPU 执行，所有要被执行的代码都在代码缓存中。相较而言，二进制翻译技术最为复杂，其在性能上同扫描和修补技术各有长短。

软件虚拟化如图 3.28（b）所示。VMware 在 1998 年开发了二进制转换技术，该技术允许 Hypervisor 在 Ring 0 中运行以实现隔离和性能，同时将操作系统迁移到用户级别的 Ring1，其权限要高于 Ring 3 中应用程序权限，但比虚拟机权限低。VMware 可以使用二进制转换技术和直接执行技术的组合来虚拟化 x86 操作系统，用这种方法翻译内核代码，以实现将不可虚拟化的指令替换为对虚拟硬件产生预期影响的新指令序列。同时，用户级代码直接在处理器上执行以实现高性能虚拟化。

2. CPU 的类虚拟化

类虚拟化（Para-Virtualization）技术需要修改现有的操作系统，把不可虚拟化的指令替换成 Hypercall，通过协调客户机操作系统和虚拟化管理层的通信来提升虚拟化效率，打破了传统虚拟化的同质性要求。

类虚拟化如图 3.28（c）所示。通过修改源代码，使操作系统内核完全避免难以虚拟化的指令，这样操作系统就不必在 Ring 0 特权级别运行，可以运行在次级的特权级别。当操作系统试图执行特权指令时，保护异常就会被触发，从而让 Hypervisor 来截获处理。

对于传统的完全软件虚拟化，客户机操作系统是不知道自己运行在虚拟环境之上的。但在类虚拟化方式下，上层操作系统知道自己运行在一个虚拟环境之上，这样可以更好地配合 Hypervisor 的工作。类虚拟化具有如下优点。

- 相比于传统的软件虚拟化，类虚拟化可以提供最大限度的性能优化，主要包括减少冗余代码、地址空间借还、跨特权等级切换、内存复制等。
- 类虚拟化在一定程度上消除了虚拟化层和上层操作系统之间的语义鸿沟，使得系统的管理更加有效。
- 类虚拟化技术还可以在不同的抽象高度提供硬件抽象，甚至提供功能更强大的硬件抽象接口，以此来优化性能和提供新的功能。

类虚拟化最大的问题是需要对操作系统源代码进行修改，这样会增加操作系统开发和调试的工作量，会降低系统运行的稳定性。

3. CPU 的完全硬件虚拟化

2005 年，英特尔推出了 VT-x 技术，为处理器的虚拟化技术提供了硬件支持，主要体现在如下几个方面。

- 引入了两种操作模式：根模式（Root Mode），Hypervisor 运行的模式；非根模式（Non-Root Mode），客户机运行的模式。完全硬件虚拟化如图 3.28（d）所示。我们知道，指令的虚拟化是通过陷入再模拟的方式实现的，如果可以让敏感指令触发异常，那么就可以直接实现指令的虚拟化，但这样会导致跟原有软件不兼容，因此不可取。在非根模式下，对一些敏感指令的行为进行重新定义，通过触发陷入来进行处理；而在根模式下，三敏感指令的行为没有改变。

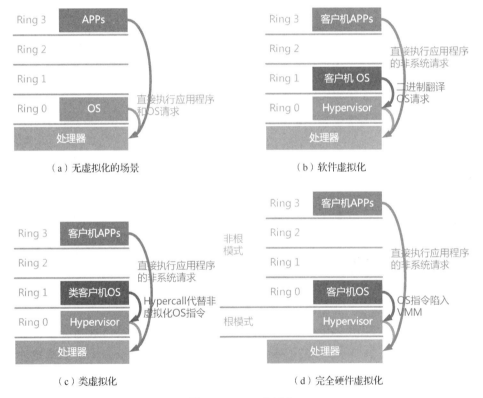

图 3.28 CPU 虚拟化

- VM-Exit 和 VM-Entry。非根模式下敏感指令引起的陷入称为 VM-Exit，在发生 VM-Exit 时，处理器从非根模式切换到根模式。另外，VT-x 技术定义了两个指令 VMLAUCH 和 VMRESUME，用于触发 VM-Entry，使处理器从根模式切换到非根模式。

- VT-x 技术还引入了 VMCS（Virtual-Machine Control Structure，虚拟机控制结构）。虚拟机保存虚拟 CPU 的相关状态，类似于中断，中断在进入时需要保存当前进程上下文环境（Context），中断在返回时需要重载此进程上下文环境。在发生 VM-Exit 和 VM-Entry 的时候，我们需要进行虚拟机上下文环境的操作。为了提高虚拟机上下文的效率，引入了硬件支持的 VMCS，VMCS 本质上用来硬件加速虚拟机上下文环境切换。

利用 VT-x 技术的 CPU 硬件虚拟化，几乎可以完全消除虚拟化的代价。在硬件虚拟化技术的支持下，虚拟机几乎可以获得跟物理机一致的性能。

3.4.3　内存虚拟化：影子页表和 EPT

应用程序的 VA 到操作系统管理的物理 PA 本质上是一层虚拟化。内存虚拟化相当于在 VA 到 PA 映射的基础上，增加了一层虚拟化映射。

如图 3.29（a）所示，当有了内存虚拟化的时候，地址映射就变成三层，首先把客户机里应用程序的 GVA 转换成客户机运行虚拟硬件的 GPA，然后客户机的 GPA 转换成实际物理硬件地址空间的 HPA。当为纯软件模拟的时候，每一次内存访问都需要在虚拟机和 Hypervisor 之间切换，代价很大；并且 Hypervisor 要为每一个虚拟机维护一个转换表，实现复杂，内存占用大。

如图 3.29（b）所示，一份影子页表（Shadow Page Table）与一个客户机操作系统内部进程对应，直接把 GVA 映射到 HPA。为了使用影子页表，需要把 MMU 也虚拟化，使得最终加载到 MMU 里的是影子页表，从而完成运行程序内存访问 GVA 到 HPA 的转换，通过这样的方式来提升内存虚拟化的性能。影子页表本质上也是软件模拟虚拟化。影子页表虽然能够直接把 GVA 映射到 HPA，但其缺点也非常明显：实现非常复杂，需要考虑各种页表同步的情况，导致开发、调试和维护都非常困难；影子页表的内存开销也很大，需要为每个客户机进程维护一套影子页表。

如图 3.29（c）所示，EPT（Extended Page Table）硬件虚拟化是直接在硬件上实现 GVA→GPA→HPA 的两次转换。通过硬件实现地址间的切换，访存地址转换的性能损耗几乎为 0。

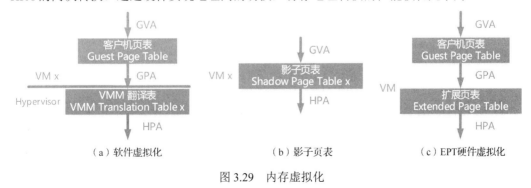

图 3.29　内存虚拟化

3.4.4 I/O 设备虚拟化：从软件模拟到 SR-IOV

I/O 虚拟化是计算机虚拟化最复杂的部分，因为涉及 CPU、操作系统、Hypervisor 及 I/O 设备的相互配合。I/O 虚拟化也经历了从软件模拟虚拟化、类虚拟化向完全硬件虚拟化的转变。I/O 设备虚拟化如图 3.30 所示。

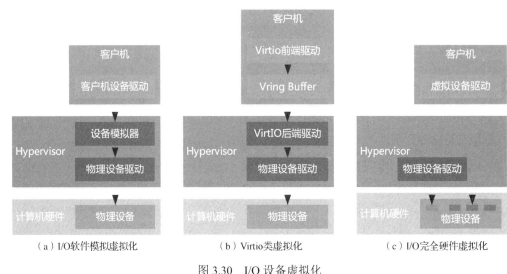

图 3.30　I/O 设备虚拟化

1. I/O 软件模拟虚拟化和类虚拟化

I/O 设备虚拟化场景既要关注 I/O 设备模拟，也要关注 vCPU 和虚拟 I/O 设备的交互，许多条件交织在一起，使得 I/O 虚拟化变得非常复杂。I/O 虚拟化性能代价主要体现在三个方面：驱动程序访问设备寄存器的代价；设备通过中断和 DMA 访问驱动程序的代价；设备模拟本身的代价。因此，I/O 虚拟化性能优化主要通过如下五个方面实现。

- 减少 I/O 访问寄存器的代价：一是把部分 I/O 的访问变成 MMIO 访问，这样就不需要陷入 Hypervisor；二是优化 VM-Exit/VM-Entry 切换的代价。
- 减少 I/O 访问的次数：如简化通知机制及虚拟设备功能等。
- 优化中断：如 APIC 的中断硬件虚拟化或不需要中断的轮询驱动。
- 减少 DMA 访问的代价：通过 IOMMU 等实现 Pass-Through 模式。
- 减少设备模拟的代价：主要通过硬件 SR-IOV 机制实现物理设备。

如图 3.30（a）所示，虚拟机中的设备一般是由 Hypervisor 模拟出来的。虚拟设备的功能可以少于或多于物理设备的功能，甚至可以模拟出一些不存在的特性及物理设备。在 I/O 软件模拟虚拟化的解决方案中，客户机虚拟机如果要使用底层的硬件资源，则需要 Hypervisor 来截获每一条请求指令，并模拟出这些指令的行为。Hypervisor 截获指令的动作就是 VM-Exit 处理完模拟 VM-Entry 的过程，这个过程的代价很高，每条指令都要如此，带来的性能开销必然是非常庞大的。

如图 3.30（b）所示，利用 Virtio 类虚拟化方式，客户机完成设备的前端驱动程序，Hypervisor 配合客户机完成相应的后端驱动程序，这样两者之间通过交互机制就可以实现高效的虚拟化过程。

Virtio 框架如图 3.31 所示。Virtio 框架使用 Virtqueue 来实现其 I/O 机制，每个 Virtqueue 都是一个承载大量数据的 Queue。Vring 是 Virtqueue 的具体实现方式，会有相应的描述符表格对 Vring 进行描述。Virtio 框架是一种通用的驱动和设备接口框架，基于 Virtio 分别实现了 Virtio-net、Virtio-blk、Virtio-scsi 等很多不同类型的模拟设备及设备驱动程序。

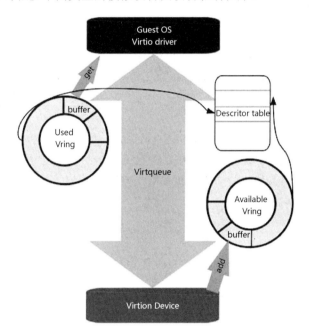

图 3.31　Virtio 框架

相比于 I/O 软件模拟虚拟化，Virtio 类虚拟化的性能优势体现在：很多控制和状态信息不需要通过寄存器读写操作来交互，而通过写入 Virtqueue 的相关数据结构米让驱动程序（Driver）和设备（Device）交互；并且在进行数据交互的时候，只有在一定批量数据变化需要对方处理的时候才会通知对方，驱动程序通知设备通过写 Kick 寄存器实现，设备通知驱动程序通过中断实现。

2. I/O 完全硬件虚拟化

评价 I/O 虚拟化技术的两个指标：性能和通用性。对于性能，越接近无虚拟化环境下的 I/O，性能越好；对于通用性，I/O 虚拟化对客户操作系统越透明，通用性越好。要想获得高性能，最直接的方法就是让客户机直接使用真实的物理设备；要想获得通用性，则要想办法让客户机操作系统自带的驱动程序能够发现并操作设备。

客户机直接使用真实的物理设备面临两个问题：第一个问题是如何让客户机直接访问到物理设备真实的 I/O 地址空间（包括 I/O 和 MMIO）；第二个问题是如何让物理设备的 DMA 直接访问客户机的内存空间。内存硬件虚拟化的 EPT 技术可以解决第一个问题，而 VT-d 技术可以用来解决第二个问题。VT-d 技术主要用于引入地址重映射（IOMMU+IOTLB），负责提供重映射和物理设备直接分配。从设备端的 DMA 访问都会进入地址重映射进行地址转换，使得物理设备可以访问对应客户机特定的内存区域。

VT-d 技术虽然可以将物理设备直接透传给虚拟机，但是一台计算机系统受限于接口，可以连接的物理设备有限。由此，PCIe SR-IOV 技术应运而生。利用 PCIe SR-IOV 技术，一个物理设备可以虚拟出多个虚拟设备，并可以将这些虚拟设备分配给虚拟机使用。

SR-IOV 引入了如下两个 PCIe 设备。

- PF（Physical Function）：包括管理 SR-IOV 功能在内的所有 PCIe 设备。
- VF（Virtual Function）：轻量级的 PCIe 设备，只能进行必要的配置和数据传输。

Hypervisor 把 VF 分配给虚拟机，通过 IOMMU 等硬件辅助技术提供的 DMA 数据映射，直接在虚拟机和物理设备之间传输数据。

3. I/O 虚拟化总结

通过兼容性、性能、成本、扩展性四个方面对 I/O 虚拟化技术进行总结，具体如表 3.5 所示。

表 3.5　不同I/O虚拟化方式对比

I/O 虚拟化方式	兼容性	性能	成本	扩展性
设备接口软件模拟	重用已有驱动程序	频繁的上下文切换	没有额外硬件成本	受设备模拟的性能代价约束
类虚拟化前后端	需要加载特定驱动程序	基于共享队列的机制减少了前后端交互	没有额外硬件成本	受设备后端的性能代价约束
直接分配 VT-d	重用设备驱动程序	直接访问物理设备，减少虚拟化开销	需要购买额外的硬件较多	物理设备独占性，受主板扩展槽限制
直接分配 SR-IOV	需要加载 VF 驱动程序	直接访问物理设备，减少虚拟化开销	需要购买额外的硬件较少	物理设备支持多个虚拟设备，扩展性较好

3.4.5　容器虚拟化：Docker 和 Kubernetes 介绍

容器是基于操作系统的虚拟化技术，Docker 是十分流行的开源容器引擎，而 Kubernetes 则是当前主流的容器集群管理系统。

1.　容器和 Docker

操作系统领域一直存在程序间的相互独立性和系统资源互操作性之间的矛盾，即每个程序都希望能运行在一个相对独立的系统环境中，不受其他程序的干扰，同时能方便快捷地与其他程序交换和共享系统资源。当前的操作系统更强调程序间的互操作性，而缺乏对程序间相互独立性的有效支持；在传统基于硬件资源虚拟化的虚拟化技术支持下，每个虚拟机都是一个独立的操作系统，提供非常好的系统隔离，但不同虚拟机的程序之间实现互操作非常困难。基于此，容器技术应运而生，容器技术能够在满足基本的独立性的同时支持高效的系统资源共享。

容器和虚拟机架构对比如图 3.32 所示。基于硬件资源虚拟化：内核资源是重复的，每个虚拟机都需要安装单独的操作系统，包括设备驱动程序等；虚拟机迁移有很多工作需要完成。基于容器的虚拟化：在机器（物理机，也可以是虚拟机）之上，安装一个操作系统，该操作系统内部具有容器引擎，容器引擎能够在不同容器中运行不同的程序。

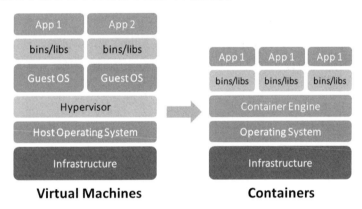

图 3.32　容器和虚拟机架构对比

Docker 是基于容器虚拟化的一个管理程序，它利用了围绕容器的现有计算概念，在 Linux 中，这些计算概念被称为 cgroups 和命名空间。Docker 专注于开发人员和系统操作员的需求，以将程序依赖项与基础架构分开。

基于容器的虚拟化具有如下优点。

- 运行时隔离：根据程序要求隔离不同的运行时环境。例如，程序 A 需要 JRE8，程序 B 需要 JRE7，这两个程序都可以部署在单个虚拟机中的不同容器中，从而提供程序级运行时隔离。

- 经济高效：基于容器的虚拟化无法创建整个虚拟操作系统，并且容器消耗的 CPU／RAM 或存储空间比虚拟机消耗的 CPU/RAM 或存储空间少。

- 更快的部署：容器的启动/配置速度非常快。

- 确保可移植性：容器是非常便携的。

2. 容器编排平台 Kubernetes

Kubernetes 是一个可移植、可扩展的开源平台，用于管理容器化的工作负载和服务，可促进声明式配置和自动化。Kubernetes 拥有一个庞大且快速增长的生态系统。Kubernetes 的服务、支持和工具广泛可用。

容器是打包和运行程序的好方式。在生产环境中，当需要管理运行程序的容器时，应确保不会停机。Kubernetes 提供了一个可弹性运行分布式系统的框架。Kubernetes 会满足用户的扩展、故障转移、部署模式等要求。

Kubernetes 为用户提供了如下功能。

- 服务发现和负载均衡：Kubernetes 可以使用 DNS 名称或自己的 IP 地址公开容器，如果到容器的流量很大，那么 Kubernetes 可以负载均衡并分配网络流量，使部署稳定。

- 存储编排：Kubernetes 允许用户自动挂载自己选择的存储系统，如本地存储、公共云计算服务商等。

- 自动部署和回滚：用户可以使用 Kubernetes 描述已部署容器的所需状态，以受控的速率将实际状态更改为所需状态。例如，可以自动化 Kubernetes 来为用户的部署创建新容器，删除现有容器并将它们的所有资源用于新容器。

- 自动二进制打包：Kubernetes 允许用户指定每个容器所需 CPU 和内存（RAM）。当容器指定了资源请求时，Kubernetes 可以做出更好的决策来管理容器的资源。

- 自我修复：Kubernetes 重新启动失败的容器、替换容器、杀死不响应用户定义的运行状况检查的容器，并且在准备好服务之前不将这些信息通告给客户端。

- 密钥与配置管理：Kubernetes 允许用户存储和管理敏感信息，如密码、OAuth 令牌和 ssh 密钥。用户可以在不重建容器镜像的情况下部署和更新密钥、程序配置，并且不需要在堆栈配置中暴露密钥。

4

第4章
软硬件接口

软硬件融合中的软件主要是指运行于 CPU 的软件，它也参与任务数据面的处理，而不仅参与控制面的处理。这样，软硬件融合首先面对的就是软件和硬件的数据交互接口，简称软硬件接口。软硬件接口基于我们通常理解的 I/O 接口扩展，不仅关注软硬件的数据传输，也关注软硬件的数据一致性。

本章介绍的主要内容如下。

- 软硬件接口概述。
- 总线互连。
- 通用接口 Virtio。
- 高速网络传输接口 RDMA。
- 高速存储接口 NVMe。
- 软硬件接口总结。

4.1 软硬件接口概述

我们在 3.1.3 节介绍了四种 I/O 方式。随着计算机技术的发展，除了 I/O 设备，很多独立的硬件组件也通过各种类型总线跟 CPU 连接在一起；接口已经不仅用于 I/O 数据传输场景，也用于软件（运行于 CPU 的软件）和其他硬件之间的数据交互场景。

4.1.1 软硬件接口定义

传统的非硬件缓存一致性总线是需要软件驱动显式的控制设备来进行数据交互的。下面通过梳理软硬件接口的演进过程，逐步给出软硬件接口定义。

1. 软硬件接口演进过程

软硬件接口是在 I/O 接口基础上的扩展，如图 4.1 所示，我们结合四种 I/O 方式，重新梳理软硬件接口的演进过程。

- 第一阶段，使用 CPU 轮询硬件状态。如图 4.1（a）所示，最开始采用 CPU 轮询方式，这时候软件和硬件的交互非常简单。在进行数据发送的时候，CPU 会定期查询硬件的状态，当发送缓冲为空的时候，就把数据写入硬件的缓存寄存器；在进行数据接收的时候，CPU 会定期查询硬件的状态，当接收缓冲区有数据的时候，就把数据读取到 CPU。

- 第二阶段，使用中断模式。如图 4.1（b）所示，随着 CPU 性能的快速提升，统计发现，CPU 轮询的失败次数很多，大量的 CPU 时间被浪费在硬件状态查询而不是数据传输，由此引入了中断模式。只有当发送缓冲存在空闲区域可以让 CPU 存放一定量待发送数据，或者接收缓冲已经有一定量数据待 CPU 接收的时候，才硬件会发起中断，CPU 收到中断后进入中断服务程序，在中断服务程序里进行数据的发送和接收。

- 第三阶段，引入 DMA 方式。如图 4.1（c）所示，在前面两个阶段，都需要 CPU 来完成数据的传输，会有大量的 CPU 消耗。由此引入了专用的数据搬运模块 DMA 来完成 CPU 和硬件之间的数据传输，在某种程度上，DMA 可以看作用于代替 CPU 进行数据搬运的加速器。在进行数据发送的时候，当数据在 CPU 内存准备好后，CPU 告诉 DMA 源地址和数据的大小，DMA 收到这些信息后主动把数据从 CPU 内存搬运到硬件内部；在进行数据接收的时候，CPU 开辟一片内存空间并告知 DMA 目标地址和空间的长度，DMA 负责把硬件内部的数据搬运到 CPU 内存。

- 第四阶段，专门的共享队列方式。如图 4.1（d）所示，当引入了 DMA 之后，如果只有一个空间用于软件和硬件之间的数据交换，则软件和硬件之间的数据交换是同步的。例如，在接收数据的时候，当 DMA 把数据搬运到 CPU 内存之后，CPU 需要马上进行处理并释放内存，CPU 在进行处理的时候 DMA 只能停止工作。后来引入了乒乓缓冲的机制，当一个内存缓冲区用于 DMA 传输数据的时候，另一个内存缓冲区的数据由 CPU 进行处理，实现 DMA 传输和 CPU 处理的并行。再后来，演变成了由更多缓冲区组成的循环缓冲队列，这样，CPU 的数据处理和 DMA 的数据传输实现了完全异步，并且 CPU 对数据的处理及 DMA 对数据的搬运都可以在批量操作完成后，再同步状态信息给对方。

- 第五阶段，用户态的 PMD（Polling Mode Driver，轮询模式驱动）方式。如图 4.1（e）所示，随着带宽和内存的增加，数据频繁地在用户态程序、内核的堆栈、驱动程序及硬件之间交互，并且缓冲区也越来越大。这些都不可避免地增加了系统消耗，同时带来了更多的延迟，而且数据频繁交互带来的中断开销也是非常庞大的。利用用户态的 PMD（Polling Mode Driver，轮询模式驱动）可以高效地在硬件和用户态程序之间直接传递数据，不需要中断，完全绕开内核，以此来提升性能和降低延迟。

- 第六阶段，支持多队列方式。如图 4.1（f）所示，随着硬件设计规模的不断扩大，硬件资源越来越多，在单个设备里，可以通过多队列的支持来提高并行性，驱动程序也需要支持多队列。这样我们可以为每个程序配置专用的队列或队列组，通过多队列的并行来提升性能和应用数据的安全性。

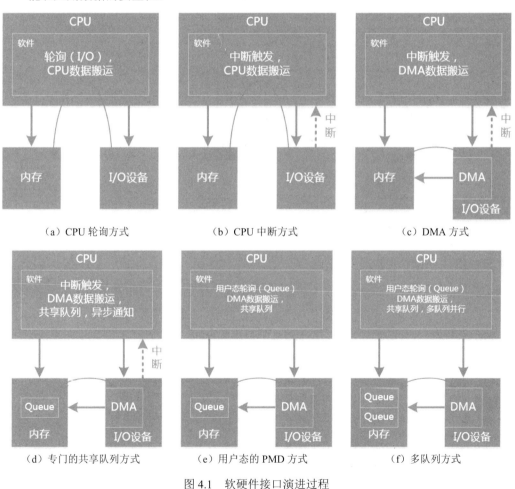

图 4.1　软硬件接口演进过程

说明： 4.1.1 节所讲的内容主要基于传统非缓存一致性总线的数据交互演进。随着跨芯片的缓存数据一致性总线逐渐流行，利用硬件完成数据交互，在提升性能的同时，也简化了软件设计。

2. 软硬件接口的组成部分

粗略地说，软硬件接口是由驱动程序（Driver）和设备（Device）组成的，驱动程序和设备的交互也即软件和硬件的交互。更确切地说，软硬件接口包括交互的驱动程序、硬件设备的接口部分逻辑，也包括内存中的共享队列，还包括传输控制和数据信息的总线。软硬件接口硬件架构示意模型如图 4.2 所示。

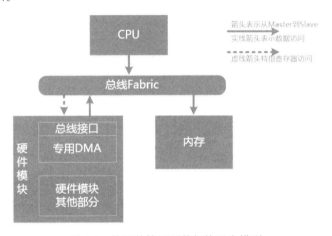

图 4.2　软硬件接口硬件架构示意模型

软硬件接口的组件详细介绍如下。

- 驱动是软件程序。驱动提供一定的接口 API，让上层的软件能够更加方便地与硬件交互。驱动程序负责硬件设备控制面的配置、运行控制，以及硬件数据面的数据传输控制等。驱动程序屏蔽硬件的接口细节，对上层软件提供标准的 API 函数接口，这对于单机系统是非常有价值的。利用不同版本的驱动程序，既可以屏蔽硬件细节，也可以跟不同的操作系统平台兼容。云计算场景对驱动程序的要求更严格，这是因为云计算场景期望提供的是完全标准的硬件接口。驱动程序是代表软件与硬件交互的接口，但依然是软件的一部分，在云计算场景中，虚拟机驱动程序也会迁移到新的环境，这就要求新的环境和原始环境一致。也就是说，在 I/O 直通模式下，需要数据交互双方的硬件接口本身是一致的。
- 设备硬件接口子模块：包括 DMA 和内部缓冲。高速设备一般都有专用 DMA，专门负责数据搬运。驱动程序会通知 DMA 共享队列状态信息；DMA 会读取内存中的共享队列描述符，并根据描述符信息在 CPU 内存和内部缓冲之间搬运数据。

- 共享队列。共享队列是特定的跟硬件 DMA 格式兼容的共享队列数据结构，软件和硬件通过共享队列交互数据。每个共享队列均包括队列的头和尾指针、组成队列的各个描述符及每个描述符所指向的实际数据块。共享队列位于软件侧的 CPU 内存中，由软件驱动程序进行管理。

- 传输的总线。软硬件交互可以说是上层功能，需要底层接口总线的承载。例如，片内通常通过 AXI-Lite 总线来实现软件对硬件的寄存器读写控制，而数据总线则通过 AXI 实现硬件 DMA 对软件 CPU 内存的读写访问。常见的芯片间总线主要是 PCIe，它通过提供的 TLP 包来承载上层各种类型的读写访问。

4.1.2　生产者–消费者模型

生产者消费者问题（Producer-Consumer Problem）是多进程同步经典问题之一，描述了共享固定大小缓冲区的两个进程，即生产者和消费者在实际运行时如何处理交互的问题。

生产者消费者模型如图 4.3 所示。生产者的主要作用是生成一定量的数据放到缓冲区中，并重复此过程；与此同时，消费者在缓冲区消耗这些数据。解决生产消费者问题的关键就是保证生产者不会在缓冲区满时加入数据，消费者不会在缓冲区空时消耗数据。

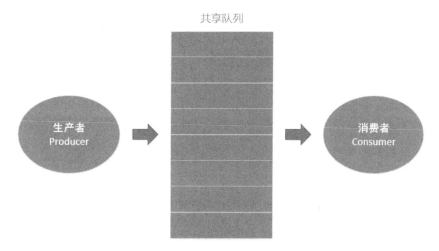

图 4.3　生产者消费者模型

解决生产者消费者问题的基本办法：让生产者在缓冲区满时休眠，当消费者消耗缓冲区的数据，缓冲区有了空闲区域的时候，生产者才被唤醒继续往缓冲区添加数据；同样，需要让消费者在缓冲区空时进入休眠，当生产者往缓冲区添加数据后，再唤醒消费者继续消耗缓冲区的数据。

1. 进程间的通信

在有一个生产者进程和一个消费者进程的情况下，生产者进程通过共享缓冲传递数据给消费者进程。如果程序员在编程时没有考虑多进程间相互影响的话，那么很可能写出下面这段会导致死锁的代码。

```
// 该段代码使用了两个系统库函数：sleep 和 wakeup
// 调用 sleep 的进程会被阻断，直到有另一个进程用 wakeup 唤醒调用 sleep 的进程
// 代码中的 itemCount 用于记录缓冲区中的数据项数

int itemCount = 0;

procedure producer() {
    while (true) {
        item = produceItem();
        if (itemCount == BUFFER_SIZE) {
            sleep();
        }
        putItemIntoBuffer(item);
        itemCount = itemCount + 1;
        if (itemCount == 1) {
            wakeup(consumer);
        }
    }
}

procedure consumer() {
    while (true) {
        if (itemCount == 0) {
            sleep();
        }
        item = removeItemFromBuffer();
        itemCount = itemCount - 1;
        if (itemCount == BUFFER_SIZE - 1) {
            wakeup(producer);
        }
        consumeItem(item);
    }
}
```

上面代码中的问题在于它可能导致竞争条件，进而引发死锁。我们可以考虑如下情形。

• 消费者进程把最后一个 itemCount 的内容（现在是 0）读出来，接着返回 while 的起始处，

然后进入 if 块。

- 在调用 sleep 之前，操作系统调度，决定将 CPU 时间片让给生产者进程，于是消费者进程在执行 sleep 之前就被中断了，生产者进程开始执行。
- 生产者进程生产出一项数据后将其放入缓冲区，然后在 itemCount 上加 1；由于缓冲区在加 1 之前为空，因此生产者进程尝试唤醒消费者进程。
- 遗憾的是，消费者进程并没有在休眠，唤醒指令不起作用。当消费者进程恢复执行的时候，执行 sleep，一觉不醒（出现这种情况的原因在于，消费者进程只能被生产者进程在 itemCount 为 1 的情况下唤醒）。
- 生产者进程不停地循环执行，直到缓冲区满，随后进入休眠。

由于生产者进程和消费者进程都进入了永远的休眠，死锁情况出现了，因此，上述代码是不完善的。我们可以通过引入信号量（Semaphore）的方式来完善上述代码。信号量能够实现对某个特定资源的互斥访问。

```
// 该方法使用了两个信号灯：fillCount 和 emptyCount
// fillCount 用于记录缓冲区中存在的数据项数量
// emptyCount 用于记录缓冲区中空闲空间数量

// 当有新数据项被放入缓冲区时，fillCount 增加，emptyCount 减少
// 当有新数据项被取出缓冲区时，fillCount 减少，emptyCount 增加

// 如果在生产者进程尝试减少 emptyCount 的时候发现其值为零，那么生产者进程就进入休眠
// 只有当有数据项被消耗，emptyCount 增加的时候，生产者进程才被唤醒。
// 消费者的行为类似

semaphore fillCount = 0;                    // 生产的项目
semaphore emptyCount = BUFFER_SIZE; // 剩余空间

procedure producer() {
    while (true) {
        item = produceItem();
        down(emptyCount);
            putItemIntoBuffer(item);
        up(fillCount);
    }
}

procedure consumer() {
    while (true) {
        down(fillCount);
```

```
        item = removeItemFromBuffer();
    up(emptyCount);
    consumeItem(item);
    }
}
```

2. 分布式消息队列服务

消息队列中间件是分布式系统重要的组件，主要用于解决应用耦合、异步消息、流量削锋等问题。消息（Message）是指在应用之间传送的数据，它可以非常简单，如只包含文本字符串；也可以很复杂，如包含嵌入对象。消息队列（Message Queue）是一种应用间的通信方式，消息发送后可以立即返回，由消息系统来确保信息的可靠传递，消息生产者只负责把消息发布到 MQ 中而不管谁来取，消息消费者只负责从 MQ 中取消息而不管谁发布，这样消费生产者和消息消费者都不用知道对方的存在。

消息队列模型如图 4.4 所示。消息队列一般由如下三部分组成。

• Producer：消息生产者，负责产生和发送消息到 Broker。
• Broker：消息处理中心，负责消息存储、确认、重试等，一般会包含多个队列。
• Consumer：消息消费者，负责从 Broker 中获取消息，并进行相应处理。

图 4.4　消息队列模型

消息队列具有如下特性。

• 异步性。将耗时的同步操作通过发送消息的方式进行了异步化处理，减少了同步等待的时间。

• 松耦合。消息队列减少了服务之间的耦合性，不同的服务可以通过消息队列进行通信，而不用关心彼此的实现细节，只要定义好消息的格式就行。

• 分布式。通过对消费者的横向扩展，降低了消息队列阻塞的风险，以及单个消费者产生单点故障的可能性（消息队列本身也可以做成分布式集群）。

• 可靠性。消息队列一般会把接收到的消息存储到本地硬盘上（当消息被处理完之后，存储信息根据不同的消息队列实现，有可能被删除），这样即使应用挂掉或消息队列本身挂掉，消息也能够重新加载。

互联网场景使用较多的消息队列有 ActiveMQ、RabbitMQ、ZeroMQ、KafkaMQ、MetaMQ、RocketMQ 等。

3. 驱动程序和设备通信

NIC（Network Interface Adapter，网络接口卡）是典型的 I/O 设备，网络数据包的传输有 Tx 发送和 Rx 接收两个方向。驱动和设备通过 NIC 贡献的 Tx 队列和 Rx 队列来交互数据。下面我们以网络 Tx 发送为例，介绍基于生产者消费者模型的驱动程序和设备数据交互。

网络驱动程序和设备通信示意图如图 4.5 所示，Rx 接收跟 Tx 发送类似，控制流程一致，数据传输方向相反。从图 4.5 中可以看到，在 Tx 发送的时候，驱动程序是生产者，设备是消费者，二者通过内存中共享的环形队列传输数据。一般在环形队列中的是用于描述数据的描述符，通过指针指向实际的数据块。当上层应用通过驱动程序把数据写到环形队列以后，驱动程序会把环形队列相关的状态信息告知设备端。设备端接收到信息后，DMA 开始工作，首先读取环形队列中相应的描述符，然后根据描述符信息搬运实际的数据块到硬件内部。数据块搬运完成后，硬件通过中断告知驱动程序，之后驱动程序会释放对应的块缓冲。

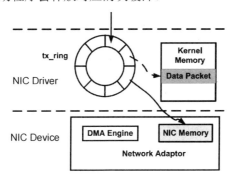

图 4.5　网络驱动程序和设备通信示意图

4.1.3　用户态的 PMD：DPDK 和 SPDK

DPDK 和 SPDK 是当前主流的开源高速接口框架，它们的核心技术是用户态的 PMD。DPDK 和 SPDK 支持两个核心的设备类型：DPDK 聚焦高性能网络处理；SPDK 聚焦高性能存储处理。

1. DPDK 介绍

DPDK（Data Plane Development Kit，数据平面开发套件）是在用户态中运行的一组软件库和驱动程序，可加速在 CPU 架构上运行的数据包处理工作负载。DPDK 由英特尔在 2010 年左右创建，现在作为 Linux 基金会下的一个开源项目，在拓展通用 CPU 的应用方面发挥了重要作用。基于 Linux 内核的包处理和基于 DPDK 的包处理如图 4.6 所示。

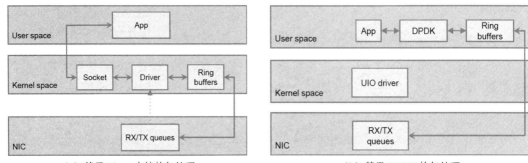

（a）基于 Linux 内核的包处理　　　　　（b）基于 DPDK 的包处理

图 4.6　基于 Linux 内核的包处理和基于 DPDK 的包处理

如图 4.6（a）所示，传统 Linux 网络驱动程序存在如下问题。

- 中断开销大，大量数据传输会频繁触发中断，中断开销系统无法承受。
- 数据包从内核缓冲区复制到用户缓冲区会带来系统调用和数据包复制的开销。
- 对于很多网络功能来说，TCP/IP 协议并非数据转发必需协议。
- 操作系统调度带来的缓存替换也会对性能产生负面影响。

如图 4.6（b）所示，DPDK 核心的功能是提供了用户态的 PMD，为了加速网络 I/O，DPDK 允许传入的网络数据包直通到用户空间，这省去了内存复制的开销，不需要用户空间和内核空间切换时的上下文处理。DPDK 可在高吞吐量和低延迟敏感的场景加速特定的网络功能，如无线核心、无线访问、有线基础设施、路由器、负载均衡器、防火墙、视频流、VoIP 等。DPDK 使用的优化技术主要有如下几种。

- 用户态驱动程序，减少内核态用户态切换开销，以及缓冲区复制开销。
- PMD，不需要中断，没有中断开销，并且可对队列及数据进行及时处理，降低延迟。
- 固定处理器核，减少线程切换的开销，减少缓存失效，同时要考虑 NUMA 特性，确保内存和处理器核在同一个 NUMA 域中。
- 大页机制，减少 TLB 未命中概率。
- 非锁定的同步，避免等待。
- 内存对齐和缓存对齐，有利于提升内存到缓存的加载效率。
- DDIO 机制，从 I/O 设备把数据直接送到 L3 缓存，而不是送到内存。

2. SPDK 介绍

在数据中心，固态存储介质正在逐渐替换机械 HDD，NVMe 在性能、功耗和机架密度方面具有明显的优势。这是因为固态存储吞吐量更大，而存储软件需要花费更多的 CPU 资源；并且固态存储延迟性能得到大幅提升，而存储软件的处理延迟开始凸显。总结来说，随着存储介质性能的进一步提升，存储软件栈的性能和效率越来越成为存储系统的瓶颈。

　　如图 4.7 所示，SPDK（Storage Performance Development Kit，存储性能开发套件）利用了很多 DPDK 的组件，在 DPDK 的基础上，加入了存储的相关组件。SPDK 的核心技术依然是用户态的 PMD。SPDK 已经证明，使用一些处理器内核和 NVMe 驱动器即可进行存储，而不需要额外卸载硬件，可以轻松实现每秒数百万次 I/O。

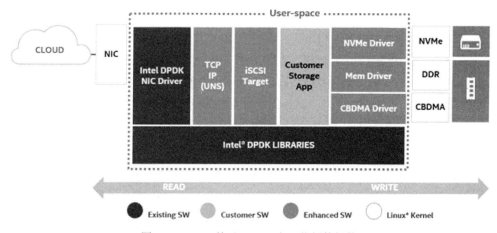

图 4.7　SPDK 基于 DPDK 和一些新的组件

　　SPDK 由许多组件组成，这些组件相互连接并共享用户态和轮询模式操作的通用功能。每个组件都是为了克服特定场景的性能瓶颈而开发的，同时每个组件也可以集成到非 SPDK 架构中，使客户可以利用 SPDK 技术来加速自己的软件。从底层到上层，SPDK 包括如下组件。

- PMD：基于 PCIe 的 NVMe 驱动、NVMeoF 驱动，以及英特尔 QuickData 驱动程序（QuickData 为英特尔至强处理器平台的 I/O 加速引擎）。
- 后端块设备：Ceph RADOS 块设备（Ceph 为开源的分布式存储系统，RADOS 为 Ceph 的分布式集群封装），Blobstore 块设备（虚拟机或数据库交互的虚拟设备），Linux AIO（异步 I/O）。
- 存储服务：块设备抽象层（bdev），Blobstore。
- 存储协议：iSCSI Target 端，NVMeoF Target 端，vhost-scsi Target 端，vhost-blk Target 端。

4.2 总线互连

互连的概念，大家最熟悉的莫过于采用有线或无线方式连接服务器、个人计算机及智能终端的互联网。在数据中心，网络通过分层的交换机连接各种规格、用于不同场景的硬件服务器。

在这里，我们不介绍大家所熟知的基于以太网的互连，而是重点介绍芯片内及芯片间的基于各种总线的互连。狭义的总线互连仅仅指通过简单总线接口连接多个组件，简单总线是一种临界资源，组件需要抢占到总线才能发起访问；而广义的总线互连泛指用于组件之间的互连结构。这里我们采用广义总线的概念。

总线是芯片架构中非常核心的概念。例如，一个 SoC 芯片分为很多模块或子系统，如处理器、内存控制器、GPU、ISP 等，通过总线把它们连接在一起，此即芯片架构。芯片内的总线互连常见的有：处理器核之间的互连、处理器核与内存的互连、处理器与缓存的互连、缓存与缓存之间的互连、处理器和 I/O 之间的互连、处理器与各种专有硬件加速模块之间的互连、DMA 和内存的互连等。

芯片间的总线互连有：两个 CPU 之间的互连、CPU 和异构 GPU 等加速器之间的互连、CPU 和 NIC 等 I/O 设备之间的互连、加速器之间的互连、加速器和 I/O 设备之间的互连等。

4.2.1 AMBA 总线

AMBA 协议是主流的芯片内互连总线协议，本节通过介绍 AMBA 总线中的 AXI、AXI-Lite、AXI-Stream、ACE 等总线来理解片内总线的基本特性和作用。

1. AMBA 总线概述

ARM 的 AMBA 协议（Advanced Microcontroller Bus Architecture）是一种开放标准的、片内互连的总线协议，用于管理系统芯片（SoC）设计中功能模块的互连规范。如今，AMBA 已广泛用于各种 ASIC 和 SoC 部件。

AMBA 总线的发展历程如图 4.8 所示。AMBA 是 ARM 公司在 1995 年推出的芯片内互连系列总线。AMBA 1 总线是 ASB（Advanced System Bus，高级系统总线）和 APB（Advanced Peripheral Bus，高级外围设备总线）。在 ARM 公司于 1999 年发布的 AMBA 2 规范中，添加了 AHB（AMBA High-performance Bus，AMBA 高性能总线）。2003 年，ARM 公司推出了 AMBA 3 规模，其中包括可实现更高互连性能的 AXI（Advanced eXtensible Interface，高级可扩展接口）和作为部分 CoreSight 片上调试和跟踪解决方案的 ATB（Advanced Trace Bus，高级跟踪总线）。2010 年，ARM

公司从 AXI4 总线开始引入 AMBA 4 规范，并于 2011 年通过 AMBA 4 ACE（AXI Coherency Extensions，AXI 一致性扩展）扩展了系统范围内的一致性。2013 年，ARM 公司引入了 AMBA 5 CHI（Coherent Hub Interface，一致性集线器接口）规范，重新设计了高速传输层，并设计了可减少拥塞的功能（CHI 属于 NoC 的范畴，将在 4.2.2 节介绍）。

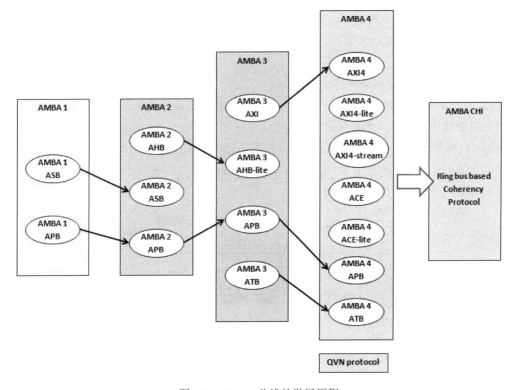

图 4.8　AMBA 总线的发展历程

AMBA 协议的主要设计目标是实现一种标准有效的方法来互连芯片内部的模块，并且这些模块可以在多个设计中重复使用。如今，AMBA 协议已成为 SoC 及嵌入式处理器总线体系结构的事实上的标准，可以免费使用。

2. AXI、AXI-Lite 和 AXI-Stream

AMBA 4 定义了如下三种类型的 AXI 总线。

- AXI4 总线：高性能内存映射读写。
- AXI4-Lite 总线：简单低吞吐量的内存映射通信，如用于操作控制和状态寄存器。
- AXI4-Stream 总线：用于高速流数据传输。

AXI4 总线是一种并行、高性能、高频率、同步的片内总线。AXI4 总线具有如下非常强大的功能。

- 独立的读写地址和数据通道。
- 支持 Burst 事务（Transaction），一次可以传输多组数据。
- 支持 Outstanding 事务（多组未完成事务共存）。
- 支持乱序事务完成。
- 支持原子操作。
- 支持 $N:M$ 的多主多从互连结构。

AXI4 总线的五个通道如图 4.9 所示。AXI4 总线把复杂的事务分解成简单无依赖的多个事务，并提供独立的读地址通道、读数据通道、写地址通道、写数据通道和写返回通道，这样不仅可以提升 AXI4 总线整体的传输带宽，还可以进一步提升运行频率及性能。

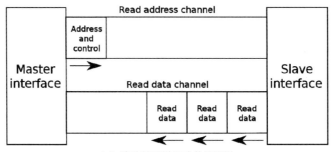

（a）读地址通道和读数据通道

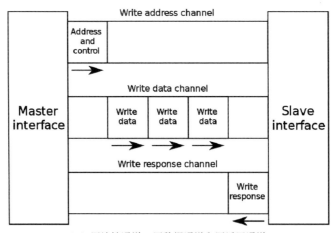

（b）写地址通道、写数据通道和写返回通道

图 4.9　AXI4 总线的五个通道

AXI4-Lite 协议是 AXI4 协议的子集,减少了功能并降低了复杂性。与 AXI4 协议相比,AXI4-Lite 协议主要具有如下特点。

- 没有 Burst,每次事务仅传输一次数据。
- 所有数据访问都使用完整的数据总线宽度。

AXI4-Lite 虽然删除了部分 AXI4 信号,但其余部分仍遵循 AXI4 规范。作为 AXI4 协议的子集,AXI4-Lite 协议事务与 AXI4 协议完全兼容,从而允许 AXI4-Lite 主设备和 AXI4 从设备之间的互操作性,而不需要其他转换逻辑。

AXI4-Stream 协议定义了用于传输流数据的单个通道,AXI4-Stream 通道对 AXI4 总线的写数据通道进行建模。与 AXI4 总线不同,AXI4-Stream 总线可以处理无限数量的数据。需要注意的是,AXI4-Stream 协议必须是顺序的,不支持乱序。

说明: 在内存映射(Memory Mapping)协议(AXI 和 AXI4-Lite)中,所有事务都涉及传输系统中内存空间的地址和数据的概念。而 AXI4-Stream 协议通常用于数据流场景,不存在或不需要地址的概念,每条 AXI4-Stream 总线都充当数据流的单个单向通道。

3. ACE 和 ACE-Lite

我们先从"缓存一致性"说起。在多核场景中,每个处理器核都拥有自己的独立缓存,这意味着对共享数据的操作会导致数据的不一致。在具有缓存的多核场景中,需要使用一定的机制来解决数据一致性的问题。

如图 4.10 (a) 所示,如果处理器创建数据结构,再通过 DMA 引擎移动它,那么处理器和 DMA 引擎都必须看到相同的数据。如果该数据在处理器中缓存,而 DMA 引擎从外部 DDR 中读取,那么 DMA 引擎将读取到旧的数据。要想维护缓存一致性,有如下三种办法。

- 禁用缓存是最简单的机制,但会严重影响处理器性能。
- 采用软件管理一致性机制。在这种机制下必须从缓存中清理或清空脏数据,从而与系统中的其他处理器或控制器实现共享数据的一致性。这将占用处理器周期、总线带宽并增加功耗。
- 通过硬件管理一致性提供可简化软件的替代方式。同一共享域中的所有处理器和总线主控制器看到完全相同的值。

如图 4.10 (b) 所示,将硬件一致性扩展到系统需要一致性的总线协议。AMBA 4 ACE 协议在 AXI 协议基础上推出了"AXI 一致性扩展"。完整的 ACE 接口允许同组(Cluster)内的处理器之间实现硬件一致性,并且允许 SMP 操作系统扩展到更多的处理器组。以两个处理器组为例,任何一个处理器组对内存的共享访问都可以"监听"另一个处理器组的缓存，以了解数据是否已在芯片上；如果数据没有在芯片上，则从外部 DDR 中获取。

如图 4.10（c）所示，AMBA 4 ACE-Lite 接口的设计面向 I/O（或单向）一致性系统主控器，如 DMA 引擎、网络接口和 GPU 等，这些设备可能没有自己的缓存，但可以从 ACE 处理器读取共享数据；它们也可能有自己的缓存，但不缓存共享的数据。

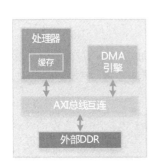

处理器缓存需要刷到DDR，DMA
引擎才能看到最新的数据

（a）

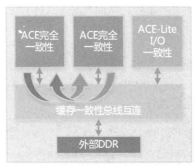

在ACE处理器之间的完全一致性

（b）

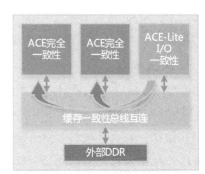

ACE-Lite的I/O一致性

（c）

图 4.10　缓存一致性示意图

4.2.2　片上网络 NoC 总线

相比于传统的总线事务，通过 NoC 总线连接多个节点，对事务进行一级封装，可以使事务像数据包一样在 NoC 中传递，直到发送到目标节点。NoC 的总线协议各不相同，比较常见的 NoC 总线协议有 ARM AMBA 中的 CHI 协议及 Arteris FlexNoC 总线 IP 协议。

1. NoC 总线架构

随着芯片的集成度越来越高，芯片内连接的处理器核及其他硬件模块的数量越来越多，模块间的通信带宽也越来越大，芯片内总线上的访问变得非常拥挤。NoC 是一种扩展性很好的互连结构，相比于传统的交叉开关，NoC 可以连接更多的组件。NoC 从计算机网络中获取灵感，在芯片上实现类似网络的架构，每个模块都连接到片上路由器，而组件传输的数据则是一个一个的数据包，这些数据包通过路由器送达到目标模块。

如图 4.11 所示，IP Core 为 NoC 互连的组件，NI 为接入 NoC 的接口，R 为 NoC 中的路由器，物理链接（Physical link）为路由器之间的连接总线。

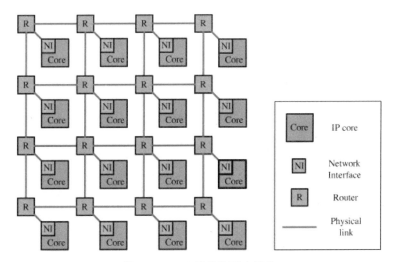

图 4.11　NoC 架构的基本组件

NoC 的优势主要体现在如下两个方面。

- 高可扩展性。NoC 类似计算机网络的结构，当互连的组件增加时，NoC 的互连复杂度并不会增加很多。而传统的简单总线和交叉开关随着互连模块的增多，其互连复杂度呈指数级增加。
- 分层设计。NoC 的物理层、传输层和接口是分开的，用户可以在传输层方便地自定义传输规则，而无须修改模块接口，传输层的更改对物理层互连的影响也不大，因此不会对 NoC 的时钟频率造成显著影响。

2. NoC 协议：AMBA 5 CHI

2013 年发布的 AMBA 5 CHI 协议可提供网络和数据中心等基础设施应用所需的性能和规模。AMBA 5 CHI 协议非常成功，可在单个片上系统（SoC）扩展 32 个或更多处理器。

AMBA 5 CHI 协议经过精心设计，随着组件数量和流量增加依然能够保持性能。CHI 分层架构如图 4.12（a）所示，CHI 提供了高频率、无阻塞的数据传输，并且是一种分层架构，非常适用于打包的 NoC。AMBA 5 CHI 协议提供了流控制和服务质量（QoS）机制，可以控制分配由许多处理器共享的系统资源，不需要详细了解每个组件及其交互方式。

CHI 拓扑如图 4.12（b）所示，由于 CHI 规范将协议层和传输层分开，因此它允许不同的实现方式，以在性能、功率和面积之间实现最佳折中。设计人员可以从任何范围的 Noc 拓扑中进行选择，从交叉开关到高性能的大规模网状网络。

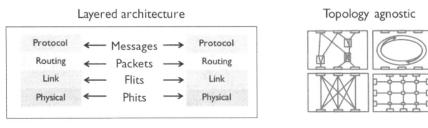

（a）CHI 分层架构   （b）CHI 拓扑

图 4.12　适用于各种拓扑的 AMBA 5 CHI 分层架构

在构建 CHI 系统时，将有不同类型的节点（如处理器、加速器、I/O 和内存）连接到 NoC 络。CHI 系统中的节点如图 4.13 所示。在较高级别上，CHI 系统存在如下三种基本节点。

- RN（Request Node，请求节点）：生成协议事务的节点，包括对互连的读取和写入，这些节点可以是完全一致的处理器或 I/O 一致的设备。
- HN（Home Node，主节点）：位于互连中的节点，用于从 RN 接收协议事务。HN 是系统的一致性点，可以包括系统级缓存和/或探听过滤器，以减少冗余探听。
- SN（Slave Node，响应节点）：接收并完成来自 HN 请求的节点。SN 可以在外围或主存储器中使用。

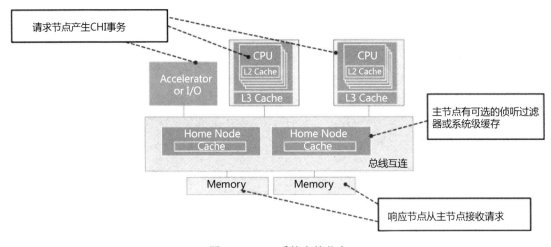

图 4.13　CHI 系统中的节点

3．NoC IP：Arteris FlexNoC

NoC 只是一种总线架构，而不是一种总线标准，各公司的 NoC 总线都有自己独特的实现。很多公司的 NoC 总线都只用于自己的芯片产品，把 NoC 总线作为 IP 对外出售的主要供应商是

Arteris，国内外很多公司都采用 Arteris 的 FlexNoC 系列 IP。

Arteris FlexNoC 如图 4.14 所示。Arteris FlexNoC 系列 NoC 具有很好的扩展性，支持 10～100 个节点的连接，并且广泛支持和 AMBA 系列总线的互连及互操作性。此外，FlexNoC 总线支持硬件的缓存一致性，能够在不同组件的缓存之间高效地共享数据。FlexNoC 支持灵活的总线拓扑，如 Tree、Ring 和 Mesh 等。

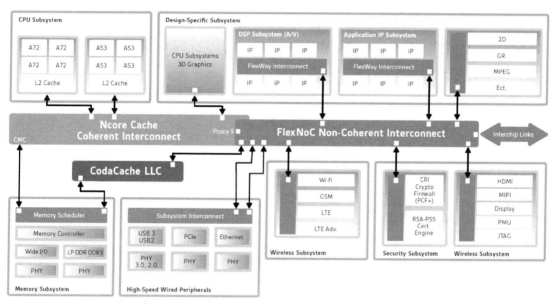

图 4.14　Arteris FlexNoC 系列 NoC 互连 IP

4.2.3　片间高速总线 PCIe 及 SR-IOV

PCIe 总线是当前主流的片间互连高速总线，而 SR-IOV 技术扩展了 PCIe 总线的功能，使得单组 PCIe 总线可以更好地支持逻辑隔离的许多虚拟设备。

1. PCIe 总线

PCI 总线是一种并行总线，随着频率的提高，PCI 总线并行传输遇到了干扰的问题。在长距离高速传输时，并行的 PCI 总线直接干扰异常严重，而且随着频率的提高，干扰越来越不可跨越。PCIe 总线与 PCI 总线相比最大的改变是由并行改为串行，使用差分信号传输，干扰可以被很快发现和纠正，从而可以使传输频率大幅提升。PCI 总线基本是半双工的（地址/数据线太多，不得不复用线路），而串行可以实现全双工。综合而言，从频率提高得到的收益大于一次传输多个 bit 的收益。此外，从并行到串行还得到了另外的好处。例如，布线简单，线路可以加长，甚至可以使用线缆连出机箱；多个 Lane 还可以整合成更高带宽的线路等。

PCIe 示例拓扑图如图 4.15 所示，不考虑 Switch（交换机）的影响，PCIe 根节点与 PCIe 终端节点（End Point）是直接相连的，这样，与 PCIe 相关的数据通路有如下三个。

- CPU（通过 PCIe RC）访问 PCIe EP。
- PCIe EP（通过 PCIe RC）访问 Memory（内存）。
- PCIe EP（PCIe P2P 机制，通过 PCIe RC 或 PCIe Switch）访问另一个 PCIe EP。

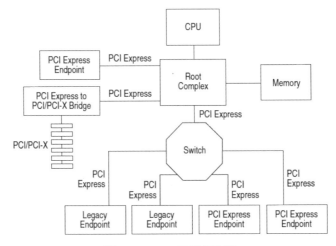

图 4.15　PCIe 示例拓扑图

PCIe 版本的带宽比较如图 4.16 所示，PCIe 从 1.0 版本发展到 5.0 版本，每一版本的带宽大致以上一版本的带宽翻倍。到 PCIe 5.0，利用 x16 组总线，可以支持双向共约 128GB/s 的数据带宽，以及高达 400GB/s 的网络带宽。

	传输速率	实际速率	单路单向带宽	x16双向所有带宽
PCIe 1.0	2.5GT/s	2GB/s	250MB/s	8GB/s
PCIe 2.0	5.0GT/s	4GB/s	500MB/s	16GB/s
PCIe 3.0	8.0GT/s	8GB/s	~1GB/s	~32GB/s
PCIe 4.0	16GT/s	16GB/s	~2GB/s	~64GB/s
PCIe 5.0	32GT/s	32GB/s	~4GB/s	~128GB/s

图 4.16　PCIe 版本的带宽比较

2. PCIe 配置空间

PCIe 设备可以看作分层的结构，下层为 PCIe，上层为具体设备。整个寄存器空间同样分为两部分，一部分是 PCIe 相关的寄存器空间，另一部分是设备相关的寄存器空间。

- 配置空间：PCIe 相关的寄存器空间。Header 用于标识 PCIe 设备基本属性及指向 Capability，Capability 则定义了 PCIe 相关的一些通用配置。
- BAR 空间：具体设备的寄存器空间及存储器空间。

如图 4.17 所示，PCI 设备具有一组称为配置空间的寄存器，PCIe 在此基础上引入了扩展配置空间。PCI 配置空间大小为 256B，其中前面 64B 为 PCI Header，其余 192B 为 Cap（Capability）区域，这个区域主要存放一些与 MSI/MSI-x 中断机制和电源管理相关的 Cap 结构。PCIe 在 PCI 的 256B 基础上扩展了 3840B，共 4KB 配置空间：256B 的 PCI 配置空间可以通过传统的 I/O（CF8/CFC 寄存器）方式访问；整个 4K PCIe 配置空间可以通过存储器映射方式访问。

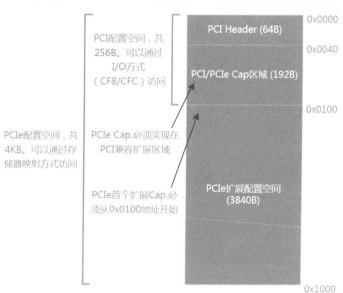

图 4.17　PCI/PCIe 配置空间

图 4.18 为 Type 0（非桥接）格式的 PCI/PCIe Header 的寄存器。其中，Device ID 和 Vendor ID 是区分不同设备的关键，操作系统和 UEFI 在很多时候就是通过匹配它们来找到不同设备驱动程序的。为了保证唯一性，Vendor ID 应通过向 PCI-SIG 申请而取得。

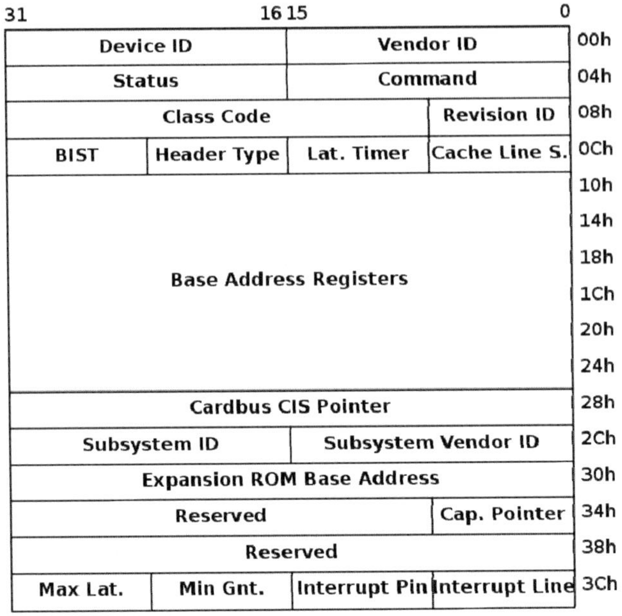

图 4.18　Type 0（非桥接）格式 PCI/PCIe Header 的寄存器

BAR（Base Address Registers）寄存器是 PCI 配置空间中从 0x10 到 0x24 的 6 个寄存器，用来定义 PCI 需要的内部存储空间大小，以及配置 PCI 设备内部存储到 CPU 内存空间的映射。

PCIe 总线规范要求设备必须支持 Cap 结构。在 PCIe Header 寄存器组中，包含一个 Cap 指针寄存器，该寄存器用于存放 Cap 结构链表的 Headeer 指针。在一个 PCIe 设备中，可能有多个 Cap 结构，这些 Cap 结构组成一个链表。

3. SR-IOV

SR-IOV（Single Root I/O Virtualization）是一种 I/O 硬件虚拟化技术，可提升 I/O 设备的性能和可伸缩性。在 3.4.4 节，我们从虚拟化发展的视角对 SR-IOV 进行过一定的阐述，这里对其进行较为详细的介绍。

支持 SR-IOV 技术的英特尔网卡技术原理图如图 4.19 所示。SR-IOV 标准允许在虚拟机之间高效共享 PCIe 设备，并且共享是在硬件中实现的，可以获得与硬件一致的 I/O 性能。SR-IOV 引入了如下两种新的功能。

- 物理功能（Physical Function，PF）。PF 包含 SR-IOV 功能结构，用于管理 SR-IOV 功能。PF 是 PCIe 功能的全集，可以像任何 PCIe 设备一样被发现、管理和处理。PF 拥有完全配置资源，可以用于配置或控制 PCIe 设备。

- 虚拟功能（Virtual Function，VF）：与 PF 关联的一种功能。VF 是一种轻量级的 PCIe 功能，可以与物理功能及与同一物理功能关联的其他 VF 共享一个或多个物理资源。VF 仅允许拥有用于其自身行为的配置资源。

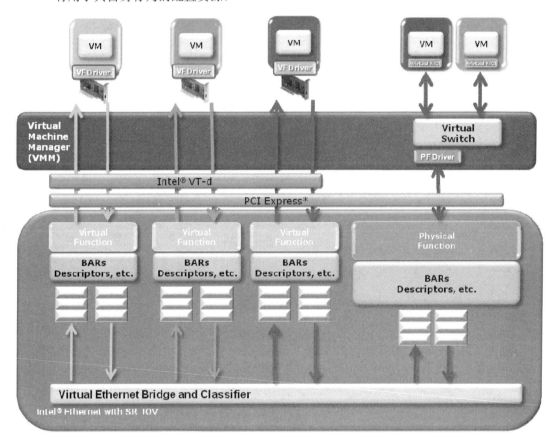

图 4.19　支持 SR-IOV 技术的英特尔网卡技术原理图

每个 SR-IOV 设备都可有一个或多个 PF，一个 PF 最多可有若干个与其关联的 VF，PF 可以通过寄存器配置创建与自己关联的 VF。一旦在 PF 中启用了 SR-IOV，就可以通过 PF 的总线、设备和功能编号访问各个 VF 的 PCI 配置空间。

VF 配置空间的虚拟机映射如图 4.20 所示。每个 VF 都具有一个 PCI 内存空间，用于映射其寄存器集。VF 设备驱动程序对寄存器集进行操作以启用其功能，并且显示为实际存在的 PCI 设备。在创建 VF 后，可以通过 CPU 内部的硬件地址转换单元（IOMMU）直接将 VF 的配置空间指定给虚拟机域或 Host 上的应用程序，这使得多个虚拟机可以共享单个物理设备，并在没有 CPU 和 Hypervisor 软件开销的情况下执行 I/O 操作。

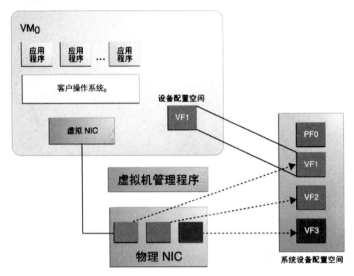

图 4.20　VF 配置空间的虚拟机映射

SR-IOV 允许在虚拟机之间高效共享 PCIe 设备。SR-IOV 设备可以具有数百个与某个 PF 关联的 VF。具有 SR-IOV 功能的设备具有如下优点。

- 性能提升：完成了 I/O 硬件虚拟化，可以绕过 Hypervisor，从虚拟机环境直接访问硬件。
- 成本降低：共享了硬件资源，减少了适配器数量，降低了整体的功耗。同时简化了布线，减少了交换机端口。整体上节省了成本和运维开销。

4.2.4　对称的缓存一致性总线 CCIX

大规模的技术创新（如 5G、云计算、物联网、大数据和自动驾驶等）不断地推动着硬件平台和解决方案的演进，高效的异构计算架构解决方案（如 GPU、FGPA 及 SmartNIC 等）得到越来越广泛的应用。PCIe 协议是目前最常见的 CPU 和加速器间传输数据的协议，它作为 I/O 协议很有效，但不支持 I/O 设备成为对等计算模型（Peer-Compute Model）的组件。随着 CPU 和加速器的异构计算应用越来越多，高性能、低延时和易用性成为下一代互联的首要诉求。

CCIX 总线是一种能够使两个或两个以上器件通过缓存一致性的方式实现共享数据的片间互连总线。CCIX 旨在优化、简化异构系统的架构设计，从而实现基于不同架构的处理器或专用的加速器提升系统的带宽并降低时延。

高性能、低延时的片间互连接口是基于片外加速器系统的关键部分。CCIX 采用两种方法来提高性能并降低延时：第一种是采用缓存一致性，自动保持处理器和加速器的缓存一致，提升易用性并降低延时；第二种是提高 CCIX 链路的原始带宽最高链接速率可升至 25GT/s。CCIX 规范规定了多个 CCIX 端口如何聚合提供超过单个 CCIX 端口性能的方法，以此来匹配加速器和内存扩展带宽。

将缓存一致性的基本原理扩展到加速器，应用数据就可以在处理器缓存和加速器缓存间自主传递，而不需要软件驱动程序参与数据传递。除了缓存，CCIX 还支持操作系统分页的内存（系统内存）扩展包含 PCIe 设备内存。CCIX 的数据共享模型基于以虚拟地址（VA）寻址的共享内存。

处理器和加速器的缓存和内存数据通过 CCIX 协议自动同步，只需要传递数据指针而不需要依赖复杂且代价高昂的 DMA 操作。自动同步能减小数据延时，提升软件性能；同时减小软件开发者的负担，使他们聚焦于软件而不是加速器和主处理器间数据传递的底层机制。

CCIX 总线架构如图 4.21 所示。CCIX 总线架构是从 PCIe 基本架构扩展而来的分层结构，CCIX 可看作如下两个主要规范。

- CCIX 协议规范：包含 CCIX 协议层和 CCIX 链接层。这些层规定缓存一致性、报文发送、流控和 CCIX 传输部分的协议。
- CCIX 传输：包含 CCIX/PCIe 事务层、PCIe 数据链路层和 CCIX/PCIe 物理层。这些层负责器件间的物理连接，包括速率和带宽协商、传输包错误检测和重试，以及初始包编码协议。

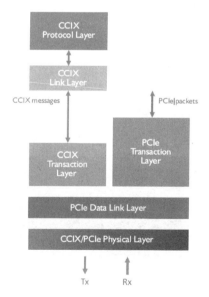

图 4.21　CCIX 总线架构

基于分层的架构，CCIX 总线支持多种灵活的拓扑结构。图 4.22（a）是最常见的拓扑结构，主机和加速器或扩展内存直接连接；CCIX 总线还可以很容易地构建和支持其他拓扑结构，如图 4.22（b）所示的交换机、图 4.22（c）所示的菊花链或网状拓扑。

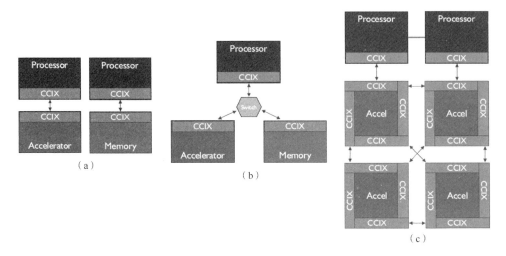

图 4.22　CCIX 系统拓扑范例

CCIX 一致性分层架构模型如图 4.23 所示。CCIX 协议定义了 CCIX 组成模块的内存访问协议。所有 CCIX 器件至少有一个具备 CCIX 链接的 CCIX 端口，一个 CCIX 端口关联一组物理管脚，用于和另一个 CCIX 端口连接，在两个或多个不同芯片间交互信息。

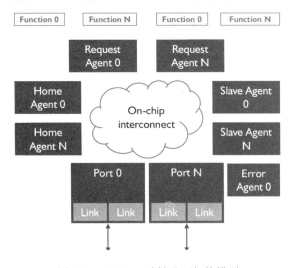

图 4.23　CCIX 一致性分层架构模型

CCIX 协议还定义了如下类型的代理。

- 请求代理（RA）。一个请求代理对系统内的不同地址进行读写操作。请求代理可以对它已经访问过地址的数据进行缓存。

- 主代理（HA）。主代理负责管理指定一段地址的数据一致性。当一个缓存行的状态需要改变时，主代理通过向所需的请求代理发出侦听操作来保持数据一致性。

- 从代理（SA）。CCIX 支持通过扩展系统内存来包含设备的内存。例如，主代理位于一个芯片上，而这个主代理关联的部分或全部物理内存在另一个芯片上时，会出现这种情形，这种架构组件（扩展内存）称为从代理。从代理不会被请求代理直接访问。请求代理总是访问一个主代理，主代理再访问从代理。

- 错误代理。错误代理接收并处理协议错误信息。

基于上述代理，可以描述 CCIX 总线的一些常见用例。

- 当采用和部署 CCIX 总线时，最常见的初始用例是处理器和加速器共享缓存。这个用例里有两个请求代理，各自管理自己的缓存。主代理在处理器上，管理连接到该处理器内存的访问。

- 处理器和加速器共享虚拟内存。在这个用例里，加速器和处理器的内存同在一个共享虚拟内存池里。处理器只需要简单地将待处理数据的地址指针传递给加速器，而不需要复杂的 PCIe DMA 和驱动程序在处理器和加速器内存之间传递数据。这个用例里有两个请求代理管理各自的缓存，有两个主代理管理内存，免去了软件驱动程序开发和额外开销，可以大幅提升系统性能和简化软件。

- 拓展基本结构。得益于自身非常灵活的特性，CCIX 总线可以在展示的基本数据流之外进行拓展。从直连结构到网状拓扑和星形网络，CCIX 总线具备非常不错的灵活性来支持很多种类的拓扑结构。

CCIX 总线的一个关键优势是它支持主设备和加速器间的数据共享，并且不需要驱动程序来进行数据移动。传统的 PCIe 加速器需要驱动程序对加速器写入和读出数据，这增加了延时和计算开销。采用无驱动程序的数据移动方式，CCIX 总线可以将系统内存扩展至主设备的内存之外。

每个支持 CCIX 设备的行为与现有 NUMA 操作系统中节点（处理器核）的行为类似，这是因为支持 CCIX 的设备利用了现有的操作系统功能。在这种模式下，用来共享的所有数据结构都放在处理器和加速器都可访问的共享内存里。这种数据共享模型可以省去加速器特定的控制与管理驱动程序，允许加速器资源由一个中心调度器安排的常驻任务来调用。这个调度器可以是操作系统调度程序的一部分，也可以和操作系统调度程序协作，这能简化运行在虚拟机或容器上软件所使用的软件库，同时提供完整的工具支持，允许开发者用任何语言编写自己想要的，跟传统的开发方式没有任何区别。

4.2.5　非对称的缓存一致性总线 CXL

CXL（Compute Express Link）协议是英特尔发布的芯片间缓存一致性总线协议，它具有如下特点。

- 支持三类访问协议。
- 支持很多不同的设备类型。
- 非对称设计可以降低设备接口的设计复杂度。

1．CXL 的背景

随着数据（特别是非结构化数据，如图像、数字化语音和视频）生产和消费的大量增长及特定工作负载（如压缩、加密和人工智能等）的快速创新，异构加速架构获得了广泛使用。数据中心中的这种趋势意味着，越来越多不同类型的 CPU 和加速器（如 GPU、FPGA 和 AI 等）需要有效地协同工作，并且共享彼此的内存。

CPU 和加速器互连架构数据交互如图 4.24 所示。当前基于 PCIe 的连接，CPU 和加速器的内存是彼此独立的，大数据场景下两者之间频繁的数据搬运成为非常严重的系统性能瓶颈。英特尔发布的 CXL 1.0 开放工业标准在 CPU 和加速器之间实现了高速、低延迟的互连，通过一致性的互连总线，硬件支持缓存一致性，可以提升 CPU 和加速器之间的数据交互性能。

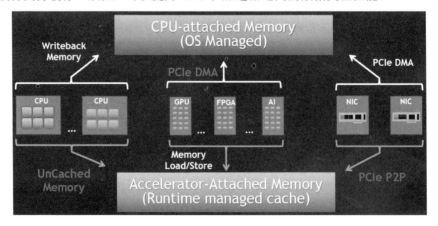

图 4.24　CPU 和加速器互连架构数据交互

2．CXL 标准

CXL 总线是一种板级芯片间互连总线。CXL 基于 PCIe 5.0 的基础架构实现，通过在 CPU 和加速器之间建立一致性的内存池，同时采用硬件机制在加速器和处理器之间高效地共享内存，提升了性能，并且降低了延迟、软件堆栈复杂性及系统总体成本。

PCIe 已经发展了很多年，是片间互连广泛应用的总线技术。5.0 版本的 PCIe 使 CPU 和外围设备的互连速度达到了 32GT/s。但在具有大共享内存池且许多设备需要高带宽的环境中，PCIe 具有如下局限性。

- PCIe 不支持一致性机制。
- 每个 PCIe 层次结构共享一个 64 位地址空间，无法有效地管理隔离的内存池。
- PCIe 链接的等待时间可能太长，从而无法有效管理系统中多个设备之间的共享内存。

CXL 的 Flex Bus 机制如图 4.25 所示。由于 CXL 使用 PCIe 5.0 PHY 和电气设备，因此可以通过 Flex Bus 有效地插入任何使用 PCIe 5.0 的系统。Flex Bus 是一个灵活的高速端口，可以静态配置为支持 PCIe 或 CXL，这使得 CXL 系统可以利用 PCIe 重定时器。但是，当前 CXL 仅被定义为直连 CPU，还无法使用 PCIe 交换机。随着 CXL 标准的发展，交换功能可能会添加到该标准中，如果是这样，则需要创建新的 CXL 交换机。

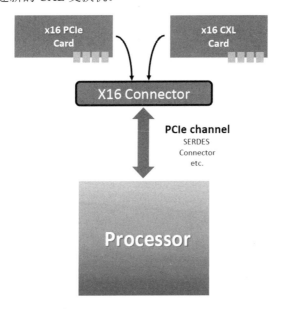

图 4.25　CXL 的 Flex Bus 机制

如图 4.26 所示，CXL 标准定义了三种协议，这些协议共享标准的 PCIe 5.0 PHY 传输。

- CXL.io 协议。CXL.io 协议本质上是 PCIe 5.0 协议的扩展，用于设备发现、配置、寄存器访问及终端等，它为 I/O 设备提供了非一致性数据的 Load/Store 接口。
- CXL.cache 协议。CXL.cache 协议定义了设备对主机的访问，允许设备使用请求/响应机制以极低的延迟访问主机内存的数据。
- CXL.memory 协议。CXL.memory 协议允许主机处理器使用 Load/Store 指令访问设备内存，主机 CPU 充当主设备，而设备充当从设备。CXL.memory 协议还支持易失性和非易失性存储。

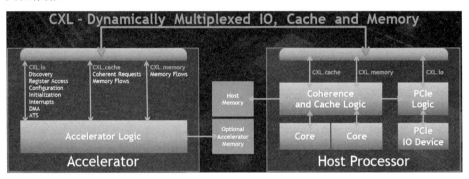

图 4.26　CXL 标准定义的三种协议

3. CXL 设备类型

由于 CXL.io 协议用于初始化和链接，因此所有 CXL 设备都必须支持该协议，如果 CXL.io 协议发生故障，则链接将无法运行。CXL 标准定义的三种协议有三种组合，对应三种类型的 CXL 设备，如图 4.27 所示，这三种 CXL 设备都由 CXL 标准支持。

图 4.27 显示了定义的三种 CXL 类型设备以及它们的相应协议、典型应用程序和支持的内存访问类型：

- 类型 1：只包含 CXL.io 协议和 CXL.cache 协议，用于只具有一致性缓存的设备，设备跟主机一起共享主机内存。
- 类型 2：包含 CXL.io 协议、CXL.cache 协议和 CXL.memory 协议。用于设备也具有独立内存的场景，此时一致性缓存是可以有可以没有的。这样，设备可以一致性访问主机内存，主机也可以一致性访问设备内存。
- 类型 3：只包含 CXL.io 协议和 CXL.memory 协议。这样，主机可以一致性访问设备内存，设备相当于一个内存扩展器。

CXL 一致性偏差如图 4.28 所示。CXL 为类型 2 设备定义了基于偏差（Bias）的一致性模型，并为类型 2 设备内存定义了两种偏差状态：主机偏差和设备偏差。如图 4.28（a）所示，当设备内存位于主机偏差状态时，设备内存对设备来说跟主机内存一样，如果设备需要访问设备内存，则需要发送请求到主机，由主机解决一致性访问处理。如图 4.28（b）所示，当设备内存位于设备偏差状态时，设备会确保主机没有对应内存的缓存，这样设备就可以直接访问此内存，而不需要发送任何访问请求到主机。

类型 1
CXL.io + CXL.cache
具有一致性缓存的加速器或智能网卡
设备可以一致性访问主机内存

类型 2
CXL.io + CXL.cache+CXL.memory
具有附加内存和可选一致性缓存的加速器
设备可以一致性访问主机内存；主机可以访问设备内存

类型 3
内存缓冲/扩展卡
主机访问和管理附加的设备内存

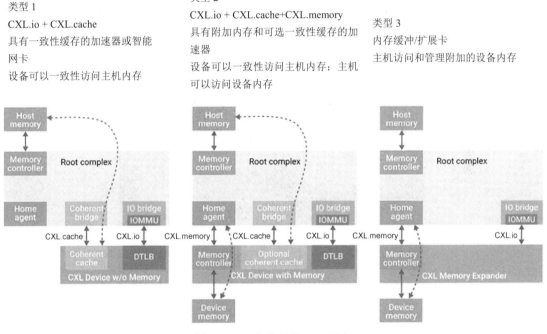

图 4.27　三种类型的 CXL 设备

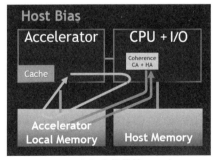

（a）主机偏差

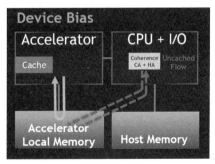

（b）设备偏差

图 4.28　CXL 一致性偏差

基于偏差的一致性模型的主要优点如下。

- 有助于保持设备连接内存的一致性，该模型被映射到统一的系统地址空间。
- 让设备在高带宽下访问设备本地内存，而不会引起一致性开销。
- 帮助主机以一致的方式访问设备内存，就像访问主机内存一样。

4. 非对称的一致性协议

现有的专有或开放一致性协议通常都是对称协议，所有互联设备都是对等的关系。而 CXL 标准的一个重要特征则是非对称的一致性协议。

非对称的 CXL 模型如图 4.29 所示，在非对称的 CXL 模型中，由于 Home 缓存代理仅实现在主机中，因此，主机控制内存的缓存，这可以解决设备请求中相应地址的系统范围一致性问题。

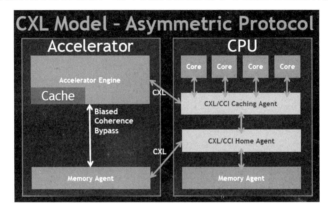

图 4.29　非对称的 CXL 模型

对称的缓存一致性协议尽管具有一些优点，但是这种协议比非对称的缓存一致性协议复杂，并且它所产生的复杂性必须由每个设备来处理。不同架构的设备可能会采用不同的一致性方法，这些方法在微架构层面进行了优化，这会显著增加行业推广的难度。通过使用由主机控制的非对称方法，各种类型的 CPU 和加速器都可以比较容易地成为 CXL 生态系统的一部分。

4.2.6　总线互连总结

各种不同的总线协议可以通过拓扑、事务访问等特征来进行分类；并且，总线互连也是一种层次结构，从芯片内总线、多芯片互连总线到多服务器互连的互联网络。

1. 总线互连分类

传统的总线互连通常是根据拓扑结构进行分类的，这种分类方法只关注互连的结构，而没有关注基于结构的各个组件之间的事务访问。下面，我们综合拓扑结构及事务访问两个方面来对总线互连进行分类。

如图 4.30 所示，总线互连主要分为四类：1 对 1 连接、1 对多连接、多对多连接及对等网络连接。图 4.30 中的 M/S 表示节点为主节点（Master Node）或从节点（Slave Node）。根据上述分类，总线互连协议的分类介绍如表 4.1 所示。

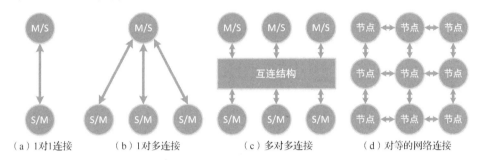

图 4.30　总线互连分类

表 4.1　总线互连协议的分类介绍

分类	总线协议	描述
1 对 1 连接	AXI-ST	AXI-ST 总线连接两个模块，单向、简单、高速的数据传输； 按照主从定义，发送方为主，接收方为从
	PCIe	PCIe 采用点对点、分层的设计，其传输的事务为 TLP 数据包； PCIe 用来连接两个独立的芯片，采用差分的串行总线设计； PCIe 采用双向传输设计，一边为 RC 节点，另一边为 EP 节点； 初始化操作为 RC 操作 EP； 在传输数据时，两边对等，RC 节点和 EP 节点都既为主也为从
	CCIX	基于 PCIe，不限 PCIe 版本； 对称地连接主机和其他加速器等不同芯片间的总线； 片间的缓存数据一致性协议
	CXL	基于 PCIe 5.0； 非对称地连接主机和其他加速器等不同芯片间的总线； 片间的缓存数据一致性协议
1 对多连接	APB	APB 主节点只有一个，用来访问多个从设备； APB 总线是低速总线，主要用于低速外部设备等
多对多连接	AHB	多主多从设计，通过互连结构把主从节点连接在一起； 单个节点可以是主节点、从节点或主从混合节点； AHB 总线是抢占型总线，同一时刻只能响应一个主节点且只有一个事务被处理； 支持 Burst，不支持 Outstanding

分类	总线协议	描述
多对多连接	AXI	多主多从设计，通过互连结构把主从组件连接在一起； 单个节点可以是主节点、从节点或主从混合节点； 多通道机制，请求和响应分离，不用长时间占用总线； 支持 Burst、Outstanding、乱序； 根据 Crossbar 总线互连设计，同一时刻允许多次访问； 加入了 QoS、多区域、用户自定义等机制
	ACE	基于 AXI 协议； 在 AXI 基础上加入了一些信号、通道和新的事务类型，实现了对缓存一致性的支持
对等网络连接	CHI	分层的协议，协议和传输层分开； 同时支持交叉开关、环形总线、互联网络等拓扑连接； CHI 传输的是事务包，可以连接对等的多个节点，这属于 NoC 协议的范畴； CHI 在对等协议基础上做了优化，区分了请求节点和响应节点
	FlexNoC	很高的扩展性，支持 10～100 个节点接入总线互连结构； 支持与 AMBA 总线的互操作性； 支持缓存数据一致性的处理
NoC 总线有不同的实现，还没有形成广泛应用事实上的标准，这里只是通过 CHI 和 FlexNoC 进行说明		

2. 互连的层次

从芯片内互连、芯片间板级互连到服务器间的网络互连，构筑不同层次复杂的互联系统来支撑上层的系统应用。

从芯片到互联网的互连层次如图 4.31 所示。

- 芯片内单 Die 内部：通过 AMBA 总线或其他类似总线，把各种组件模块连接成一个系统；NoC 的组件相当于一个小系统，利用 NoC 总线把各自独立的系统连接成一个宏系统。

- 芯片内多 Die 封装：芯片工艺越来越先进，流片的成本也越来越高，采用 Chiplet（小芯片）/MCM 技术的多 Die 互连和封装，复用已有的芯片设计，降低成本同时能够提高芯片和整机的集成度。

- 服务器节点内多芯片互连：板级的芯片互连，构成一台服务器系统。可以通过板级的互来垂直扩展一台服务器。例如，集成 8 块 GPU 加速卡的加速服务器可以提供超强算力，用于人工智能训练等场景。

- 数据中心内 Rack（机架）级互连及分层的网络连接：数据中心内部网络连接了各种类型的服务器，对外提供各种各样的服务，关注的是高性能、高可用、低延时、高网络利用率等。

- 互联网：站在云计算服务商的角度，关注的是入口，让终端用户能够高效地对其进行访问。

图 4.31　从芯片到互联网的互连层次

4.3　通用接口 Virtio

Virtio 旨在提供一套高效、良好维护的通用 Linux 网络驱动程序，实现虚拟机应用和由不同 Hypervisor 实现的模拟设备之间标准化的接口。Virtio 作为类虚拟化的 I/O 接口，广泛应用于云计算虚拟化场景，在某种程度上，Virtio 已经成为事实上的 I/O 设备的标准接口。

在 3.4.4 节介绍 I/O 虚拟化时，Virtio 作为 I/O 类虚拟化技术做过介绍。本节会略去 I/O 虚拟化相关的内容，把 Virtio 作为一个标准接口来进行详细的阐述。

4.3.1　Virtio 寄存器

Virtio 寄存器有三种类型：设备状态字、功能特征位及配置空间。

1. 设备状态字

设备状态字（Device Status Field）描述如表 4.2 所示。设备状态字标识了初始化序列步骤的完成情况。

表 4.2 设备状态字描述

bit	状态字值	定义	描述
0	1	ACKNOWLEDGE	表示操作系统已找到该设备并将其识别为有效的 Virtio 设备
1	2	DRIVER	表示操作系统已找到该设备并将其识别为有效的 Virtio 设备
2	4	DRIVER_OK	表示已安装驱动程序并准备驱动设备
3	8	FEATURES_OK	表示驱动程序已确认其理解的所有功能，并且功能协商已完成
4	16	保留位	保留位
5	32	保留位	保留位
6	64	DEVICE_NEEDS_RESET	表示设备遇到了无法恢复的错误
7	128	FAILED	表示操作系统出现问题，或者驱动程序和设备功能不匹配，或者设备运行过程中出现致命错误等

基于设备状态字，Virtio 协议定义并约束了驱动程序必须按照以下顺序初始化设备。

（1）重置设备。

（2）设置 ACKNOWLEDGE 状态位，表示操作系统已发现此设备。

（3）设置 DRIVER 状态位，表示操作系统知道如何驱动此设备。

（4）读取设备功能位，并将操作系统和驱动程序可以理解的功能位子集写入设备。

（5）设置 FEATURES_OK 状态位。

（6）重新读取设备状态，如果 FEATURES_OK 读取结果依然为 1，则表示该设备接受了驱动程序的功能位子集；如果为 0，则表示该设备不支持驱动程序的功能位子集，该设备不可用。

（7）执行设备特定的设置，包括发现设备的虚拟队列、读取和写入设备的 Virtio 配置空间及填充虚拟队列等。

（8）将 DRIVER_OK 状态位设置为 1。此时，设备初始化完成，处于活动状态。

（9）上述这些步骤中的任何一个步骤发生不可恢复的错误，驱动程序都会将 FAILED 状态位设置为 1。

2. 功能特征位

每个 Virtio 设备均提供其支持的所有功能对应的功能特征位。在设备初始化期间，驱动程序将读取该设备提供的功能特征位并告知设备它接受的功能子集，通过这种方式可以实现向前和向后兼容：如果设备增加了新功能位，则较旧的驱动程序就不会将该功能位写回设备中（意味着此功能不会被开启）；同样，如果驱动程序增加了新的功能，而设备未提供此功能，则此功能也不会被写回设备（意味着此功能不会被开启）。

Virtio1.1 协议中的功能位分配如下。

- bit 0～23：特定设备类型的功能位。
- bit 24～37：保留用于扩展队列和功能协商机制的功能位。
- bit 38 及以上：保留功能位以供将来扩展。

3. 配置空间

Virtio 使用的配置空间与标准的 PCI 配置空间相比，特殊的地方在于其 Vendor ID 和 Device ID。Virtio 的 Vendor ID 为 0x1AF4，Device ID 号为 0x1040～0x107F。

为了跟 PCI Capabilities 格式兼容，Virtio 对 VIRTIO_PCI_CAP 格式进行了定义，如表 4.3 所示。

表 4.3　Virtio定义的VIRTIO_PCI_CAP格式

	Byte 3	Byte 2	Byte 1	Byte 0
0x0	cfg_type	cap_len	cap_vndr	cap_vndr
0x4	padding			bar
0x8	offset			
0xC	Length			

其中 cfg_type 标识 VIRTIO_PCI_CAP 类型，共五种，代表了映射在 BAR 空间的五组寄存器。VIRTIO_PCI_CAP 类型如表 4.4 所示。

表 4.4　VIRTIO_PCI_CAP类型

类型	ID	描述
VIRTIO_PCI_CAP_COMMON_CFG	1	通用配置
VIRTIO_PCI_CAP_NOTIFY_CFG	2	通知
VIRTIO_PCI_CAP_ISR_CFG	3	ISR 状态
VIRTIO_PCI_CAP_DEVICE_CFG	4	设备具体的配置
VIRTIO_PCI_CAP_PCI_CFG	5	PCI 配置访问

4.3.2　Virtqueue 交互队列

Virtio 1.1 引入了 Packed Virtqueue 的概念，对应 Virtio 1.0 的 Virtqueue 被称为 Split Virtqueue。

图 4.32 为 Virtio1.0 的 Split Virtqueue。Virtqueue 由如下三部分组成。

- 描述符表
- 可用的描述符环
- 已使用的描述符环

Virtio 1.0 的 Split Virtqueue 具有如下缺点。

- 如果虚拟化场景软件模拟 Virtio 设备，分散的数据结构会导致缓存利用率较低，则每次请求都会有很多缓存不命中。
- 如果硬件实现 Virtio 设备描述，则每次描述符都需要多次设备 DMA 访问。

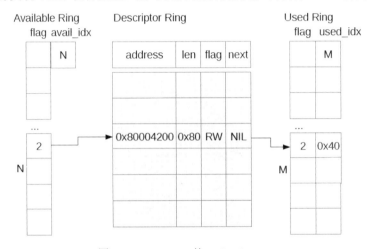

图 4.32　Virtio 1.0 的 Split Virtqueue

如图 4.33 所示，Virtio 1.1 引入了 Packed Virtqueue 的概念。整个描述符只有一个数据结构，如果软件实现 Virtio 设备模拟，则可以提升描述符交互的缓存命中率；如果硬件实现 Virtio 设备模拟，则可以降低设备 DMA 的访问次数。

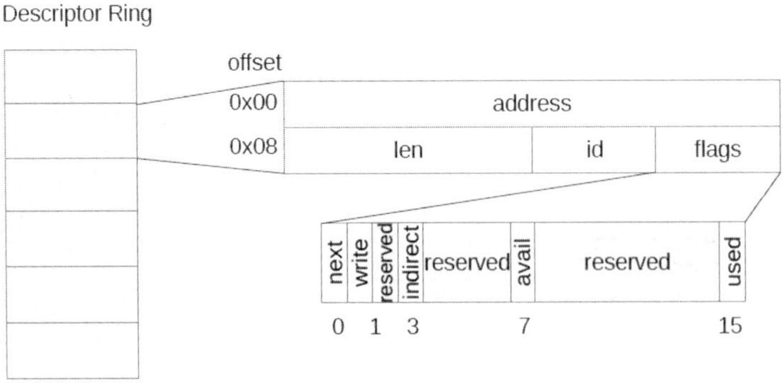

图 4.33　Virtio1.1 的 Packed Virtqueue

4.3.3　Virtio 交互

驱动程序和设备的交互符合生产者消费者模型的数据及通知（Notification）的交互行为。驱动程序把共享队列的队列项准备好，通过写寄存器的方式通知设备；设备收到驱动程序发送的通知后处理队列项并进行相应的数据搬运工作，结束后更新队列状态并通知（设备通过中断通知驱动程序）驱动程序；当驱动程序接收到中断通知时，把已经使用的队列项释放，并更新队列状态。

Virtio 驱动程序和设备的交互示意图如图 4.34 所示。在 Virtio 场景中，驱动程序给设备的通知称为 Kick，设备给驱动程序的通知称为 Interrupt（中断）。Kick 和 Interrupt 操作是 Virtio 接口的一部分，在虚拟化场景中，Kick 和 Interrupt 需要非常大的 CPU 切换代价。驱动程序希望在 Kick 之前产生尽可能多的待处理缓冲项（一个缓冲项对应一个描述符和描述符指向的数据块）；同样，设备希望处理尽可能多的缓冲项后发送一个中断。

通过尽量处理更多缓冲项的方式来摊薄通知的代价。这种策略是一种理想状态，因为大多数时候驱动程序并不知道下一组缓冲项何时带来，所以不得不每一组缓冲项准备好之后就 Kick 设备；同样，设备在处理完相应的缓冲项之后，就尽快发送中断给驱动程序，以实现尽可能小的延迟。

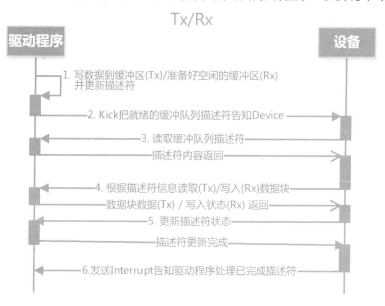

图 4.34　Virtio 驱动程序和设备交互示意图

通过前后端禁用抑制通知的 Virtio 驱动程序和设备交互如图 4.35 所示。在设备模拟的虚拟化场景下，驱动程序可以暂时禁用中断，设备也可以暂时禁用 Kick，利用这种机制可以最大限度地减少通知的代价，并且不影响性能和延迟。Virtio 1.1 支持两种通知抑制机制，共有如下三种模式。

- 使能通知模式：完全无抑制，使能通知。
- 禁用通知模式：可以完全禁止对方发送通知给自己。
- 使能特定的描述符通知模式：告知对方一个特定的描述符，当对方顺序处理完此描述符时产生通知。

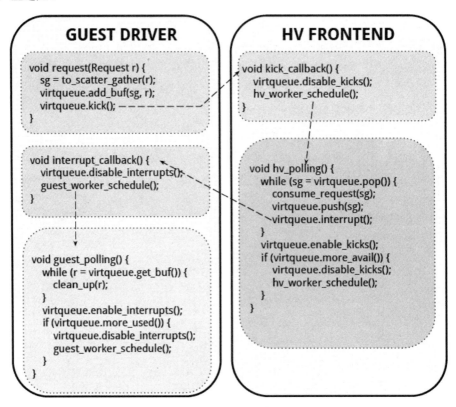

图 4.35　通过前后端禁用抑制通知的 Virtio 驱动程序和设备交互

4.3.4　总结

分层的 Virtio 框架图如图 4.36 所示。Virtio 基于分层的设计思想，定义了如下三层 Virtio 设备接口。

- 最下层的总线接口。PCI 总线是 Virtio 场景中经常使用的总线，但 Virtio 协议不仅支持 PCI，也支持 MMIO 和 Channel I/O 等。

- 通用的 Virtio 交互接口：包括 Virtqueue、功能特征位、配置空间等。通用的 Virtio 交互接口是 Virtio 核心的功能，它实现了不同类型设备的标准化。
- 上层的特定设备接口。Virtio 协议定义了网络、块、控制台、SCSI、GPU 等各种不同类型的设备。

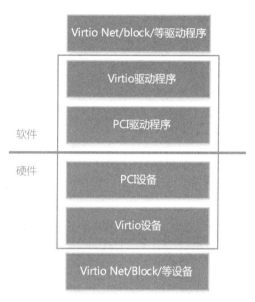

图 4.36　分层的 Virtio 框架图

Virtio 具有如下优点。

- Virtio 实现了尽可能多的设计共享，这样在开发的时候就可以复用很多软件和硬件资源，达到快速开发的目的。
- Virtio 实现了接口的标准化，体现在如下两个方面。
  ◦ 通用的 Virtio 交互接口，统一了不同的设备类型软硬件交互。
  ◦ 基于 Virtio 的 Virtio-Net、Virtio-Block 等广泛应用于云计算虚拟化场景，Virtio 已经成为事实上的标准 I/O 接口。

虽然 Virtio 实现了接口的标准化，但它忽略了不同设备类型数据传输的特点，因此在一些大数据量传输的场景下，效率比较低下。对于类似 HPC 等性能和延迟非常敏感的场景，Virtio 就不是很好的选择。

4.4 高速网络接口 RDMA

RDMA 是一整套高性能网络传输技术的集合，而不仅仅是软件和硬件的接口。RDMA 的软件和硬件接口并没有形成如同存储 NVMe 那样非常严格的标准。本节对 RDMA 及 RoCEv2 进行介绍，使大家对高性能网络传输接口及协议栈有整体的认识。

4.4.1 基本概念

RDMA（Remote Direct Memory Access，远程直接内存访问）是一种高带宽、低延迟、低 CPU 消耗的网络互连技术，克服了传统 TCP/IP 网络面临的许多难题。RDMA 技术的优势体现在如下几方面。

- Remote（远程）：数据在网络中的两个节点之间传输。
- Direct（直接）：不需要内核参与，传输的所有处理都卸载到 NIC 硬件中完成。
- Memory（内存）：数据直接在两个节点程序的虚拟内存间传输，不需要额外的复制和缓存。
- Access（访问）：访问操作有 Send/Receive、Read/Write 等。

RDMA 使用的 InfiniBand、RoCEv1、RoCEv2、iWARP 技术对比如图 4.37 所示。RoCE（RDMA over Converaged Ethernet）v1 是基于现有以太网实现 RDMA 的一项技术。RoCEv1 允许在现有以太网基础上实现 RDMA 技术，实现接近 InfiniBand 的性能和延迟指标，但不需要将现有网络基础设施升级成昂贵的 InfiniBand，节约了大量的支出。RoCEv2 基于标准网络的以太网（Ethernet PHY/MAC）、网络层（IP）和传输层（UDP）协议，可以使 RoCEv2 的网络流量经过传统的网络路由器路由。

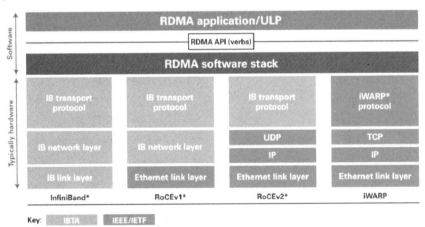

图 4.37　RDMA 使用的 InfiniBand、RoCEv1、RoCEv2、iWARP 技术对比

4.4.2　RoCE 分层

RoCEv2 是当前数据中心比较流行的 RDMA 技术，我们以 RoCEv2 为例，介绍 RoCE 分层。

RoCEv2 如图 4.38 所示。

- 以太网层：标准的以太网协议，网络五层协议中的物理层和数据链路层。
- 网络层（IP）：网络五层协议中的网络层。
- 传输层（UDP）：网络五层协议中的传输层（选用 UDP 协议而不是 TCP 协议）。
- IB 传输层（Transport Layer）：负责数据包的分发、分割、通道复用和传输服务。接收方会先确认数据包，然后把确认信息发动到发送方，发送方会根据这些确认信息更新完成队列。
- RNIC 数据引擎层（Data Engine Layer）：负责内存队列和 RDMA 硬件之间工作、完成请求的数据传输等。
- RNIC 驱动层：负责 RDMA 硬件的配置管理、队列和内存的管理、将工作请求添加到工作队列中、完成请求的处理等。
- Verbs API 层：负责接口驱动的封装，包括管理连接状态、内存和队列访问、提交工作给 RDMA 硬件、从 RDMA 硬件获取工作和事件。
- ULP 层：OFED ULP（Upper Layer Protocol，上层协议）软件库，提供了各种软件协议的 RDMA Verbs 支持，让上层应用可以无缝移植到 RDMA 平台。
- 应用层：分为两类，RDMA 原生的应用，基于 RDMA Verbs API 开发；另外，OFA 提供了可以无缝兼容已有应用的 OFED 协议栈，让已有的应用可以无缝使用 RDMA 功能。

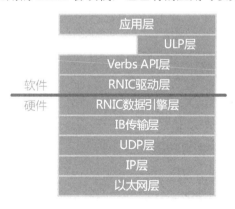

图 4.38　RoCEv2 分层

4.4.3 RDMA 接口

RDMA 并没有约束严格的软硬件接口，各家的实现均不同，只需要支持 RDMA 的队列机制即可。Verbs API 则是开源的标准接口，具体的软硬件接口实现需要通过驱动程序对接到 Verbs API。

1. RDMA 工作队列

软件驱动程序和硬件设备的交互通常基于生产者消费者模型，这样能够实现异步的交互，以及软件和硬件的解耦。RDMA 接口中驱动程序和设备的交互也通常基于生产者消费者模型，RDMA 软硬件共享的队列数据结构称为工作队列（Work Queue）。

RDMA 数据传输模型——工作队列如图 4.39 所示。工作队列是软件驱动程序和 RDMA 硬件交互的共享队列。驱动程序负责把工作请求（Work Request）添加到工作队列，成为工作队列中的一项，称为工作队列项（Work Queue Element，WQE）。RDMA 硬件负责 WQE 在内存和硬件之间的传输，并且通过 RDMA 网络把 WQE 送到接收方的工作队列中去，接收方 RDMA 硬件会反馈确认信息到发送方 RDMA 硬件，发送方 RDMA 硬件会根据确认信息生成完成队列项（Completion Queue Element，CQE）并将其发送到内存的完成队列（Completion Queue）。

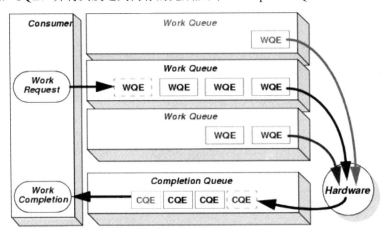

图 4.39　RDMA 数据传输模型——工作队列

RDMA 的队列类型有如下几种。

- 发送队列（Send Queue）：用于发送数据消息。
- 接收队列（Receive Queue）：用于接收输入的数据消息。
- 完成队列（Completion Queue）：主要用于 RDMA 操作异步的实现。
- 队列对（Queue Pair）：发送队列和接收队列组成一组队列对。

2. Verbs 操作

RDMA Verbs 是供应用程序使用的底层的 RDMA 功能抽象，RoCEv2 中的 Verbs 操作主要有如下两类。

- Send/Recv。与 Client/Server 结构类似，Send/Recv 的发送操作和接收操作协作完成，在发送方连接之前，接收方必须处于侦听状态；发送方不知道接收方的虚拟内存地址，接收方也不知道发送方的虚拟内存地址。与 Client/Server 不同的是，Send/Recv 直接对内存进行操作，需要提前注册用于传输的内存区域。
- Write/Read。与 Client/Server 结构不同，Write/Read 的请求方处于主动，响应方处于被动。请求方执行 Write/Read 操作，响应方不需要进行任何操作。为了能够操作响应方的内存，请求方需要提前获得响应方的内存地址和键值。

4.4.4　RDMA 总结

计算机网络中的通信延迟主要指处理延迟和网络传输延迟。处理延迟指的是消息在发送和接收阶段的处理时间。网络传输延迟指的是消息在发送和接收网络中传输的时间。由于在通常的南北向网络流量场景中，基本都是远距离传输，网络传输延迟占总延迟的绝大部分，因此处理延迟问题并没有凸显。

随着云计算技术的发展，需要频繁地在集群服务器之间传递数据流量，数据中心中的东西向网络流量激增。在数据中心的短距离传输下，网络传输延迟大幅度降低，处理延迟问题开始凸显。另外，东西向流量本身就是流量大、延迟敏感的应用场景，这要求进一步优化处理延迟。RDMA 传输模型如图 4.40 所示。RDMA 不仅仅是一种高效的用于数据传输的软硬件接口，更是一种通过硬件实现网络数据传输加速的软硬件整体解决方案。

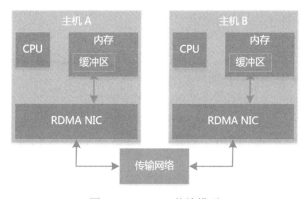

图 4.40　RDMA 传输模型

跟传统的 TCP/IP 网络技术相比，RDMA 技术的优势体现在如下几个方面。

- 更高效的协议栈。InfiniBand 比传统的 TCP/IP 网络协议栈更加高效；RoCEv2 使用了 UDP，比 TCP 更高效 RDMA 技术用于局域网的数据传输，数据的丢包率很低，UDP 有更优的性能。
- 协议栈硬件卸载。整个 RDMA 协议栈处理完全由硬件完成，进一步提升了性能，降低了 CPU 资源消耗。
- 直接内存操作。内存一旦注册，数据就可以直接在内存和内存之间复制，不需要经过内核协议栈层的发送接收方各一次的复制。
- 操作系统 Bypass：没有了内核协议栈，用户空间驱动可以直接绕过内核，减少了操作系统模式切换的开销。
- 异步操作。一次事务操作分为发送 Request（请求）和接收 Completion（完成）两部分，这样就不会阻塞传输。

4.5 高速存储接口 NVMe

跟网络接口相比，存储接口的标准化程度相对较高。NVMe 是本地高性能存储主流的接口标准，基于 NVMe 扩展的 NVMeoF 是网络高性能存储主要的接口及整体解决方案标准。

4.5.1 NVMe 概述

NVMe（Non-Volatile Memory express）接口是经过优化的高性能可扩展主机控制器接口，专为非易失性存储器（NVM）技术而设计。NVMe 解决了如下性能问题。

- 带宽。通过支持 PCIe 和诸如 RDMA 和光纤之类的通道，NVMe 可以支持比 SATA 或 SAS 高很多的带宽。
- IOPS。例如，串行 ATA 可能的最大 IOPS 为 20 万，而 NVMe 设备已被证明超过 100 万 IOPS。
- 延迟。NVM 及未来的存储技术具有 1μs 以内的访问延迟，需要一种更简洁的软件协议，以实现包括软件堆栈在内的不超过 10ms 的端到端延迟。

NVMe 协议支持多个深度队列，这是对传统 SAS 协议和 SATA 协议的改进。典型的 SAS 设备在单个队列中最多支持 256 个命令，而 SATA 设备最多支持 32 个命令，这些队列深度对于传统的硬盘驱动器技术来说已经足够，但不能充分利用 NVM 技术的性能。NVMe 多队列如图 4.41 所示。

相比于 SAS 设备和 SATA 设备，NVMe 设备每个队列支持 64K 个命令，最多支持 64K 个队列。

NVMe 多队列的设计使得 I/O 命令和对命令的处理不仅可以在同一处理器内核上运行，也可以充分利用多核处理器的并行处理能力。每个程序或线程都可以有自己的独立队列，因此不需要 I/O 锁定。NVMe 还支持 MSI-X 和中断控制，避免了 CPU 中断处理的瓶颈，实现了系统扩展的可伸缩性。NVMe 采用简化的命令集，相比于 SAS 指令集或 SATA 指令集，NVMe 命令集使用的处理 I/O 请求的指令数量减少了一半，从而在单位 CPU 指令周期内可以提供更大的 IOPS，并且降低主机中 I/O 软件堆栈的处理延迟。

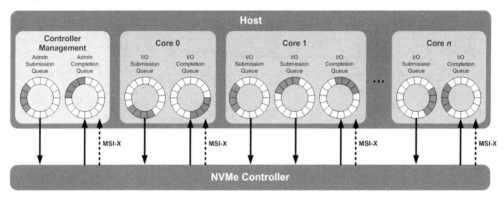

图 4.41　NVMe 多队列

4.5.2　NVMe 寄存器

NVMe 寄存器主要分为两类：一类是 PCIe 配置空间寄存器；另一类是 NVMe 控制器寄存器。

1.　PCIe 配置空间寄存器

PCIe 配置空间寄存器列表如表 4.5 所示。NVMe 接口跟主机 CPU 接口的连接主要基于 PCIe 总线，使用 PCIe 的 Config 和 Capability 机制，包括 PCI/PCIe 头、PCI 功能和 PCIe 扩展功能。

表 4.5　PCIe配置空间寄存器列表

起始	结束	名称	功能类型
00h	3Fh	PCI/PCIe 头	
PMCAP	PMCAP+7h	PCI 功耗管理（Power Management）功能	PCI 功能
MSICAP	MSICAP+9h	MSI（Message Signaled Interrupt）功能	PCI 功能
MSIXCAP	MSIXCAP+Bh	MSI-X（MSI eXtension，MSI 扩展）功能	PCI 功能
PXCAP	PXCAP+29h	PCIe 功能	PCI 功能
AERCAP	AERCAP+47h	AER（Advanced Error Reporting）功能	PCIe 扩展功能

2. NVMe 控制器寄存器

NVMe 控制器寄存器位于 MLBAR/MUBAR 寄存器（PCI BAR0 和 BAR1）中，这些寄存器应映射到支持顺序访问和可变访问宽度的内存空间。1.3d 版本的 NVMe 控制器寄存器列表如表 4.6 所示。

表 4.6　1.3d 版本的 NVMe 控制器寄存器列表

起始	结束	缩写	说明
0h	7h	CAP	控制功能
8h	Bh	VS	版本
Ch	Fh	INTMS	中断屏蔽设置
10h	13h	INTMC	中断屏蔽清楚
14h	17h	CC	控制器配置
18h	1Bh	Reserved	保留
1Ch	1Fh	CSTS	控制器状态
20h	23h	NSSR	NVM 子系统重置（可选）
24h	27h	AQA	管理队列属性
28h	2Fh	ASQ	管理提交队列基地址
30h	37h	ACQ	管理完成队列基地址
38h	3Bh	CMBLOC	控制器存储缓冲位置（可选）
3Ch	3Fh	CMBSZ	控制器存储缓冲大小（可选）
40h	43h	BPINFO	引导分区信息（可选）
44h	47h	BPRSEL	引导分区读选择（可选）
48h	4Fh	BPMBL	引导分区存储缓冲位置（可选）
50h	EFFh	Reserved	保留
F00h	FFFh	Reserved	命令设置具体的寄存器
1000h	1003h	SQ0TDBL	管理 SQ0 尾 Db
$1000h + (1 * (4 \ll CAP.DSTRD))$	$1003h + (1 * (4 \ll CAP.DSTRD))$	CQ0HDBL	管理 CQ0 头 Db
$1000h + (2 * (4 \ll CAP.DSTRD))$	$1003h + (2 * (4 \ll CAP.DSTRD))$	SQ1TDBL	SQ1 尾 Db
$1000h + (3 * (4 \ll CAP.DSTRD))$	$1003h + (3 * (4 \ll CAP.DSTRD))$	CQ1HDBL	CQ1 头 Db
…	…	…	…
$1000h + (2y * (4 \ll CAP.DSTRD))$	$1003h + (2y * (4 \ll CAP.DSTRD))$	SQyTDBL	SQy 尾 Db
$1000h + ((2y + 1) * (4 \ll CAP.DSTRD))$	$1003h + ((2y + 1) * (4 \ll CAP.DSTRD))$	CQyHDBL	CQy 头 Db
			供应商定制寄存器（可选）
SQ：Submission Queue，提交队列；CQ：Completion Queue，完成队列；Db：Doorbell，门铃。			

4.5.3　NVMe 队列

NVMe 队列是经典的环形结构，通过提交/完成队列对来实现队列的传输交互。

1. NVMe 队列概述

NVMe 队列使用经典的循环结构来传递消息（如传递命令和命令完成通知），可以映射到任何 PCIe 可访问的内存中，通常放在主机内存。

NVMe 队列结构如图 4.42 所示。NVMe 队列是固定大小的，通过 Tail 和 Head 来分别指向写入和读取的指针。与通常的队列数据结构一样，NVMe 队列实际可使用的大小是队列大小减 1，并且用 Head 等于 Tail 指示队列空，用 Head 等于（Tail+1）除以队列大小的余数来指示队列满。

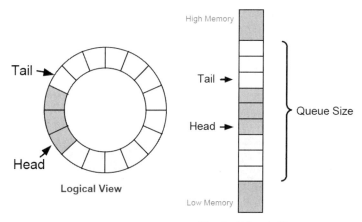

图 4.42　NVMe 队列结构

如图 4.41 所示，NVMe 队列根据用途可分为管理队列和 I/O 队列；根据传输方向可分为提交队列和完成队列，具体如表 4.7 所示。

表 4.7　NVMe队列类型

	管理	I/O
提交	用于提交管理命令，最大 4K 项； 用于配置控制器和 I/O 队列等； 从主机侧到控制器侧	用于传输 I/O 命令，最大 64K 项； 用于提交 I/O 操作命令； 从主机侧到控制器侧
完成	管理命令的完成确认，最大 4K 项； 从控制器侧到主机侧； 独立的 MSI-X 中断处理	I/O 命令的完成确认，最大 64K 项； 从控制器侧到主机侧； 独立的 MSI-X 中断处理

2. NVMe 队列处理流程

NVMe 的驱动程序和设备交互跟 Virtio 的驱动程序和设备交互不同：Virtio 是在通过一个队列完成双向通知交互；而 NVMe 则采用提交队列和完成队列配合的方式完成双向交互。

NVMe 队列处理流程如图 4.43 所示，具体如下（其中主机为软件驱动程序，控制器为硬件设备）。

（1）主机写命令到提交队列项中。

（2）主机写 Db（Doorbell）寄存器，通知控制器有新命令待处理。

（3）控制器从内存的提交队列中读取命令。

（4）控制器执行命令。

（5）控制器更新完成队列，表示当前的 SQ 项已经处理。

（6）控制器发 MSI-X 中断到主机 CPU。

（7）主机处理完成队列，同步更新提交队列中的已处理项。

（8）主机写完成队列 Db 到控制器，告知完成队列项已释放。

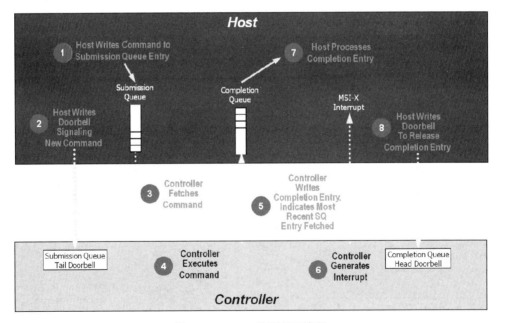

图 4.43　NVMe 队列处理流程

4.5.4　NVMe 命令结构

我们通过如下概念来理解 NVMe 命令结构。

- NVMe 队列项的数据格式。
- NVMe 命令。NVMe 命令分为管理和 I/O 两类。
- NVMe 的数据块组织方式：有物理区域页 PRP 和散列聚合列表 SGL 两种。

1. NVMe 队列项的数据格式

NVMe 提交队列和 NVMe 完成队列组成队列对，协作完成 NVMe 驱动程序和设备之间的命令传输。NVMe 提交队列每一项 64 字节固定大小，NVMe 完成队列每一项 16 字节固定大小。

NVMe 提交队列项的数据格式如图 4.44 所示。NVMe 提交队列项的数据格式属性如下。

	字节(Byte) 3	字节(Byte) 2	字节(Byte) 1	字节(Byte) 0
	31 30 29 28 27 26 25 24	23 22 21 20 19 18 17 16	15 14 13 12 11 10 9 8	7 6 5 4 3 2 1 0
CDW0	命令ID (Command Identifier)		PSDT / 保留 / FUSE	命令操作码(Opcode)
CDW1	命名空间ID (Namespace Identifier)			
CDW2	保留			
CDW3	保留			
CDW4	元数据指针 (Metadata Pointer)			
CDW5				
CDW6	PRP 表项1 / SGL 低8字节			
CDW7				
CDW8	PRP 表项2 / SGL 高8字节			
CDW9				
CDW10	命令双字 (Command DW) 10			
CDW11	命令双字 (Command DW) 11			
CDW12	命令双字 (Command DW) 12			
CDW13	命令双字 (Command DW) 13			
CDW14	命令双字 (Command DW) 14			
CDW15	命令双字 (Command DW) 15			

图 4.44　NVMe 提交队列项的数据格式

- Opcode：命令操作码。
- FUSE：熔合两个命令为一个命令。
- PSDT：PRP 或 SGL 数据传输。
- Command Identifier：命令 ID。
- Namespace Identifier：命名空间 ID。
- Metadata Pointer：元数据指针。
- PRP 表项 1/2：物理区域页项。

- SGL：散列聚合列表。

NVMe 完成队列项的数据格式如图 4.45 所示。

	字节(Byte) 3	字节(Byte) 2	字节(Byte) 1	字节(Byte) 0
	31 30 29 28 27 26 25 24	23 22 21 20 19 18 17 16	15 14 13 12 11 10 9 8	7 6 5 4 3 2 1 0
DW0	命令特定域 (Command Specific)			
DW1	保留			
DW2	SQ ID (Identifier)		SQ头指针 (Header Pointer)	
DW3	状态域 (Status Field)	P	命令ID (Command Identifier)	

图 4.45　NVMe 完成队列项的数据格式

NVMe 完成队列项的数据格式属性如下。

- SQ Header Pointer：SQ 头指。
- SQ Identifier：SQ ID。
- Command Identifier：命令 ID。
- P：相位标志（Phase Tag），NVMe 完成队列没有 Head/Tail 交互，通过相位标志实现 NVMe 完成队列项的释放。
- Status Field：状态域

2. NVMe 命令

NVMe 管理命令列表如表 4.8 所示。

表 4.8　NVMe管理命令列表

命令	必选或可选	类别
创建 I/O SQ	必选	队列管理
删除 I/O SQ	必选	
创建 I/O CQ	必选	
删除 I/O CQ	必选	
鉴别	必选	配置
获取特征	必选	
设置特征	必选	
获取日志页	必选	状态报告
异步事件请求	必选	
中止	必选	中止命令
固件镜像下载	可选	固件更新和管理
固件可用	可选	
I/O 命令集定制命令	可选	I/O 命令集定制
供应商定制命令	可选	供应商定制

NVMe I/O 命令列表如表 4.9 所示。

表 4.9　NVMe I/O类命令列表

命令	必选或可选	类别
读	必选	
写	必选	必选的数据命令
清洗	必选	
不可改正的写	可选	
写 0	可选	可选的数据命令
比较	可选	
数据集管理	可选	数据提示
预约获取	可选	
预约寄存器	可选	
预约释放	可选	预约命令
预约报告	可选	
供应商专用命令	可选	供应商专用

3. 物理区域页 PRP

PRP 本质是一个链表，链表中的每一个指针都指向一个不超过页大小的数据块。PRP 为 8 字节（64bit）固定大小，PRP List 最多可以占满一整页。

PRP 的格式如图 4.46（a）所示。如果是首个 PRP，则 Offset（偏移量）可能是非零的数据。另外，偏移量是 32bit 对齐的（末尾两位为 0）。如图 4.46（b）所示，PRP List 中的所有 PRP 的偏移量都为 0，即 PRP 指针指向页面起始地址。

（a）PRP格式

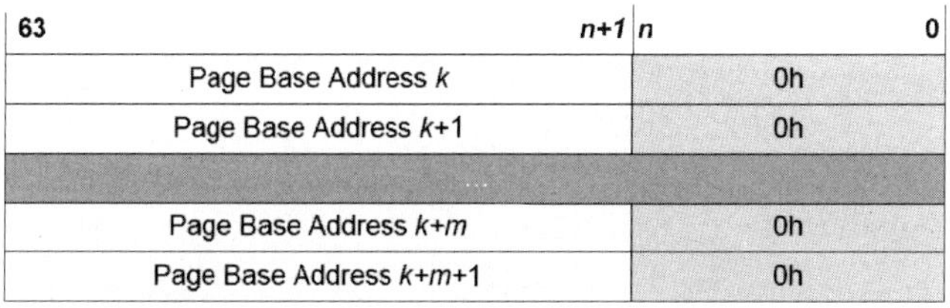

（b）PRP List格式

图 4.46　PRP 和 PRP List 的格式

如图 4.47（a）所示，当数据只有一个或两个内存页面的时候，就不需要使用 PRP List，PRP1 和 PRP2 直接指向内存页面。当一个命令指向的数据超过两个内存页面的时候，就需要使用 PRP List，如图 4.47（b）所示。

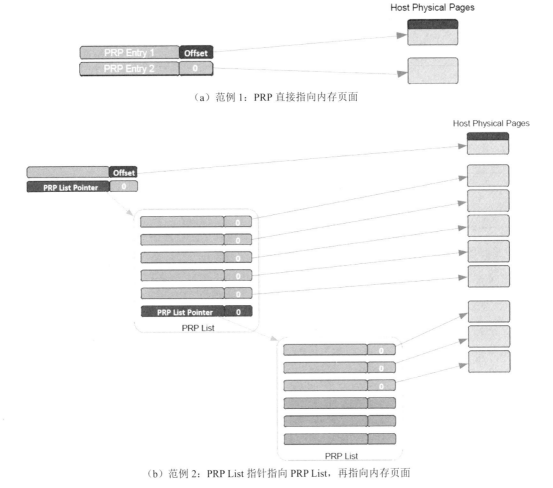

（a）范例 1：PRP 直接指向内存页面

（b）范例 2：PRP List 指针指向 PRP List，再指向内存页面

图 4.47　PRP 数据结构范例

4. 散列聚合列表 SGL

PRP 每个链表指针最多指向一个页大小的数据块，即使若干个页在内存中连续放置，PRP 也需要对应的多个 PRP 项。为了减少元数据规模，SGL 不限制指针指向数据块的大小，这样连续的若干个页的数据只需要一个 SGL 项就可以标识。

NVMe 中的 SGL 为 16 字节固定长度，其描述符如图 4.48（a）所示，在最高第 15 字节 SGL 描述符类型域和子类型域标识不同类型的 SGL 描述符，根据不同的描述符，字节 0～14 的格式各不相同。SGL 描述符类型如图 4.48（b）所示。

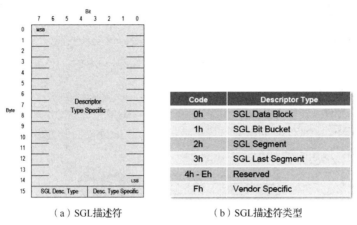

Code	Descriptor Type
0h	SGL Data Block
1h	SGL Bit Bucket
2h	SGL Segment
3h	SGL Last Segment
4h - Eh	Reserved
Fh	Vendor Specific

（a）SGL描述符　　　　　（b）SGL描述符类型

图 4.48　NVMe SGL 数据格式

如图 4.49 所示，NVMe SGL 的数据结构是链表形式，SQ 中的首个 SGL 段只有 1 项，该项为指向下一个 SGL 段的指针。下一个 SGL 段包含若干 SGL 数据块描述符，SGL 段的最后一个 SGL 描述符为另一个 SGL 段指针，指向下一个 SGL 段。根据传输数据大小，在最后一个 SGL 段中，所有的 SGL 描述符都是 SGL 数据块描述符。

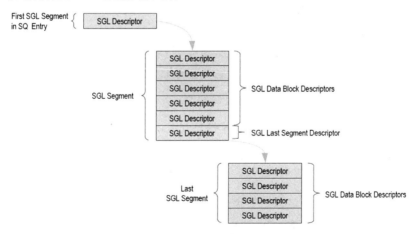

图 4.49　NVMe SGL 数据结构范例

PRP 只能指向单个内存页面，当要传输的数据块非常大的时候，就需要非常多的 PRP 项。而

SGL 可以指向不同大小的数据块,处于连续内存区域的多个数据块只需要一个 SGL 描述符就可以标识。因此,在一般情况下,SGL 比 PRP 更高效,更节省描述符资源。

4.5.5　网络存储接口 NVMeoF

NVMeoF(NVMe over Fabrics)定义了一种通用架构,该架构支持基于 NVMe 块存储协议的存储网络系统,包括从前端存储接口到后端扩展的大量 NVMe 设备或 NVMe 子系统,以及访问远程 NVMe 设备和 NVMe 子系统所需的网络传输系统。

NVMeoF 支持的网络传输介质如图 4.50 所示,基于 RDMA 的 NVMeoF 使用的是 InfiniBand、RoCEv1/v2 或 iWARP。NVMeoF 的主要目标是提供与 NVMe 设备的低延迟远程连接,与服务器本地 NVMe 设备相比,增加的延迟不超过 10μs。

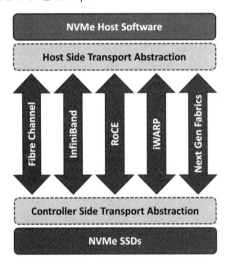

图 4.50　NVMeF 支持的网络传输介质

利用 NVMeoF 技术可以轻松构建由许多 NVMe 设备组成的存储系统,该系统基于 RDMA 或光纤网络实现的 NVMeoF,构成了完整的 NVMe 端到端存储解决方案。NVMeoF 系统可以提供非常高的访问性能,同时保持非常低的访问延迟。

为了远距离传输 NVMe 协议,理想的基础网络结构应具有以下特征。

- 可靠的基于信用的流量控制和传输机制。网络应能支持自动流量调节,从而提供可靠的网络连接。基于信用的流量控制是光纤、InfiniBand 和 PCIe 原生支持的功能。
- 优化的 NVMe 客户端。客户端软件能够直接与传输网络进行 NVMe 命令的发送和接收,不需要使用诸如 SCSI 之类比较低效的转换层。

- 低延迟的网络。网络应该是针对低延迟优化过的，网络路径（包括交换机）端到端延迟不能超过 10μs。
- 能够降低延迟和 CPU 使用率的硬件接口卡。硬件接口卡支持内存直接注册给用户模式的应用程序使用，以便数据传输可以直接从应用程序传递到硬件接口卡。
- 网络扩展。网络应能够支持扩展到成千上万个设备，甚至更多。
- 多主机支持。网络应能够支持多个主机同时发送和接收命令，这也适用于多个存储子系统。
- 多端口支持。主机服务器和存储系统应能够同时支持多个端口。
- 多路径支持。网络应能够同时支持任何 NVMe 主机发起端和任何 NVMe 存储目标端之间的多个路径。

最多可达 64K 的独立 I/O 队列及 I/O 队列固有的并行性可以很好地与上述特征一起使用。每个 I/O 队列可同时支持 64K 条命令。另外，由于 NVMe 命令数量非常少，因此在不同网络环境中实现起来也非常简单高效。

NVMeoF 协议与 NVMe 协议大约有 90% 的相似度，包括 NVMe 命名空间、I/O 和管理命令、寄存器和属性、电源状态、异步事件等，两者的对比如表 4.10 所示。

表 4.10　NVMe协议和NVMeoF协议的对比

差异性	NVMe 协议	NVMeoF 协议
识别码	BDF 信息	NVMe 合格名称（NQN）
设备发现	总线枚举	发现和连接命令
排队	基于内存	基于消息
数据传输	PRP 或 SGL	仅 SGL，添加了密钥

NVMe 基于分层设计：如果把 NVMe 传输映射到内存访问和 PCIe 总线，则是通常所理解的 NVMe；如果把 NVMe 传输映射到 RoCE 等网络接口，基于消息传输和内存访问，则是 NVMeoF。

NVMeoF 堆栈如图 4.51 所示。在本地 NVMe 中，NVMe 命令和响应映射到主机中的共享内存，可以通过 PCIe 接口进行访问。但是，NVMeoF 是基于节点之间发送和接收消息的概念构建的。NVMeoF 把 NVMe 命令和响应封装到消息，每个消息包含一个或多个 NVMe 命令或响应。

NVMeoF 是支持多队列特征的：通过使用类似 NVMe 的提交队列和完成队列机制来支持 NVMe 多队列模型，但是将命令封装在基于消息的传输中。NVMe I/O 队列对（提交和完成）是为多核 CPU 设计的，NVMeoF 同样支持这种低延迟的设计。

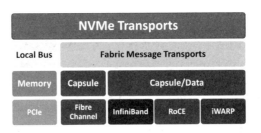

图 4.51　NVMeoF 堆栈

当通过网络将复杂的消息发送到远端 NVMe 设备时，允许将多个消息合并成一个消息发送，从而提高传输效率并降低延迟。NVMeoF 的命令和响应封装如图 4.52 所示。一个消息封装了提交队列项（或完成队列项）、多个 SGL、多组数据及元数据等。虽然 NVMeoF 协议的每一项内容与本地 NVMe 协议的每一项内容相同，但是封装将它们打包在一起，以提高传输效率。

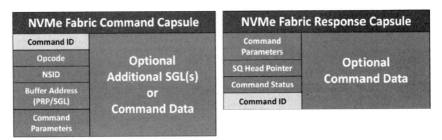

图 4.52　NVMeoF 的命令和响应封装

4.5.6　NVMe 及 NVMeoF 总结

NVMe 协议是为高速非易失性存储定制的存储接口访问协议，定向优化了存储的主要性能指标：带宽、延迟和 IOPS。NVMe 重要的特征体现在如下几个方面

- 面向高速存储场景定制。NVMe 协议是专门面向高速存储场景定制的协议，充分考虑了块存储的特点，重点解决存储性能的关键问题。
- 多队列支持。多队列不仅充分利用了硬件的并行处理能力，也充分利用了多核系统多线程并行的特点，最大程度上优化了 NVMe 的性能。
- 标准化。NVMe 标准是得到广泛应用的 PCIe SSD 接口标准，各大主流操作系统支持统一的标准 NVMe 驱动程序。

NVMeoF 集成现有的 NVMe 和高速低延迟传输网络的技术，提供一整套整合的远程高速存储系统解决方案，非常适应于大规模存储集群应用场景。

4.6 软硬件接口总结

软硬件接口是软硬件融合首先要面对的部分。如果只是完成软件和硬件通信，没有其他附加要求，则软硬件接口的设计会非常简单。软硬件接口设计的难点在于其虚拟化、标准化及灵活性。

4.6.1 接口分层

按照分层架构，我们可以简单地把软硬件接口分为如下两层。

- 总线层：负责承载数据的传输。例如，总线层可以连接片内硬件模块的 AXI，也可以连接独立两个芯片的 PCIe 等。一些复杂的总线会采取分层设计，相当于在接口的总线层再细分子层。例如，PCIe 会分为物理层、数据链路层及传输层三个子层。
- 交互层：负责控制具体的数据传输交互。例如，传统的如 Virtio、NVMe 等基于生产者消费者模型的共享队列而实现的传输交互；功能更强大、支持硬件缓存数据一致性的总线协议，包括片内的 ACE 和 CHI，以及片间的 CXL 和 CCIX 等。硬件实现的缓冲数据一致性加速了数据传输交互的效率，把复杂度实现在硬件里，降低了软件的复杂度。

按照数据交互的频度，我们把接口分为如下两类。

- 加速类。在异构加速的场景中，两个不同的计算域要频繁高速地进行数据交互，如果由软件显式地配合 DMA 来回搬运数据，不仅复杂度很高，而且效率低下。利用硬件实现的缓存一致性来实现数据共享和交互，降低软件复杂度同时可以提升共享效率。虽然有硬件实现的不同计算域的高效数据交互，但依然不推荐频繁交互数据，特别是片间数据交互。合适的做法依然是尽可能减少交互，把尽可能多的数据输入加速器，在加速器中进行足够多的处理，输出到 CPU 侧。
- I/O 类。数据不需要频繁交互，而是从软件到硬件，或者从硬件到软件的传输。这样，一致性的硬件数据交互就无法发挥其优势，传统基于生产者消费者模型的软硬件交互协议基本可以胜任工作。

4.6.2 接口共享

在云计算场景中，基于虚拟化和多租户的诉求，接口共享是一个非常重要的要求。接口共享体现在如下几个方面。

- 虚拟化。在云计算虚拟化的情况下，我们需要给用户呈现很多的虚拟设备接口，PCIe SR-IOV 技术是实现这一需求重要的技术手段。利用 PCIe SR-IOV 技术可以在单条 PCIe

总线上提供多个 PF，每个 PF 可以再呈现出多个 VF。

- 并行性。基于 SR-IOV 的多 PF/VF 是并行技术之一，在多 PF/VF 基础之上，还可以通过多队列技术实现更多的软硬件并行。
- 标准化。标准化的接口体现在虚拟机迁移时源硬件设备和目标硬件设备共享同一个虚拟机的同一个软件驱动程序。接口的标准化，使得云计算厂家拥有一致性的硬件接口，可以简化管理并更好地利用硬件资源。
- 灵活性。硬件不仅需要是标准的，也需要是灵活的。硬件需要支持不同版本、类型的接口：通过软件配置，硬件设备可以向前或向后兼容不同版本的接口驱动；通过配置支持不同类型的接口驱动程序，可以将硬件设备接口设置成 Virtio 或 NVMe 类型的。
- 扩展性。在架构上，可以通过配置，灵活地扩展不同设备类型所具有的 PF、VF 及队列的数量，达到接口的弹性。

5

第 5 章
算法加速和任务卸载

在本书中,把硬件加速分为三类:算法加速、任务卸载和异构计算。算法加速即通常理解的某个算法的硬件实现;而任务卸载以算法加速为内核,是在算法加速基础上的封装,也是两个系统的交互,更加系统化;异构计算将在第 7 章详细介绍。

本章介绍的主要内容如下。

- 基本概念。
- 算法加速。
- 任务卸载。
- 算法加速和任务卸载总结。

5.1 基本概念

在计算机专用硬件中执行计算任务,以降低延迟并增加吞吐量的方法,称为硬件加速。

基于 CPU 运行软件的典型优势包括:开发速度快、更低的非经常性成本、更高的可移植性、易于更新功能和修补错误等。同时,它的缺点是计算开销较大。

硬件加速的优势包括提升性能、降低功耗及延迟、增加并行性和带宽,以及更好地集成电路面积利用率等。硬件加速的代价是，一旦蚀刻到硅片上就无法更改，灵活性较差，其功能验证和上市的时间成本也更高。

5.1.1 硬件加速

硬件加速是提升性能的内在手段，本质上都是通过特定的算法加速引擎来实现比通用处理器更优的性能。本节通过如下两个方面来简要介绍硬件加速。

- 硬件加速的分类。
- 硬件加速常见应用领域。

1. 硬件加速的分类

我们在 2.2.1 节已经系统分析了为什么 CPU 的性能比专用硬件的性能差，为什么专用的硬件可以实现性能提。通用 CPU 选择了灵活性，某种程度上就不得不牺牲性能；当工作任务比较确定的时候，我们会倾向于采用硬件加速器来提升处理性能。通过 FPGA 加速，可以优化 ASIC 的上市时间，并且后期可以持续地优化、更新硬件设计，但性能、功耗、成本相比于 ASIC 有一定劣势。

根据加速的实现形态，大体上有如下三种不同类型的硬件加速。

- 算法加速。对系统来说，核心算法通常是整个任务中最消耗 CPU 计算资源的部分。我们把核心算法从系统中提取出来，通过特定的硬件模块来完成。算法加速器的控制及数据的交互都依然由软件显式地处理。
- 任务卸载。相比于任务中的核心算法，任务卸载则是整体上把一个工作任务转移到特定的硬件处理。任务卸载可能是硬件处理、软件处理或软硬件协作处理。任务卸载像卸载软件一样，作为一个整体的组件为其他组件提供服务。有时候，只是卸载工作任务的数据面，而把控制面保留在主机 CPU 中。
- 异构计算。异构计算有一些显著特点：支持特殊指令集的异构处理器、需要有处理 CPU 和异构处理器控制和数据交互的机制框架、CPU 和异构处理器混合编程的环境支持等。异构计算需要分析用户业务的计算特征，并且需要平台化的支持，我们将在第 7 章详细讨论异构计算。

说明：算法加速、任务卸载和异构计算的本质技术原理都是一致的，即通过一个特定实现复杂指令（支持特定算法）的处理核心来达到加速的目的。因此在很多场合，大家并不区分这些实现的细节，统一称它们为硬件加速或某种应用的硬件加速。

2. 硬件加速常见应用领域

硬件加速常见应用领域如表 5.1 所示。

表 5.1 硬件加速常见应用领域

应用领域	硬件加速器
计算机图形学，包括通用任务、NVIDIA 显卡、光线追踪	GPGPU、CUDA 架构、光线追踪硬件
数字信号处理	数字信号处理器（DSP）
模拟信号处理	现场可编程模拟阵列：现场可编程 RF
声音处理	声卡和声卡混频器
计算机网络，包括片内、TCP 协议、I/O	网络处理器（NPU）和网络接口控制器（NIC）：片上网络（NoC）、TCP 卸载引擎（TOE）、I/O 加速技术
密码学，包括加密（ISA、SSL/TLS）、攻击、随机数生成	加密加速器和安全加密处理器：基于硬件的加密（AES 指令集、SSL 加速）、自定义硬件攻击、硬件随机数生成器
人工智能，包括机器视觉、计算机视觉、神经网络、脑部模拟	AI 加速器：视觉处理单元（VPU）、物理神经网络（PNN）、神经形态工程
多线性代数	张量处理单元（TPU）
物理模拟	物理处理单元（PPU）
正则表达式	正则表达式协处理器
数据压缩	数据压缩加速器
内存计算	片上网络（NoC）和脉动阵列
任何计算任务	计算机硬件：FPGA、ASIC、复杂编程逻辑设备、SoC（多处理器 SoC 和可编程 SoC）

5.1.2 硬件处理模块

由硬件描述语言 Verilog "编程" 实现的组织结构，整个芯片是由处于不同树形层次的模块组成的，根模块即顶层 Fullchip 模块。硬件处理模块指的是完成特定处理任务的专有模块，通常用于处理特定的算法（或称为宏指令），不需要去内存读取指令流，因此也就不需要译码等相关的指令处理开销。同时，硬件处理的 I/O 吞吐量一般都比较大，会频繁进行数据操作，并且这些数据通常只使用一次，因此也就不需要类似 CPU 缓存的机制。这样，硬件处理模块可以把庞大的指令译码及缓存机制等的资源用于并行处理等计算功能。

硬件处理模块基本结构如图 5.1 所示。一个典型的硬件处理模块包含一个配置状态寄存器（CSR）模块，软件通过该模块来读写寄存器。通常所说的控制面指的就是软件通过读写对应模块的寄存器来达到配置、控制及读取状态的目的。而数据面的操作是说数据本身的处理，关心的是数据的 I/O、处理的具体细节。数据交互的具体内容参见 4.1.1 节。

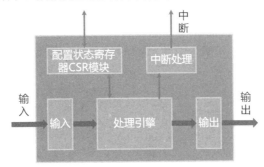

图 5.1　硬件处理模块基本结构

典型 SoC 模块结构示意图如图 5.2 所示。在一个典型的 SoC 系统中，一般会拥有 CPU、内存、总线及其他一些具有特定处理功能的模块。按照数据处理的类型，具有特定处理功能的模块大致分为如下三类。

- 数据搬运模块。DMA 是非常常见的数据搬运模块，它可以看作专门完成数据移动的"加速"模块。DMA 负责按照要求把数据从内存搬运到内存、从内存搬运到其他模块或从其他模块搬运到内存。
- 数据处理模块。加密模块是一个非常典型由硬件实现的特定算法的数据处理模块。一些高速设计的加密模块内部有独立的 DMA 子模块，可以从内存中主动读取数据进行加解密处理，并把处理完成的数据主动写回内存中。
- 数据 I/O 模块。数据 I/O 模块负责芯片内部和外部的数据通信。以太网模块属于高速数据 I/O 模块，它完成网络数据的发送和接收，负责通过网络接口跟其他系统通信。此外，以太网模块还能完成一些基本的网络包处理。

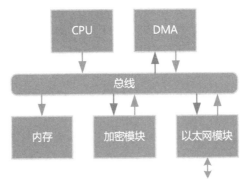

图 5.2　典型 SoC 模块结构示意图

5.1.3　算法加速和任务卸载的概念

本节通过介绍算法加速和任务卸载的概念，以及算法加速与任务卸载、异构计算之间的区别，使读者在理解硬件加速原理的基础之上，建立对硬件加速实现形态等方面的理解。

1．算法加速的概念

算法加速将系统里比较消耗 CPU 资源的算法放在硬件中处理，压缩算法的执行时间，并且实现 CPU 和加速器的并行，以此来实现整体的性能提升。算法加速是硬件加速的初级形态，我们把一个特定的算法实现到硬件，通过软件显式地控制加速器运行。软件控制加速器运行的一般流程如下。

（1）加速器初始化，完成加速器运行所需的相关配置。

（2）软件准备好数据。如果加速器没有内置 DMA，则由软件或其他硬件把数据写入加速器 FIFO；如果加速器具有内置 DMA 可以自己主动读取数据，则软件把数据位置信息告知加速器 DMA，由加速器 DMA 主动搬运数据到加速器内部。为了尽量减少 CPU 交互的频次，还可以通过队列的方式交互数据。

（3）软件控制加速器开始运行，执行数据处理。

（4）数据处理完成后，硬件把数据写到输出 FIFO、直接输出到其他硬件或输出到约定好的内存中。

（5）如果需要，则硬件发送中断给软件，由软件完成后续的处理。

2．任务卸载的概念

任务卸载通常指的是计算能力有限的设备将自身的一部分工作转移到其他地方进行计算。例如，手机、物联网设备等移动终端节点受限于自身计算性能，将一部分需要消耗大量计算资源的工作转移到边缘端或云端处理。

在云计算数据中心，也存在类似问题。云计算通过虚拟化技术把用于业务的虚拟机、管理 Hypervisor 及其他一些后台的工作任务混合到主机 CPU 运行。一方面，随着技术的不断发展，业务对主机性能的要求越来越高，但 CPU 的性能提升却越来越有限；另一方面，网络、存储等 I/O 的性能不断提升，需要更多的计算资源，管理和后台工作任务反而抢占了大量 CPU 资源。在这两方面因素的共同影响下，本来想获取更多计算资源的用户业务，所得到的计算资源反而减少。

因此，我们希望把管理和后台任务从主机 CPU 侧尽可能地剥离，把主机 CPU 交给用户业务。这样，我们就需要把管理任务和其他后台任务卸载到特定的硬件设备，并且该硬件设备依然能像虚拟化环境一样，为用户业务环境提供足够的支持。

需要说明的是，本章讲的任务卸载指的是板级层面的把任务从一个芯片卸载到另一个芯片，不涉及通过网络把任务卸载到其他服务器。

3. 算法加速和任务卸载的区别

算法加速和任务卸载本质上是相同的，都是通过把部分工作放到硬件中去执行，以此达到整体加速的目的。但在实现上，通常所理解的算法加速实现是基本的一种形式，而任务卸载则是一种更高级的形式。

如图 5.3（a）所示，算法加速模块跟 CPU 处于同一个地址空间，CPU 可以"看到"算法加速模块，直接和算法加速模块进行控制面和数据面的交互。而任务卸载则要复杂一些，它有如下新的特点。

- 任务卸载以算法加速模块为核心，本质上依然通过算法的硬件处理模块来实现加速目的。
- 如图 5.3（b）所示，任务卸载通常指的是把任务从一个系统转移到另外一个系统中去，两个系统需要一定的系统间接口来通信，比如，两个芯片是通过 PCIe 等总线进行通信的。与算法加速相比，任务卸载中的卸载部分并不处于主机 CPU 的"控制"之下，主机 CPU "看不到"卸载部分。
- 任务卸载无法像算法加速那样只考虑硬件处理模块的设计实现（算法加速的软硬件交互比较简单），它还要考虑跟其他软件或硬件之间的数据及控制接口交互。
- 工作任务需要站在系统分层的角度来考虑交互。对某个工作任务来说，它需要考虑使用谁提供的服务，以及为谁提供服务的问题。反映在硬件上就是各个模块（包括运行软件的 CPU 及内存模块）之间数据面的数据传输、控制面的配置及状态信息交互，需要通过一定的 HAL 层实现对硬件操作的软件抽象。

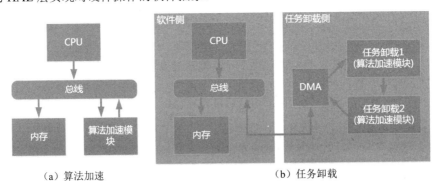

（a）算法加速　　　　（b）任务卸载

图 5.3　算法加速和任务卸载比较

4. 算法加速和异构计算区别

如果我们把 GPU 当作加速器，用于完成特定的图形算法加速，那么 GPU 也可以当作算法加速器。从这个角度来说，异构计算和算法加速本质上是一致的。异构计算跟基本的算法加速相比，还是有一些不同点的，并且这些不同点会显著影响两者的应用场合。算法加速和异构计算的不同点体现在如下几个方面。

- 算法加速是低级形态，异构计算是高级形态。算法加速针对的是特定算法场景；异构计算针对的不是某一个具体的特定场景，而是某一类特定场景。异构计算需要在针对的某一类特定场景中提炼出一定程度的通用特征，针对通用性特征进行优化，以此来进行加速。
- 算法加速是定制加速，异构计算设备是处理器。算法加速是完全由硬件实现的特定算法，软件仅参与控制面的处理，但算法加速的硬件处理模块不支持指令编程；而异构计算设备是处理器，支持软件指令编程，具有一定通用性。
- 算法加速一般用于定制开发硬件和软件，而异构计算以平台化为目标。算法加速一般实现算法硬件处理模块的驱动，剩下的工作交给后续的软件开发者。而异构计算不仅要实现硬件处理设备的驱动及异构平台的混合编程，还要支持运行时编程，甚至要支持两个系统间的数据一致性处理。
- 算法加速开发门槛较低，可以面向很多场合；而异构计算则面向一些大规模的典型应用场景，它的开发需要大量人力，是一个长期、迭代的过程。

5.2　算法加速

数据中心的典型特征是更大规模的数据，这意味着数据中心有越来越多的数据需要处理。互联网应用十分庞大，需要采用服务器集群实现系统解构，由此产生了很多东西向数据流量，这进一步加剧了数据中心数据处理量的挑战。

在数据中心，典型的数据处理算法有加密、压缩、数据冗余、正则表达式、数据分析、深度学习等。本节将重点介绍加密、压缩、数据冗余、正则表达式算法。

5.2.1　加密算法加速

加密算法广泛应用于网络和数据安全领域，常见的有如下几种。

- 对称加密算法。对称加密算法加密和解密使用相同的密钥，常用的对称加密算法有 DES、3DES、AES 等。对称加密算法的优点是算法公开、计算量小、加密速度快、加密效率高；

缺点是在数据传送前，发送方和接收方必须约定好秘钥，任何一方的密钥被泄露都会使加密信息不安全。另外，每对用户在使用对称加密算法时，都需要使用单独的密钥，这会使得接收方和发送方所拥有的钥匙数量巨大，密钥管理成为双方的负担。对称加密算法一般用于大批量数据的加密。

- 非对称加密算法。非对称加密算法需要两个密钥：公开密钥（Public-Key）和私有密钥（Private-Key）。公开密钥与私有密钥是一对，如果用公开密钥对数据进行加密，那么只有用对应的私有密钥才能解密；如果用私有密钥对数据进行加密，那么只有用对应的公开密钥才能解密。常见的非对称加密算法有 RSA、DSA（此处为 Digital Signature Algorithm，数字签名算法，非特殊说明 DSA 默认为特定领域架构）、ECC 等。相比于对称加密于，非对称加密算法安全性更好，因为公钥是公开的，密钥是用户自己保存的，不需要像对称加密算法那样在通信之前先同步密钥。非对称加密算法具有加密和解密时间长、速度慢的缺点，因此只适合对少量数据进行加密。一般用于签名和认证场合。

- 哈希算法。在信息安全技术中，经常需要验证消息的完整性，哈希算法提供了这一服务，它对不同长度的输入消息产生固定长度的输出，这个固定长度的输出称为原输入消息的哈希或消息摘要（Message Digest）。常用的哈希算法有 MD5、SHA、HMAC 等。

1. AES 算法加速案例

AES 算法比 RSA 等非对称加密算法所需计算资源要少，因此当前很多 CPU 本身已经集成了 AES 算法单元并支持 AES 指令。但 CPU 集成的 AES 算法单元依然会有取指、译码等指令开销，以及访存时候的缓存等方面的开销。CPU 的能效比较低，并且 AES 算法的并行性不高，在一些高吞吐量的数据加密场景中，还是会使用专用的 AES 算法硬件加速器来完成数据加解密工作。

AES算法加密和解密结构如图5.4所示。AES算法加密和解密过程基本相似，每次都输入128bit数据，并且进行串行的循环处理。这样，我们可以为循环体设计一个独立的单元，让数据反复输入这个单元进行计算，最终输出结果，这种方式比较节省资源，但性能较差。我们也可以把独立的单元例化很多份，通过流水线的方式把它们串起来，这样可以实现时间上的并行。流水线会使用更多的硬件资源，但获得了更高的性能。

AES 全流水线设计如图 5.5 所示。Alireza Hodjat 和 Ingrid Verbauwhede 在他们发表的论文 *A 21.54 Gbits/s Fully Pipelined AES Processor on FPGA* 中设计了一个全流水线的 AES 加速器引擎，在保证高频率情况下，采用流水线方式依然达到了每个周期都处理 128bit 数据的能力。全流水线 AES 加速器引擎的实测性能：在 168.3MHz 频率下，吞吐量达到 21.54Gbit/s。

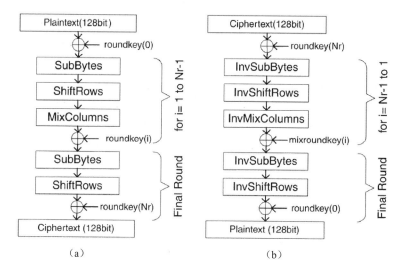

图 5.4　AES 算法加密和解密结构

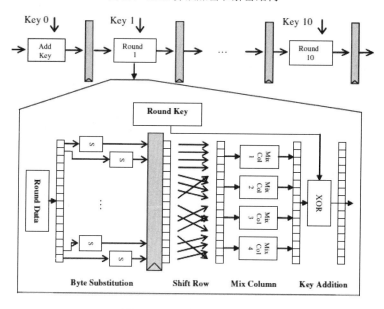

图 5.5　AES 全流水线设计

由于数据加解密的各组数据是独立的，不具有关联性。因此，在资源总量允许的情况下，我们可以非常简单地把全流水线的 AES 算法处理复制很多份，实现一个包含更多 AES 算法引擎的硬件 AES 算法处理模块。例如，如果我们实现了包含 16 个 AES 算法引擎的 AES 算法处理模块（需要充分考虑数据 I/O，使数据 I/O 不成为性能瓶颈，让 AES 算法引擎全力运行），在 168.3MHz 频率下，其理论处理性能可以达到 344.64Gbit/s。我们还可以通过选择更先进的工艺来进一步提升频率和设计并行度。

2. RSA 算法加速案例

RSA 算法是主流的非对称加密算法，当前要想提供足够的安全性，所需密钥长度为 2048 位。RSA 算法的核心运算是模幂，即重复多次的模乘，这意味着很难实现高吞吐量。Montgomery 模乘算法通常用于执行模乘运算，相比于传统的除法取余，Montgomery 模乘算法采用的是模加右移的方式，因此算法更简单，运算速度更快。

在 Alan Daly 和 William P. Marnane 发表的论文 *Efficient Architectures for Implementing Montgomery Modular Multiplication and RSA Modular Exponentiation on Reconfigurable Logic* 中，介绍了一个非常高效的 RSA 核心部件 Montgomery 模乘，以及基于此模乘的 RSA 模幂在 FPGA 中的硬件实现。

图 5.6 展示了用于实现完全流水线乘法器的子乘法器的结构，包括所有必要的寄存器。RSA 算法中的模幂如图 5.7 所示，该图展示了两个乘法器执行指数运算的流程，输出结果以并行字的形式出现在乘法器的底部，并从内部移位寄存器向右串行输出。在图 5.7 中，乘法器上面的输入也是并行的，左边的输入则是串行的。

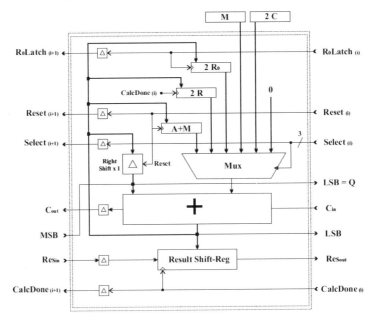

图 5.6　用于实现完全流水线乘法器的子乘法器的结构

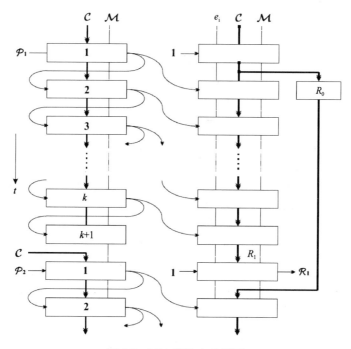

图 5.7　RSA 算法中的模幂

基于如图 5.6 所示结构实现的 1080 位（用于 1024 位密码）流水线 RSA 加密/解密引擎在 49.63MHz 的频率下，能够实现 45.8kbit/s 的数据处理带宽。考虑到近些年来半导体工艺技术的快速进步，基于 FPGA 的 RSA 模幂通常可以实现超过 200MHz 的频率，并且更多的资源可以实现多路并行处理。如果 RSA 模幂基于 ASIC，那么可以在 FPGA 实现性能的基础上，性能再提升一个数量级。

3. SHA256 算法加速案例

哈希算法通常用于消息完整性验证，随着比特币等加密货币所使用区块链技术（该技术的核心工作就是利用 SHA256 算法计算出一个特定的哈希值）的广泛应用，基于硬件实现的 SHA256 等加速引擎和 ASIC 芯片成为近些年来的热点。

HARRIS E. MICHAIL 和 GEORGE S. ATHANASIOU 等人在他们发表的论文《On the Exploitation of a High-Throughput SHA-256 FPGA Design for HMAC》中，介绍了高吞吐量 SHA256 的硬件实现。

图 5.8 是 SHA256 算法架构，包括初始化单元。每一回合前使用一个多路复用器，用于输入前一回合的结果（第一回合的结果是初始化值）或反馈当前一回合的输出。这样，一个消息将在

每一回合中被处理 8 次，当该消息在这一回合中处理结束时，处理的中间结果将在下一回合中继续处理。

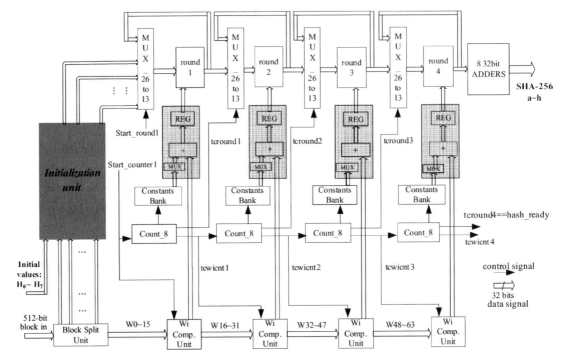

图 5.8　SHA256 算法架构

　　由于 SHA256 算法采用四级流水线，因此它可以同时处理四个 512 位数据块。每个 512 位输入块在每个回合中处理 8 次，总共执行 32 个转换处理（需要 32 个时钟周期），这意味着 SHA256 算法可以每 8 个时钟周期产生一个 256 位的消息摘要。当第四回合的处理结束时，输出的结果被送入加法器中，产生最终结果（加法器不需要再增加一拍时钟延迟）。在最终的性能测试中，本案例的四级流水线实现的 SHA256 算法在 Xilinx 的 Virtex 6 FPGA 上，运行频率达到 172MHz，吞吐量超过 11Gbit/s。

5.2.2　压缩算法加速

　　随着物联网、5G、大数据分析、机器学习等技术的发展，出现了大量数据生产和处理的需求，相应的需要大量网络传输和数据存储，这给数据中心带来了非常大的网络传输和存储成本压力。利用压缩，降低存储成本，减少网络传输消耗，是一种非常有效的方法。

数据压缩的基本原理：大多数信息的表示都包含大量冗余，所有形式的压缩都利用数据中的结构或冗余来实现紧凑的表示形式。压缩算法的设计和选择需要了解数据中存在的冗余类型，利用这些冗余来获得数据的紧凑表示。压缩方案通常分为如下两大类。

- 无损压缩。无损压缩可保留被压缩数据中的所有信息，并且可以通过解压缩恢复原始数据。常见的无损压缩算法有基于熵编码的霍夫曼编码、算数编码，基于上下文的部分匹配预测编码，以及基于字典的 LZ 系列编码等。
- 有损压缩。在有损压缩中，原始数据中包含的某些信息将不可避免地丢失，信息损失是为了获得更高压缩比所必须付出的代价。常见的有损压缩算法有向量量化、线性预测编码、离散余弦变换、小波压缩等。

1. 微软压缩算法引擎 Xpress 案例

服务器上运行的业务很多，数据压缩所占用的 CPU 资源有一定的约束，通常在选择压缩算法时需要在吞吐量和压缩质量之间权衡。FPGA 具有深度流水线和自定义缓存方案的能力，这使得它成为流媒体应用（如数据压缩）的一个重要处理载体。但是，诸如 LZ77 之类压缩算法中的数据冒险会限制深度流水线的使用，因此在加速器的设计中不得不牺牲一定的压缩质量。Xpress 实现了可扩展的全流水线 FPGA 加速器，该加速器以高达 5.6 GB/s 的速率执行 LZ77 压缩和静态霍夫曼编码。此外，Xpress 还考虑了压缩质量和 FPGA 面积之间的平衡，能以较小的资源占用获得较大的吞吐量。

如图 5.9 所示，Xpress 实现了 22 + 2 × PWS + log2(PWS)的压缩加速器的全流水线架构，其中 PWS（Parallelization Window Size）为算法并行窗口的大小。每个周期给加速器输入 PWS 字节的数据，由于采用了静态结构，因此数据 I/O 速率的计算非常简单。数据输入速率按每秒（PWS×时钟速率）字节计算，而输出速率将除以该数据集的压缩率。整个 Xpress 架构由四个主要功能组件组成：哈希表更新（Hash Table Update）（包括哈希计算）、字符串匹配（String Match）、匹配选择（Match Selection）和霍夫曼位打包（Huffman Bit-packing）。

Xpress 资源占比、压缩比、吞吐量关系图如图 5.10 所示。Xpress 实现了可扩展设计，其性能跟 PWS 有如下关系。

- 在 PWS 为 8×1（1 个压缩算法引擎）的时候，压缩比低于 1.85，吞吐量为 1.4GB/s，资源占用少于 20k ALMs；在 PWS 为 8×2 或 8×4（2 个或 4 个压缩算法引擎并行）的时候，压缩比不变，吞吐量和资源分别是 2 倍或 4 倍。
- 在 PWS 为 16×1 的时候，相比于 PWS 8×1，吞吐量翻倍为 2.8GB/s，劣势在于资源占用要略高于两倍，优势在于增加了压缩比；在 PWS 为 16×2 的时候，相比于 PWS 16×1，吞吐量翻倍，资源占用翻倍，压缩比不变。

- 在 PWS 为 32×1 的时候，相比于 PWS 16×1，吞吐量翻倍，资源占用要高于两倍，压缩比增加。

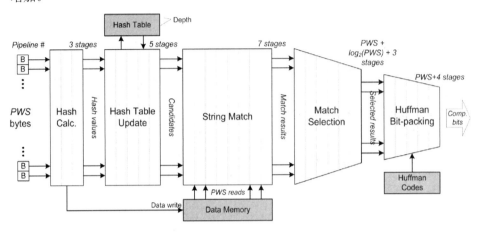

图 5.9　微软压缩算法引擎 Xpress 全流水线设计

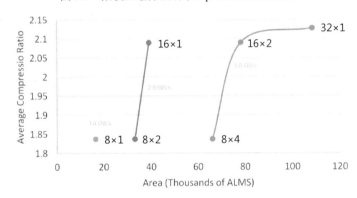

图 5.10　Xpress 资源占比、压缩比、吞吐量关系图

2. WebP 图片压缩加速案例

WebP 是一种采用有损和无损混合压缩方式的图像格式，是谷歌发布的一项开源技术，与 WebP 相关的软件是根据 BSD 许可证发行的。根据谷歌的统计，图像从 PNG 格式转换为 WebP 格式后，与原始网络上 PNG 文件相比，大小减少了 45%。谷歌估计当前互联网流量的 65% 是图像和照片数据。WebP 旨在通过减小图像文件大小来提高网页性能并加快网络速度。WebP 有两种编码模式：使用 VP8 关键帧的有损压缩编码及 WebP 新格式的无损编码。

WebP 算法复杂度很高，包含很多子算法。Foivos Anastasopoulos 在其发表的论文《Implementation of WebP Algorithm on FPGA》中，对 WebP 算法进行了软硬件划分。

- 软件处理块生成、帧内预测、熵编码。
- 硬件处理重建（DCT 转换、阿达马变换、块量化、阿达马变换、DCT 逆变换）和纹理失真（哈丹特变换）。

WebP 加速器系统级架构如图 5.11 所示。整个 WebP 加速器核心算法利用 HLS（High Level Synthesis）将高级语言算法综合成硬件 RTL 代码。不同类型块（Luma4×4、Luma16×16 及 Chroma）的处理在不同时间处理，可以实现并行。数据 I/O 需要占用一定的时间，会影响整体的加速性能。

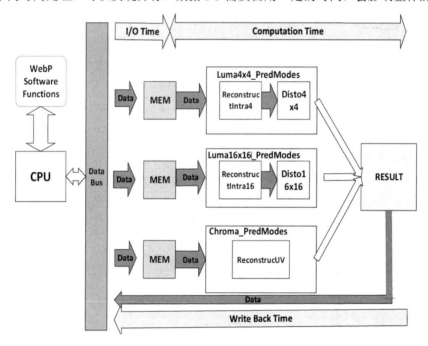

图 5.11　WebP 加速器系统级架构

大约有 70%的 WebP 算法是经过硬件加速的，其理论最大加速比为 3.33。流水线设计可以消除相当一部分数据 I/O 的开销。在 Xilinx FPGA 上，WebP 加速器运行频率为 333MHz，其 Lenna 图像（400×400）处理的加速比可以达到 1.9 倍以上。

3．H.265 视频压缩加速案例

H.265 是 ITU-T 由制定的（相比于 H.264）新的视频编码标准。H.265 保留了 H.264 的某些技术，同时对一些技术加以改进，用于改善码流、编码质量、延时和算法复杂度之间的关系，达到更优化的配置，具体包括：提高压缩效率、鲁棒性和错误恢复能力，减少实时时延、信道获取时间和随机接入时延，降低复杂度等。H.265 可以实现在 1～2Mbit/s 传输速率下传输 720P 普通高清音视频。

在 Grgegorz Pastuszak 和 Andrzej Abramowski 发表的论文 *Algorithm and Architecture Design of the H.265/HEVC Intra Encoder* 中，设计了一个可计算扩展的 H.265 帧内编码器，支持高达 2160p@30 帧/秒的速率，并且该编码器可以在压缩效率和吞吐量之间权衡。H.265 中有些算法不适合进行硬件处理，可以通过一定的算法优化使之适合进行硬件处理，包括简化速率估算、简化失真估算、模式预选以及计算的可扩展性。

图 5.12 是 H.265 帧内编码器架构，该架构使用了两个重构循环：主循环支持 8×8、16×16 及 32×32 的块；4×4 的块在一个额外循环中处理。这样的设计可以使对时间敏感的 4×4 块得到及时而快速的处理，两个重构循环都与帧内预测模块配合。每个循环均将数据提供给独立的 RDO（Rate Distortion Optimation，速率失真优化）路径，每条 RDO 路径均由速率估计器（RATE）、失真估计器（DIST）及模式决定（MD）组成。

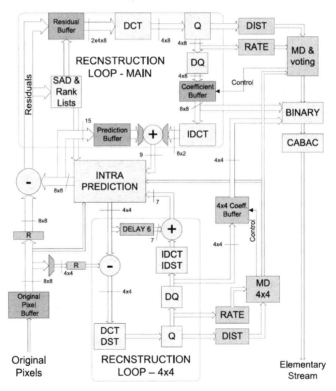

图 5.12　H.265 帧内编码器架构

整个 H.265 帧内编码器大约有 100 万门，在 TSMC 90nm 工艺下可以运行在 200MHz（其中有些模块可以运行在 400MHz），支持 2160p@30 帧/秒的速率。整个 H.265 帧内编码器也可以在中小规模的 FPGA 中实现，支持 1080p@60 帧/秒的速率。

5.2.3　数据冗余算法加速

数据中心规模庞大，服务器故障、磁盘故障和坏盘等是频繁发生的事情。为了保障数据安全，数据冗余是必须要做的一件事情。服务器本地磁盘通常使用 RAID 的方式实现数据冗余，因为本地磁盘数量有限，所能实现的冗余非常有限，所以当有磁盘故障后就不得不立刻进行处理，这给数据中心的运维带来很大压力。而在分布式存储系统中，通常采用单个数据块简单地写三份的方式实现数据冗余，这样既能简化处理，又能很好地实现数据冗余，达到数据安全的目的。

在分布式存储系统中，单份数据保存三份是对存储空间的极大浪费，主要优化方法是，利用纠删码（Erasure Code）编码来实现近乎三副本数据的可靠性，如图 5.13 所示，假设我们有 k 个原始数据块，通过纠删码编码 m 个编码块，只要不超过 m 个数据块或编码块故障，我们就可以通过另外的 k 个或以上的数据块和编码块来恢复原始数据。三副本的数据存储空间消耗比为 3，纠删码的数据存储空间消耗比为 $(k+m)/k$。

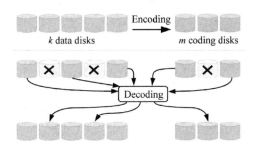

图 5.13　纠删码编码原理图

经过纠删码编码的分布式存储系统，可以做到在不超过 $m-1$ 个坏盘的情况下不需要采取更换磁盘等维护措施，这样不仅可以减少维护的次数，还可以做到定期维护，把被动维护变成主动维护，进一步提升运维保障的安全性和效率。

1. 基于纠删码的冗余算法加速

Reed-Solomon 是纠删码算法中最常用的编码，MSR（Minimum Storage Regenerating，最小存储再生）是一种基于再生方法的 Reed-Solomon 编码。MSR 编码减少了数据重建所需的数据量，但编码和解码的计算成本仍然很高。在 Mian Qin 和 Joo Hwan Lee 等人发表的论文 *A Generic FPGA*

Accelerator for Minimum Storage Regenerating Codes 中，实现了基于 MSR 编码的硬件加速器。

基于 MSR 编码的硬件加速器架构如图 5.14 所示，该加速器是一个完整的加速方案，可以作为加速卡安装在服务中工作。除了数据 I/O，基于 MSR 编码的硬件加速器主要有如下两个单元。

- 存储单元。存储单元保存从主机存储器或存储设备传输来的信息和奇偶校验片段。存储单元使用的是 FPGA 的片外 DDR 存储器。
- 处理单元。处理单元处理来自存储单元的数据并进行实际编码/解码计算。如果有充分的 FPGA 资源可用，那么可以进一步扩展处理单元，以充分利用片外 DDR 存储器的带宽并隐藏存储等待时间。

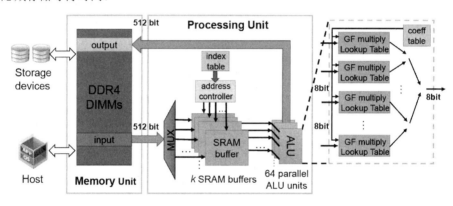

图 5.14　基于 MSR 编码的硬件加速器架构

基于 MSR 编码的硬件加速器处理流程如图 5.15 所示。处理的过程可以重叠，需要顺序地读取 *k* 块数据，但数据处理和数据写回则可以流水线的方式进行，当处理下一组数据的时候，之前一组数据写回。另外，基于 MSR 编码的硬件加速器还实现了编码和解码资源复用、数据 I/O 的批量处理等机制，进一步优化了性能。

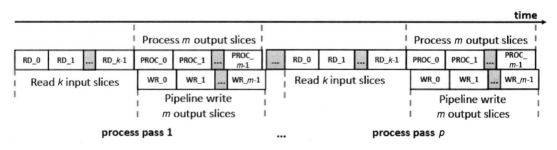

图 5.15　MSR 加速器处理流程

基于 FPGA MSR 编码的硬件加速器性能对比如图 5.16 所示。在数据条带（Stripe）较大的时候，受CPU缓存性能的影响，在 8 个线程之后扩展CPU的线程数量无法进一步提高基于FPGA MSR 编码的硬件加速器的处理性能，达到了瓶颈。采用 MSR 加速卡的方式，在数据条带较大的时候，基于 FPGA MSR 编码的硬件加速器的性能优势才充分显现出来。

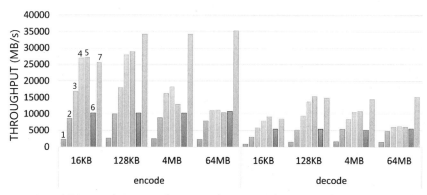

图 5.16　基于 FPGA MSR 编码的硬件加速器性能对比

5.2.4　正则表达式算法加速

在技术和商业数据分析领域，对非结构化文本数据（如系统日志、社交媒体帖子、电子邮件和新闻文章）的快速分析变得越来越重要，几乎 85%的业务数据都是以非结构化文本日志的形式存在的。如何从这些大规模的文本数据中快速提取关键信息，对业务决策来说至关重要。

正则表达式（Regular Expression，Regex）定义了搜索模式的字符序列，通常模式使用在字符串搜索算法的"查找"或"查找并替换"操作的字符串，或者用于输入验证。Regex 主要用于搜索引擎、文本处理的查找替换及词法分析。

Regex 的软件处理算法效率并不高，因为其依赖于有限自动机。自动机本质上进行的是完全串行的处理，对多字符输入的直接并行化会导致状态空间呈指数增长。传统的 Regex 处理工具通常设计成匹配磁盘或网络的 I/O 带宽，例如，广泛使用的 grep 通常能达到 300MB/s 的扫描带宽，而内存带宽远大于该扫描带宽。随着 DRAM 持续降低及非易失性内存的使用，许多数据集完全可以存储在高带宽的内存中。大吞吐量的 Regex 硬件加速器可以充分利用内存带宽，加速 Regex 的处理性能。

在 Vaibhav Gogte 和 Aasheesh Kolli 等人发表的论文 *HARE: Hardware Accelerator forRegular Expressions* 中，介绍了一款 Regex 加速器的实现，该加速器由没有停顿的全流水线硬件和特定的软件编译器组成。

- 如图 5.17 所示，此 Regex 处理的硬件流水线由六个处理阶段组成：存储内存的文本输入、特征分类、模式自动机、立即数匹配、基于计数器的规约及送往后续的软件处理。
- 软件编译器将一组 Regex 转换为用于自动机的状态转换表，以实现匹配处理及流水线中的相关配置，如查找表用于实现特征分类及各种流水线阶段的配置。

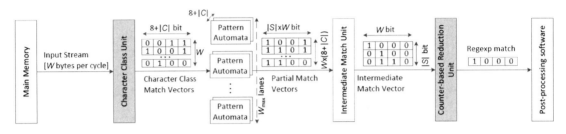

图 5.17　Regex 处理的硬件流水线

如图 5.18（a）所示，ASIC 实现的 Regex 处理引擎带宽固定为 32GB/s，FPGA 实现的 Regex 处理引擎受 FPGA 资源约束，带宽固定为 400MB/s。grep 只能运行在 300MB/s 带宽附近，lucene 及 postgres 可以运行在 1GB/s 带宽左右，但它们依然与 ASIC 实现的 Regex 处理引擎相差甚远。如图 5.18（b）所示，在多 Regex 处理的情况下，软件方案的 grep 带宽会急剧下降；lucene 及 postgres 处理可以较好地支持多 Regex 处理，带宽略微有些下降；而 ASIC 和 FPGA 实现的硬件 Regex 则一直保持恒定的带宽，不受多 Regex 处理的影响。

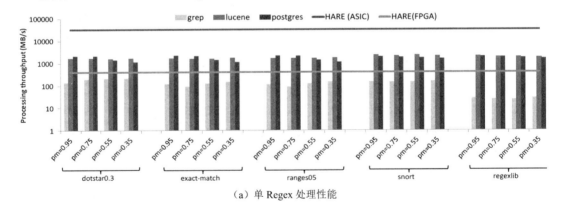

（a）单 Regex 处理性能

图 5.18　Regex 处理性能对比

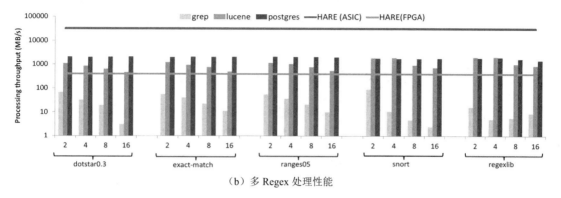

（b）多 Regex 处理性能

图 5.18　Regex 处理性能对比（续）

5.2.5　加速器性能设计原则

上述加密、压缩、冗余、正则表达式等算法广泛应用于云计算数据中心大规模数据处理的场景，而算法加速不限于这种场景，在很多场景中都有特定算法加速、特定形态、特定规格的加速器在发挥作用。只要是需要大批量计算或大批量数据处理的场合，基本都可以提炼出核心算法并将其实现成硬件加速器来处理，以此来进一步提升系统性能，降低成本。

数据中心及其他各种场景的数据处理，不是简单的一个文件或一个数据块的处理，而是长期大批量数据的快速处理，对系统性能的要求非常高，这样就非常值得采用特定的算法加速器来优化系统性能，降低成本。虽然不同算法加速具有不同的用途、实现和计算复杂度，但是从硬件加速及尽可能性能优化的角度来看，我们可以提炼出各种数据处理算法硬件加速所具有的共同特征。

- 算法宏指令：算法加速引擎通常一个周期就可以完成一组固定长度数据的处理。
- 流水线：如图 5.19（a）所示，算法加速引擎通常可以实现成流水线，这样可以大幅度提升频率（时间并行度），以此来提升系统性能。
- 并行：如图 5.19（b）所示，可以采用并行多个算法加速引擎的方式来进一步提升系统性能。
- 输入与输出：如图 5.19（b）所示，为了保证算法加速引擎全速运行，需要设计一定的机制来保证输入与输出的性能，以使输入与输出不成为整个加速模块的性能瓶颈。
- 资源优化：算法加速引擎模块可以在上述实现的基础上进一步优化系统性能，并且实现资源占用和功耗的进一步优化。

（a）流水线实现的算法加速引擎架构

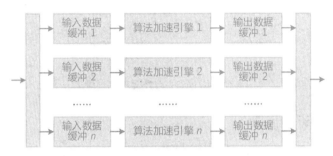

（b）并行算法加速引擎架构

图 5.19　算法加速引擎典型架构

5.3　任务卸载

在软件里，进程间通信及分层调用是相对简单的事情。但当有某个进程或任务卸载到了硬件里，又该如何通信呢？任务卸载的一大原则是：原有的调用关系不变。因此，任务卸载需要在软件对软件调用的基础上，扩展实现软件对硬件的调用，以及硬件对软件或硬件的调用。

5.3.1　任务卸载模型

我们以分层任务之间的调用为例，把分层的部分软件任务卸载到硬件里，构建任务卸载模型，这些任务相互之间的调用关系和接口保持不变。

图 5.20（a）为分层的任务调用，通过任务卸载把部分任务卸载到硬件（可能包含嵌入式软件）中。其中，双向箭头的上方为调用方，箭头的下方为被调用方。如图 5.20（b）所示，任务卸载涉及的调用有如下三类。

- 软件对硬件的调用：任务 1 调用任务 2。
- 硬件对硬件的调用：任务 2 调用任务 3。
- 硬件对软件的调用：任务 3 调用任务 4。

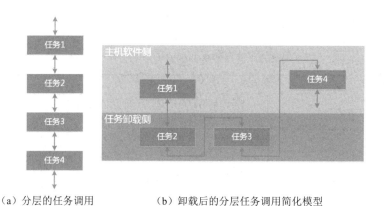

（a）分层的任务调用　　　　（b）卸载后的分层任务调用简化模型

图 5.20　任务卸载的简化模型

　　任务卸载到硬件的任务调用细节模型如图 5.21（a）所示。任务卸载与软件的交互需要经过软硬件交互接口，包含设备接口和设备驱动程序；也需要一个包含 HAL 的任务接口，实现对下层任务的调用或被上层任务调用。任务卸载与硬件的接口相对简单，使用总线、缓冲、DDR 等方式交互。任务卸载的软硬件分工如图 5.21（b）所示。任务的卸载并不仅仅是单个硬件加速处理，有的时候也需要软件协作完成部分工作，包括任务的控制面处理，也可能包括部分数据面的处理。有一种极端特殊的情况，就是并不实现硬件加速的任务卸载，而是把整个任务转移到跟硬件一体的嵌入式 CPU 软件中运行，我们称之为任务的软件卸载；相应地，如果靠硬件卸载加速完成所有数据面的处理，我们称之为任务的硬件卸载；同时，需要软硬件分工协作的数据面处理，我们称之为任务的软硬件协作卸载。

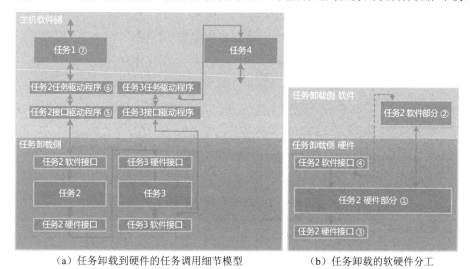

（a）任务卸载到硬件的任务调用细节模型　　　　（b）任务卸载的软硬件分工

图 5.21　通用任务卸载架构

如图 5.21 所示，通用任务卸载架构中的组件如表 5.2 所示。

表 5.2　通用任务卸载架构中的组件

编号	组件名称	说明
①	卸载任务的硬件部分	任务的数据通路或核心算法一般采用专用硬件加速器来提升性能，起到对某算法进行硬件加速的作用
②	卸载任务的软件部分	任务本身是一个系统，需要保持任务原有的软件灵活性，有一些部分是不适合通过硬件实现的。另外，任务硬件部分的控制面也包含在任务的软件部分中
③	卸载任务的硬件接口	硬件接口要简单一些。例如，通过 AXI-Stream 总线连接两个模块，实现数据的传递
④	卸载任务的软件接口	软件接口核心功能是一个 DMA，实现主机侧和卸载侧的数据交互，属于驱动程序-设备交互里的设备部分
⑤	卸载任务的接口驱动程序	驱动任务软件接口的运行交互，属于驱动程序-设备交互里的驱动部分
⑥	卸载任务的任务驱动程序	起到 HAL 的作用，提供标准的任务接口，实现被上层任务调用或对下层任务的调用
⑦	与卸载任务交互的其他任务	跟卸载任务交互仍然运行于主机侧的其他任务，"看到"的依然是被自己调用或调用自己的"任务"，接口交互行为保持不变

5.3.2　IPsec 卸载

IPsec（IP 安全）是一种网络层安全协议，已广泛部署并在许多网络应用程序中使用，包括企业 VPN、无线网络和安全网络虚拟化隧道等。在网络上启用 IPsec 时，IPsec 隧道两端的网络节点必须对 IPsec 数据包进行额外的处理，以提供加密和完整性保护。随着网络接口速率增加到 100Gbit/s 甚至更高，IPsec 的 CPU 开销越来越大，迫切需要将与 IPsec 相关的处理开销卸载到硬件来加速处理。

QAT（Quick Assist Technology）是英特尔针对网络安全和数据存储推出的硬件卸载技术。QAT 专注于数据安全和压缩的加速，支持对称数据加密（如 AES）、非对称公钥加密（如 RSA、椭圆曲线等）和数据完整性（如 SHA1/2/3 等），加速数据的加解密和数字签名等操作。在数据压缩方面，QAT 能够加速 DEFLATE 数据的压缩和解压缩。IPsec 处理任务如表 5.3 所示。

表 5.3　IPsec处理任务

IPsec ESP Tx 数据包处理	IPsec ESP Rx 数据包处理
SA 查找：查询 SA，以此 SA 处理数据包	SA 查找：查询 SA，以此 SA 处理数据包
封装：将 IPsec ESP 头和尾添加到数据包	防重放：检查数据包是否通过抗重放测试

续表

IPsec ESP Tx 数据包处理	IPsec ESP Rx 数据包处理		
	解密：解密 ESP 有效负载并验证 ICV ESP 尾标中的字段		
加密：加密 ESP 数据载荷并根据生成的完整性摘要生成 ICV 字段	更新防重放状态：防重放状态只有在防重放检查和 ICV 均被更新后才能更新检查通过		
	解封装：删除 IPsec 包头和包尾		
ESP：Encapsulating Security Payload，封装进安全的数据载荷。			
SA：Security Association，安全关联（流表项）			

由表 5.3 可知，整个 IPsec Tx/Rx 向的处理任务有很多，但 QAT 平台并没有实现所有处理任务的硬件卸载，只实现了加密和加密任务的硬件卸载，以此实现整个处理的加速。需要说明的是，有些任务处理非常复杂，或者 CPU 占用率不高，这些任务就可以在软件端完成。

IPsec 卸载途径如图 5.22 所示，包括 QAT 平台的独立硬件加速器，以及 QAT 平台的独立硬件加速器与主机侧配套的加速软件库相互配合。在处理 IPsec 任务的过程中，除了加密和解密，其他操作都是在软件侧完成的，QAT 平台只完成了 IPsec 中的加解密任务的卸载。

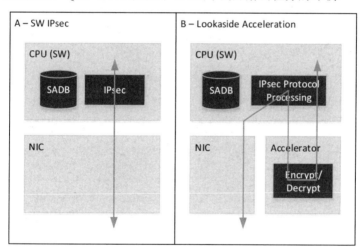

图 5.22　IPSec 卸载途径

QAT 加速性能和软件加速性能对比如图 5.23 所示。由于 Intel Xeon 处理器支持 AES-NI 指令和 SHA-NI 指令，因此软件加速方式包含了独立的加解密指令处理。而 QAT 加速方式，因为把数据在主机和加速卡之间传递，所以需要一定代价，并不是所有的数据包都送到 QAT 加速卡，部分较小的数据包是用 CPU 的 AES-NI 指令和 SHA-NI 指令处理的，把较大的数据包发送到 QAT 加速卡处理。从图 5.23 中可以看到，当数据包的大小从 64 字节逐渐增大的时候，QAT 加速的效果也越来越明显。

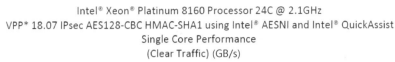

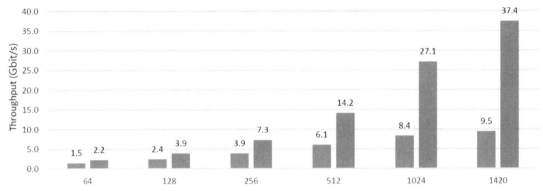

左边柱体为软件加速方式，右边柱体为英特尔 QAT 加速方式

图 5.23　QAT 加速性能和软件加速性能对比

5.3.3　虚拟网络卸载

常用的虚拟交换软件解决方案之一是针对服务器虚拟化场景的 OVS（Open vSwitch）。尽管 OVS 具有非常好的灵活性，但也面临如下挑战。

- I/O 性能不佳。云计算服务商采用的 NIC 带宽从 10Gbit/s 升级到 25Gbit/s，并且即将要升级到 100Gbit/s。OVS 在 10Gbit/s 下只有 500k PPS，而理论上最大的数据包性能可以达到 15M PPS。

- 不可预料的应用程序性能。当 OVS 处理不过来数据包的时候，等待时间增大，部分数据包会被丢弃。这样会严重影响用户体验，如在 VoIP 场景中，将以音质下降、暂停或掉线的形式影响用户体验。

- 高 CPU 开销。如今主流的硬件路由器和交换机，数据包的处理和转发都在 ASIC 或网络处理器中完成。在裸机场景中，大多数数据包转发都可以卸载到 NIC。但在云计算的网络虚拟化场景中，数据包是由 CPU 处理的，随着网络流量的持续增加，这部分开销会越来越多的抢占其他用户业务的 CPU 资源。

Mellanox（NVIDIA 于 2020 年 4 月完成了对 Mellanox 的收购，Mellanox 成了 NVIDIA 的全资子公司。本书根据约定俗成，依旧称其为 Mellanox）在其 ConnectX-5（简称 CX5）NIC 中实现的

ASAP2（Accelerated Switch And Packet Processing，加速的交换和包处理）技术实现了在 NIC 硬件中支持加速的虚拟交换。NIC 内置基于流水线的可编程嵌入式交换机，能够在硬件中进行大部分数据包的处理，包括 VxLAN 封装/解封装、基于一组常用 L2～L4 标头字段的数据包分类、QoS 及访问控制列表（ACL）。

ASAP2 OVS 卸载方案如图 5.24 所示。ASAP2 为 OVS 硬件卸载提供了很好的方法：数据路径的硬件加速及未经修改的 OVS 控制路径，可以实现灵活性和匹配规则的编程。ASAP2 OVS 卸载方案将虚拟交换数据路径完全卸载到 NIC 中的嵌入式交换机（e-switch），控制面依然保持在主机侧（软件）。ASAP2 还实现了开源的核心框架和 API（如 TC Flower Offload），这使得其可以在 Linux 内核和 OVS 标准版本中使用。ASAP2 实现的 API 极大地加速了网络功能处理，如覆盖（Overlay）、交换、路由、安全性和负载均衡等。

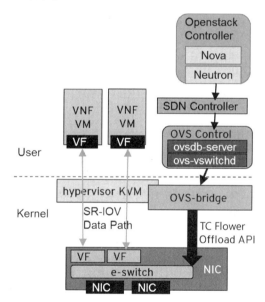

图 5.24　ASAP2 OVS 卸载方案

如图 5.25 所示，在没有 ASAP2 硬件卸载 OVS 的情况下，两个 CPU Core 运行 DPDK 包处理程序，此时的 VxLAN 包处理性能只能达到 7.2Mpps；在有 ASAP2 硬件卸载 OVS 的情况下，几乎不需要消耗 CPU 资源，VxLAN 包处理性能却高达 55Mpps。

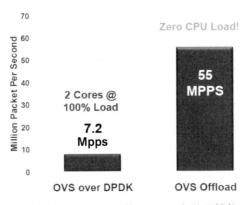

图 5.25　ASAP2 的 VxLAN 包处理性能

5.3.4　远程存储卸载

考虑到性能、延迟、IOPS 等方面的苛刻需求，这里我们重点关注远程块存储服务。远程块存储服务可以更好地实现存储盘的弹性及自动化运维的工作，相比于本地块存储，它可以有效地降低运维管理等方面的成本。因此，远程块存储服务已经作为云计算的一项基础服务，广泛地服务于用户。

Mellanox NVMe SNAP（Software-defined Network Accelerated Processing，软件定义的网络加速处理）技术可实现 NVMe 存储虚拟化的硬件加速。如图 5.26 所示，NVMe SNAP 使得远程存储看起来像本地 NVMe SSD，这是因为它可以模仿 PCIe 总线上的 NVMe 驱动器。主机 OS /Hypervisor 使用标准的 NVMe 驱动程序，不会意识到访问的不是物理驱动器而是通过 NVMe SNAP 连接到远程存储集群。理论上，任何软件处理都可以通过 NVMe SNAP 框架来处理数据，并通过以太网或 InfiniBand 网络传输到目标存储服务器。

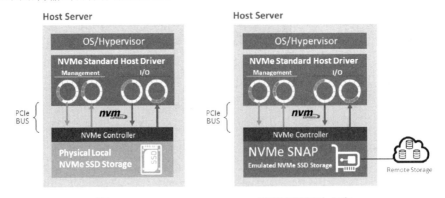

图 5.26　Mellanox NVMe SNAP 远程存储解决方案

支持 SNAP 的 Bluefield SmartNIC 如图 5.27 所示。NVMe SNAP 支持如下两种数据路径。

- 第一种是全负载：将来自 NVMe PCIe 的数据流量直接转换为 NVMe-oF（RoCE）并传输到网络，数据完全在硬件中传输。该路径可提供最佳性能，但缺乏在 ARM 内核上运行软件来处理数据或更改存储协议的能力。

- 第二种是使数据流量经过 ARM，在 ARM 内核上运行 SPDK 程序的处理，这样可以在 NVMe 流量上实施相应的远程存储处理逻辑，然后数据通过 NVMe-oF 传输到网络。此路径使用 ARM 内核，并提供全面的灵活性，可以在线升级任何类型的存储解决方案。

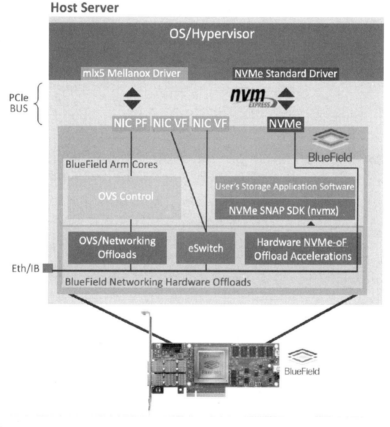

图 5.27　支持 SNAP 的 Bluefield SmartNIC

云计算场景中的远程块存储服务通常使用第二种数据路径：通过 SNAP 把存储的访问从主机侧移动到 SmartNIC 侧，经过 SmartNIC 的 ARM 内核处理，再通过 NVMeoF 传递到网络。基于 SNAP 的远程存储跟通常基于主机 Hypervisor 侧的远程存储方案相比，SNAP 技术在性能方面存在一些不足之处，具体分析如表 5.4 所示。

表 5.4　NVMe SNAP的性能分析

分类	基于主机 Hypervisor 的远程存储	基于 SNAP 的远程存储
业务数据传输	基于后端模拟的设备和前端虚拟机驱动之间的数据传输，通常采用操作系统的内存映射机制处理，并不涉及物理的数据移动	数据需要先通过 PCIe，经过 SmartNIC 接口硬件的传输，然后送到 ARM 的本地 DDR
远程存储处理逻辑	主机 CPU 处理性能更好一些，可以高带宽、高 IOPS、低延时地处理存储数据	SmartNIC 集成的 ARM 核性能弱于主机 CPU 性能，处理带宽、IOPS 和延迟都会受到影响
NVMeoF 传输	主机 CPU 和内存的访问性能高，可以进行更高效的 NVMeoF 传输。 主机 CPU 的 NVMeoF 要跨越 PCIe，在 CPU 内存和提供 NVMeoF 接口的 NIC 之间实际地搬运数据。 相比于 SNAP 的业务数据传输，这里只需要把数据搬运到硬件中的 NVMeoF 接口，不需要把数据存储到 NIC 本地内存	SmartNIC 集成了 CPU 和 NVMeoF，通过本地 DDR 共享数据，处理性能要好于跨越 PCIe 的主机和 NIC 的 NVMeoF 传输的处理性能。 但受限于 SmartNIC 本身 ARM 内核和内存的性能，传输性能会有一定不足

NVMe SNAP 实现了远程存储的 SmartNIC 卸载，有效地把运行在主机侧的任务转移到了 SmartNIC 侧，这已经是非常大的技术优势。例如，给用户提供物理机服务的场景，可以通过 SNAP 支持远程云盘，避免物理机本地盘无法迁移的问题。NVMe SNAP 在 SNAP 当前软件卸载存储任务的基础上，以类似 ASAP2 的网络卸载路径，把存储任务从嵌入式 ARM CPU 进一步卸载到存储硬件加速器，可以实现更高的吞吐量、IOPS，以及更低的延迟。

5.3.5　虚拟化卸载

虚拟化卸载指的是计算机虚拟化中消耗 CPU 资源较多的接口设备、热迁移、虚拟化管理等任务的卸载。

1. 接口设备的卸载

前面我们介绍了网络、远程存储等 I/O 工作任务的卸载，而虚拟化卸载主要指的是跟 I/O 相关的接口设备的卸载，如网络、存储等接口设备的卸载。设备的卸载实际也是 I/O 硬件虚拟化的过程。例如，我们利用 VT-d 技术实现从虚拟机中 Pass-Though 访问硬件设备，某种程度上也可以认为是把运行在 Hypervisor 中的模拟设备卸载到了硬件。因此，设备的卸载本质上和 I/O 设备硬件虚拟化是一件事情。

如图 5.28 所示，为了实现设备接口的标准化、加速 I/O 处理的性能及充分利用现有的虚拟化生态（如更好地支持设备热迁移）等目的，阿里云神龙（X-Dragon）芯片实现了硬件的 Virtio 接口设备，通过 Virtio 接口设备支持 Virtio-net 网络驱动和 Virtio-blk 存储驱动等，进而实现了类虚拟化 I/O 设备 Virtio 的硬件卸载。

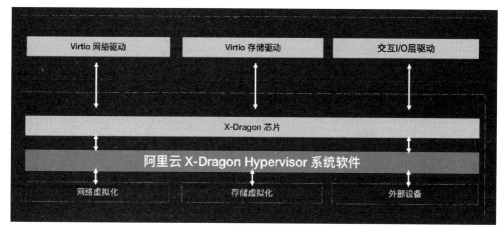

图 5.28　阿里云神龙芯片网络和存储接口示意图

AWS 的 NITRO 系统支持网络、本地存储和远程存储，实现了网络接口设备 ENA/EFA（AWS 自定义接口）的硬件卸载及存储接口设备 NVMe（远程存储 EBS 使用的是 NVMe 接口，本地存储使用的也是 NVMe 接口）的卸载。

2. 接口设备卸载后的迁移问题

把设备卸载到硬件让虚拟机直接访问硬件设备使得虚拟机的设备热迁移面临非常大的挑战。vDPA（vhost Data Path Acceleration，vhost 数据路径加速，其中 vhost 是 Virtio 后端设备模拟的轮询方式实现）实现了一种折中的解决方案，如图 5.29 所示，vDPA 把 Virtio 分为了控制面和数据面。

- 控制面。vDPA 控制面依然要经过 Hypervisor 的处理。vDPA 用于设备和虚拟机之间的配置更改和功能协商，以及建立和终止数据面。
- 数据面。vDPA 数据面包括共享队列及相应的通知机制，用于在设备和虚拟机之间传输实际的数据。

使用 vDPA 的一个好处是，在热迁移的时候可以很方便地把 Virtio 数据面的处理切换回传统 Virtio/Vhost 后端设备模拟，这样可以充分利用现有的基于 KVM/Qemu 对 Virtio 设备迁移的解决方案来完成设备的迁移。

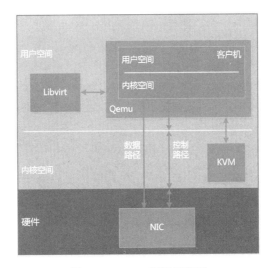

图 5.29　vDPA 框架示意图

3. 虚拟化管理的卸载

软件虚拟化进化到硬件虚拟化的过程可以看作硬件加速及硬件卸载的过程，在这个过程中，我们逐步剥离了 Hypervisor 的功能，如利用 VT-x 技术卸载了 Hypervisor 的 CPU/内存等的软件模拟，利用 VT-d 及 vDPA 等技术卸载了设备软件模拟。这些剥离使得 Hypervisor 越来越轻量，整个系统的虚拟化开销也越来越少。我们可以进一步地把虚拟化的管理（如 Linux 平台主流的管理程序 Libvirt）卸载到硬件中的嵌入式软件运行。

虚拟化管理的卸载示意图如图 5.30 所示，我们利用桥接的方式实现了主机轻量 Hypervisor 和硬件中嵌入式软件的通信。把虚拟化管理等软件任务从主机卸载到嵌入式系统（依然有很小一部分任务无法卸载，如虚拟机资源分配、vCPU 调度等），可以把几乎 100% 的主机资源提供给用户，使用户虚拟机得到近乎物理机的性能。

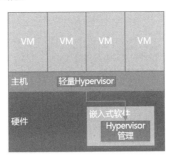

图 5.30　虚拟化管理的卸载示意图

利用虚拟化管理卸载到硬件中的嵌入式 CPU 软件可以实现物理上的业务和管理分离，整个业务主机跟云计算管理网络安全地隔离，云计算管理网络只能通过特定的接口访问到 Lite Hypervisor，除此之外，不能访问业务主机的任何资源。这样，即使有潜在的运维操作失误，也无法对业务主机造成影响。

5.4　算法加速和任务卸载总结

算法加速是各种硬件加速的基础，从系统中提炼核心的算法并将其硬件实现，以达到加速的目的。任务有可能全部卸载，也有可能部分卸载；任务的控制面有可能卸载，也有可能不卸载。任务卸载需要通过一定的基础框架机制来快速实现两个或多个系统之间的协作。

5.4.1　算法加速是基础

算法加速是一切硬件加速的基础，需要通过软硬件划分，合理地确定算法复杂度及功能的弹性。适合算法加速的软件任务具有一定的共同特征：高密度的计算和访存。

1. 算法加速核心

硬件加速本质上是把密集的计算和数据处理（不管是算法加速或任务卸载）都通过专用的硬件算法加速模块完成。如图 5.21 所示，任务卸载核心的是任务卸载硬件部分实现的特定算法加速器，外围的软件、硬件接口在保证交互性能（不成为瓶颈）的情况下，加速性能则完全依赖算法加速模块本身。

因此，在系统设计和算法硬件实现的时候，选择什么样的算法、算法具有什么样的参数特征及 I/O 规格定义等，以及算法实现的微架构（如流水线、并行、频率、吞吐量、延时等），会变得非常关键。并且，定制的算法加速器也需要具备一定的配置能力。例如，AES 算法加速器的加密和解密是共享处理引擎的，只是通过设置不同的处理模式（加密或解密模式）来进行加密或解密处理的。

2. 算法加速的设计权衡

通用 CPU 加入了各种复杂的向量处理及 AES 等扩展指令，同时具有非常丰富和灵活的软件生态；GPU 提供数以千计的线程并行，同时在框架及库方面对很多场景进行了优化，整个 GPU 生态相当成熟。这些 CPU、GPU 平台上的优势都不同程度地对定制算法加速（包括 FPGA 实现和 ASIC 实现）的应用范围形成了挤压。

　　算法加速还需要考虑数据交互的开销。算法加速与其他软件或硬件的 I/O 数据交互需要一定的代价（如数据传输延迟），这部分代价会降低算法加速的整体性能。算法加速要考虑到算法加速器的 I/O 总线带宽和加速引擎处理带宽的平衡：在总线带宽足够的时候，通过增加并行的加速处理引擎数量来提升处理带宽；在总线带宽可能成为瓶颈的时候，要考虑增加总线带宽使之不成为性能瓶颈，或者通过优化数据交互来提升总线利用率等。

　　面向特定场景性能优化、定制的硬件算法加速器的灵活性远小于软件，并且算法加速整体开发的工作量很大，系统的复杂度提升。因此，算法加速需要面向大规模计算和数据处理的场景，并且具有足够大的规模化应用，这样才能真正通过算法加速来提升性能和降低整体成本。

3. 适合加速的程序

　　通常我们会有一个基本的认识：如果一个程序消耗 CPU 资源较多，其性能、延迟等指标较难满足系统要求，那么会考虑通过算法加速的方式来优化性能、成本等各项指标。我们以运行于 CPU 的工作任务程序（指令）流为样本，深入分析程序流的规律，看哪些指令序列适合硬件加速。

　　我们分析不同类型的 CPU 指令加速特征，具体如表 5.5 所示。

表 5.5　CPU 指令的硬件加速分析

CPU 指令分类	指令示例	硬件加速特征分析	结论（是否适合硬件加速）
I/O 类指令	IN/OUT 等访问 I/O 寄存器的指令	I/O 类指令主要用于外部设备寄存器的读写操作，通常对应于任务处理的控制面。 　　如果用于硬件设备 CSR 的控制写入和状态读取的某个任务或任务片段使用较多 I/O 类指令，那么该任务或任务片段比较适合继续放在软件中执行	完全不适合硬件加速
程序控制类指令	Branch、Call、Ret 等控制程序流跳转的指令	程序通常是顺序往下逐条指令执行的，而程序控制类指令是会改变程序流走向的指令，对应高级语言的 if、else、for、while 及程序调用及返回等。 　　没有依赖的循环体非常适合并行处理，GPU 就是基于这一原理来实现加速的。 　　条件跳转指令更多地展现出一种控制特性，一般来说如果程序条件跳转较多则说明它具有相当大的灵活性，不适合硬件加速。 　　程序频繁地调用和返回说明某个函数会被频繁访问，这个被调用的函数则具有加速的可能性。 　　总体而言，受控制类指令"控制"的程序块比较适合硬件加速	具有规律性的程序块适合硬件加速

续表

CPU 指令分类	指令示例	硬件加速特征分析	结论（是否适合硬件加速）
访存类指令	Load、Store 等访问内存数据的指令	现代处理器都带有非常庞大而复杂的多层缓存机制，内存访问的代价非常大。 如果能够利用局部性特征频繁访问某一片数据区域，则可以通过缓存"加速"内存访问；如果是大吞吐量的数据处理操作，则数据完全不具备局部性，这样的内存数据访问代价非常大。 不具有局部性的频繁数据访问非常适合硬件加速；具有局部性的数据访问频繁地从 CPU 核输入、输出，说明程序也进行计算密集型的处理，同样适合硬件加速	非常适合硬件加速
运算类指令	算数运算、位运算等指令	我们不考虑需要访存的运算类指令。通常在 RISC 架构下只有 Load、Store 等访存类指令可以访问内存，我们可以把 CISC 架构的访存运算类指令看作多条微指令。这里我们只分析完全在 CPU 内部的纯运算类指令。 如果流水线的运算类指令间没有依赖，则可以完全实现流水线多发射并行，CPU 的处理效率不低。如果流水线的运算类指令间有依赖，则 CPU 要么通过停顿来解决约束，性能差；要么通过复杂处理，花费很高的资源代价来提升性能。 由于运算类指令的问题在于指令的复杂度较低，因此适合把规律性可以循环或并行的程序块合并成一个宏指令的算法来硬件加速	非常适合硬件加速

总结而言，一个适合硬件加速的程序一般具有如下基本特征。

- 大批量的数据处理。
- 计算密集型。
- 具有很多次的循环处理。
- CPU 计算资源占用很大，计算成本高。
- 处理吞吐量、延迟等性能不满足系统要求。
- 业务规模足够大。

5.4.2　任务卸载是多系统协作

我们通过如下三个方面来理解任务卸载的多系统协作。

- 软硬件协作，既包括控制面和数据面的协作，也包括不同任务或子任务间的协作。
- 既可能是任务全部卸载，也可能是任务部分卸载。
- 任务卸载需要有一套通用的快速开发软硬件框架。

1. 任务卸载的软硬件协作

我们在 5.3.1 节介绍了任务卸载模型，在这里，以卸载任务的硬件处理部分为研究对象，分析整个任务硬件处理模块的各种交互。

如图 5.31 所示，假设任务由硬件处理的子任务 A 和软件处理的子任务 B 组成，则任务的硬件部分（子任务 A）通常需要如下四个方面的交互协作。

- 任务硬件部分的驱动程序：控制任务硬件处理部分的初始化和运行。
- 任务的软件部分（子任务 B）：和任务硬件部分协作，完成整个任务，两者之间需要数据交互。
- 任务的硬件部分跟其他硬件处理模块的接口：用于跟其他硬件处理模块的数据交互。
- 任务的软件接口：用于跟其他运行于软件的任务进行数据交互。

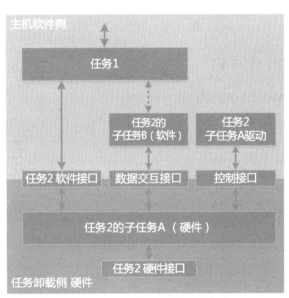

（a）部分卸载，任务的软件部分未卸载

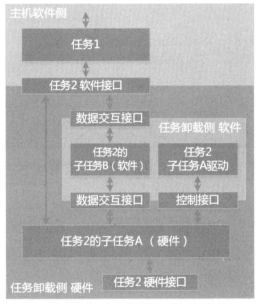

（b）全部卸载，任务的软件部分卸载到硬件中的嵌入式 CPU

图 5.31　任务卸载的交互协作及部分/全部卸载

2. 任务的部分或全部卸载

我们在 5.4.1 节分析了适合硬件加速程序的特征，但有些软件系统并不适合硬件加速。这样，待卸载的任务可能会分为两部分：适合硬件加速的部分和不适合硬件加速的部分。我们把适合加速的部分卸载到硬件，而把不适合加速的部分依然保持在主机软件，这样实现的卸载就是部分卸载。

如图 5.31（a）所示，任务卸载的相关软件包括任务硬件部分的驱动程序及任务的软件部分，它们依然运行在主机侧，这样实现的是任务的部分卸载。如图 5.31（b）所示，任务卸载的相关软件完全运行在硬件中的嵌入式 CPU 中，整个任务完全从一个系统移动到另一个系统，这样实现的是任务的完全卸载。

任务卸载根据卸载的程度分为如下三类。

- 任务数据面部分卸载，控制面不卸载。QAT 技术实现的 IPsec 卸载就是这种卸载，把计算量较大的加密和解密在硬件中完成，而把其他数据面的处理（如 SA 查找、封装、解封装等）依然是在软件中处理。
- 任务数据面全部卸载，控制面不卸载。vDPA 实现的 Virtio 虚拟化 I/O 卸载就是这种卸载，卸载数据面的处理，把控制面依然保留在软件中。
- 任务数据面和控制面完全卸载。Mellanox 基于 Bluefield 实现的 ASAP2 技术可实现这种卸载。

从部分卸载到完全卸载的典型案例是 Mellanox 的 ASAP2 技术实现的 OVS 卸载。如图 5.24 所示，软件通过 TC Flower Offload API 连接的 OVS 慢路径以及 OVS 控制相关软件跟 OVS 的硬件加速核心嵌入式交换机有关，与嵌入式交换机连接的多个 VF 则没有直接的联系。Mellanox 的 ConnectX 系列智能网卡由于没有内置的 CPU，因此 OVS 慢路径及 OVS 控制运行在主机侧，实现了 OVS 数据面的卸载；而其 Bluefield 系列智能网卡由于包含了 8～16 核的嵌入式 CPU ARM A72，因此基于 Bluefield 的 ASAP2 技术可以实现 OVS 慢路径及 OVS 控制完全运行在 Bluefield 内部（控制面卸载到嵌入式软件），达到整个 OVS 完全卸载的目的。

3. 任务卸载的软硬件框架

在任务卸载里，由于硬件加速模块与其他软件或硬件的数据及控制交互具有一定的通用性，因此我们可以把连接任务卸载硬件部分、任务卸载软件部分、其他硬件部分及主机侧软件部分的交互接口做成标准化的框架，复用于各种不同的卸载加速场景，以此来减轻任务卸载设计实现的工作量。此外，一致性的软硬件框架有有利于软硬件开发人员独立并行的完成各自的工作，提高开发效率。

如图 5.32 所示，我们以全部任务卸载为例，其卸载框架包含如下几个部分。

- 任务硬件部分的控制接口。因为具体控制面的驱动程序与特定的硬件加速模块相关，所以片内控制接口不涉及数据的交互，只是通过总线配置硬件加速模块。

- 任务硬件部分与任务软件部分的接口：通常意义上的软硬件接口，涉及两个部分之间数据的交互。
- 任务硬件部分与主机软件的接口：是通常意义上的软硬件接口。相比于任务软硬件部分的数据交互，任务硬件部分与主机软件的接口需要考虑一定的通用性，并且在接口驱动程序之上还需要有一层任务驱动程序。
- 任务硬件部分与其他硬件处理模块的接口，实现标准的硬件总线连接。

图 5.32 全部任务卸载框架

6

第6章
虚拟化硬件加速

在 3.4 节我们主要介绍了虚拟化，关注 CPU、内存及 I/O 设备的虚拟化（也可以认为是虚拟化的硬件加速）。本章在系统介绍虚拟化理论知识的基础上，聚焦网络和存储这两大类数据中心重要的虚拟化技术。虚拟化的硬件加速本质是要实现高性能的虚拟化硬件处理，而关键问题则是如何兼顾软件的灵活性和硬件的高效性。

本章介绍的主要内容如下。

- 基本概念。
- 虚拟化的硬件处理。
- 网络虚拟化处理。
- 存储虚拟化处理。
- 虚拟化硬件加速总结。

6.1 基本概念

抽象是一种封装，而虚拟化则是在抽象基础上的复制。虚拟化通过空间上的分割、时间上的分时及抽象模拟将一份或多份资源抽象成新的一份或多份资源。

6.1.1 软硬件中的抽象

抽象是计算机软硬件中非常重要的概念，下面通过抽象的定义、软件模块的抽象及硬件抽象层的介绍来比较全面地介绍抽象的含义。

1. 抽象的定义

抽象指的是在研究对象时去除物理、空间或时间的部分细节，集中注意力在关键细节上。John V. Guttag 对抽象的定义：抽象的本质是保留与上下文相关的信息，而忽略与上下文无关的信息。然而，抽象并不仅仅是简单的、原有重要细节的复制，而是在此基础上做了一层封装，使得抽象出的对象具有了一些新的特性。

抽象是一种非常强大的方法，广泛应用于计算机各个领域。

- 数据抽象：通过数据类型来实现实际工作中的数据抽象，在程序中使用独立的数据结构。
- 控制抽象：过程、函数、子程序的概念，代表了程序中控制流的具体实现。
- 类的抽象：使用继承把非抽象类通过识别通用行为变成抽象类的过程。
- 进程的抽象：进程分为接口和实现两部分，接口是进程的抽象。接口提供给其他进程调用，屏蔽实现细节。
- 计算机的抽象：通过指令集架构抽象 CPU、通过虚拟地址抽象内存、通过虚拟内存抽象外存等。
- 虚拟化：把整个计算机抽象并复制多份，呈现给上层客户机操作系统。

2. 软件模块的抽象

一个软件模块会有两面，客户看到的是服务的一面，而设计者看到的是内部结构的一面。软件模块提供的服务是基于内部结构的一个封装，是内部结构的一个抽象。

软件模块的抽象如图 6.1 所示。我们将客户看到的服务的一面称为模块的接口，将设计者看到的结构的一面称为模块的实现。模块抽象的原则是，客户不应该也不需要知道一个模块的具体实现就能够使用它，而设计者即使修改具体实现也不影响客户端的访问（接口不变）。

3.3.1 节介绍的网络分层也采用了抽象机制，每一层实现特定的功能，功能的具体实现封装在层的内部，对外通过抽象的接口提供服务。这样可以在后期继续丰富层的功能，并且优化功能的具体实现，同时不需要经常改变对外服务的接口。

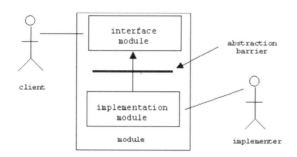

图 6.1　软件模块的抽象

3．硬件抽象层

硬件抽象层 HAL 是位于驱动程序和操作系统内核之间的一个薄层，它在底层硬件和操作系统上一层之间提供统一的接口，从而隐藏了具体的底层硬件与上一层之间的硬件差异。

HAL 在计算机系统中的位置如图 6.2 所示。HAL 的作用是消除硬件差异，为操作系统提供统一的"硬件"和操作系统，以及使应用层的代码可以用于所有硬件。所有同类型的硬件在操作系统上看起来都是一样的，因为硬件通过 HAL 的抽象之后，使得操作系统"看到"了接口标准的硬件。

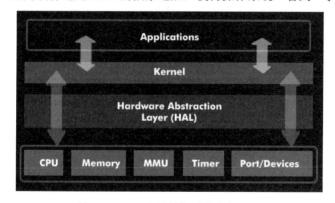

图 6.2　HAL 在计算机系统中的位置

在图 6.2 中，虽然 HAL 实现了 CPU、内存、MMU、定时器（Timer）、接口/设备（Port/Devices）的硬件抽象，但狭义的 HAL 通常只包含接口及设备的硬件抽象，CPU、内存、MMU、定时器等的硬件抽象通常集成在内核中，代表了内核对不同架构处理器的支持。

6.1.2　虚拟化抽象

抽象和虚拟化是两个密切相关的概念，我们可以通过虚拟化的概念，以及抽象和虚拟化的对比来理解虚拟化抽象。

1. 广义的虚拟化

我们通常讲的虚拟化一般特指计算机硬件的虚拟化。虚拟化使用软件或特殊硬件在计算机硬件上创建抽象层,该抽象层将计算机(包含处理器、内存、I/O 设备等)划分为多个虚拟机。每台虚拟机都运行自己的操作系统,表现得像一台独立的计算机一样。

广义虚拟化指的是创建某个对象虚拟(而非实际)版本的行为。广义的虚拟化概念存在于计算机领域的很多方面,相关示例如表 6.1 所示。

表 6.1　计算机领域虚拟化技术示例

类别	技术	说明
软件	应用程序虚拟化和工作区虚拟化	将应用程序与底层操作系统和其他应用程序隔离
	服务虚拟化	在基于异构组件的应用程序中模拟特定组件的行为,如 API 驱动的应用程序、基于云的应用程序和面向服务的架构
内存	内存虚拟化	将来自网络远程系统的内存聚合到本地的单个内存池中
	虚拟内存	给应用程序以一片连续的虚拟工作内存,将其与物理的内存隔离
存储	存储虚拟化	从物理存储抽象逻辑存储的过程
	分布式文件系统	通过网络共享的文件系统,允许远程多主机访问
	虚拟文件系统	特定类型的文件系统之上的抽象层,允许客户端应用程序以统一的方式访问各种不同类型的具体文件系统
	存储管理程序	管理存储虚拟化的软件,同时负责将物理存储资源组合到一个或多个灵活的逻辑存储池中
	虚拟磁盘	模拟磁盘或光盘驱动器的程序
数据	数据虚拟化	将数据的表示作为抽象层,独立于基础数据库系统、结构和存储
	数据库虚拟化	数据库层的解耦,位于应用程序堆栈的存储层和应用程序层之间
网络	网络虚拟化	在网络子网内或跨子网创建虚拟化的网络地址空间
	虚拟专用网(VPN)	用抽象层替代了网络中的物理连接线或其他物理媒介,允许通过 Internet 创建专有的网络连接

2. 虚拟化和抽象的区别与联系

抽象是对原有对象的封装,会产生一个新的对象,新的对象具有一些跟原有对象不一样的特性。例如,与物理计算机相比,虚拟机增加了快照、迁移、高可用等特性,这是抽象实现的新特性。而虚拟化可以看作一种复制。例如,虚拟化技术把单个物理的计算机虚拟化(或者说抽象后复制)成多个虚拟机。简而言之,虚拟化是在抽象基础上的复制,而抽象则是虚拟化的个例。

说明: 复制并不意味着所有虚拟化后的资源规格是一致的。例如,把物理的服务器虚拟成虚拟机,每台虚拟机的 CPU 核数和内存大小可以灵活配置。

在云计算领域，抽象及虚拟化的概念广泛存在。例如，通过虚拟化技术充分利用软硬件资源，给客户提供使用便捷且成本更加低廉的服务；利用策略的控制给客户提供相互隔离且功能强大的服务接口；屏蔽底层软硬件差异，给客户提供简单一致且可重用的接口；呈现为 IaaS、PaaS 及 SaaS 等不同分层的云计算产品服务矩阵，其中的每一个产品都实现非常复杂且强大的功能抽象，给客户提供简单致的访问接口，并且服务具有非常好的可扩展性，可以复制多份来支撑更上层的产品服务。

6.1.3　虚拟化模型

抽象和虚拟化的概念比较"抽象"，本节通过对虚拟化的数据模型、架构模型和模型实现的介绍，让读者加深对虚拟化在硬件实现方面的理解。

1. 虚拟化的数学模型

在计算机场景下，抽象和虚拟化的对象是各种各样的软硬件资源。虚拟化将下层的资源抽象成另一种形式的资源，供上层使用。虚拟化通过空间上的分割、时间上的分时共享及抽象模拟将一份或多份资源抽象成新的一份或多份资源。被抽象的资源可以是物理的，也可以是逻辑的。虚拟化可以是多层的，也可以是嵌套的。

抽象是虚拟化的基础，抽象用数学表达式可以表示为

$$y = \mathrm{FA}(x) \qquad\qquad 式 6.1$$

式中，FA（Function for Abstract）为抽象映射函数；x 为被抽象的资源；y 为抽象后的资源。

虚拟化则是在式 6.1 基础上的扩展，虚拟化的数学表达式为

$$(y_0, y_1, y_2, \ldots, y_{n-1}) = \mathrm{FV}(x_0, x_1, x_2, \ldots, x_{m-1}) \qquad\qquad 式 6.2$$

式中，FV（Function for Virtualization）为虚拟化映射函数；x_0 到 x_{m-1} 为原始资源，m 为原始资源数量；y_0 到 y_{n-1} 为虚拟资源，n 为虚拟资源数量。

我们可以拆分式 6.2 中的 FV，为每一个 y 建立一个与所有 x 相关的独立映射

$$y_j = \mathrm{FV}^j(x_0, x_1, x_2, \cdots, x_{m-1}) \qquad\qquad 式 6.3$$

式中，j 为虚拟化后的资源 y 的下标（$0 \leqslant j < n$）；FV^j 为 y_j 的虚拟化映射函数。

我们把式 6.3 中的 FV^j 拆分，可以得到每个 x 和每个 y 的虚拟化映射函数

$$y_j = \mathrm{FV}^j_i(x_i) = \mathrm{FA}^j_i(x_i) \qquad\qquad 式 6.4$$

式中，i 为原始资源 x 的下标（$0 \leqslant i < m$）；j 为虚拟资源 y 的下标（$0 \leqslant j < n$）；FV_i^j 为 x_i 到 y_j 的一一虚拟化映射函数；FA_i^j 为 x_i 到 y_j 的抽象映射函数。

原始资源跟虚拟资源之间的虚拟化映射可能是全相关的，也就是说，n 个虚拟资源中的每一个都跟所有 m 个原始资源有关系。并且，我们可以建立起如式 6.4 所示的原始资源和虚拟资源之间的一一虚拟化映射关系。

由式 6.4 可以看出，在两边都是单个资源的时候，其实 FV_i^j 就是 FA_i^j。也就是说，抽象就是单一资源到单一资源的虚拟化；同时说明，虚拟化是单一资源到单一资源的抽象映射的集合。

$$x = FA^{-1}(y) \qquad\qquad 式 6.5$$

在实际使用的时候，既需要下层到上层的映射，也需要上层到下层的映射。因此，在进行上层到下层的映射时，要使用式 6.5，即抽象函数的反函数 FA^{-1}。

2. 虚拟化的架构模型

在分层的系统里，下一层为上一层提供服务，虚拟化层则是插入两层之间新的一层。虚拟化层使用下一层提供的服务，同时代替下一层为上一层提供服务。

分层的虚拟化架构模型如图 6.3 所示，我们利用虚拟化层把 m 个原始资源虚拟成 n 个虚拟资源。虚拟资源会屏蔽很多原始资源的细节，保留原始资源的一些特性，同时会具有一些新的特性。

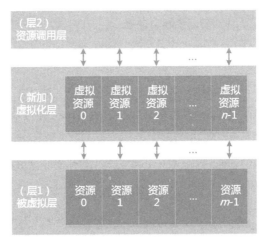

图 6.3　分层的虚拟化架构模型

在虚拟化层并不是直接看到实际的虚拟资源，而是只看到资源经过封装的接口，接口成为与资源交互的媒介。因此，在虚拟化层实现虚拟化是通过对接口的虚拟化处理来实现对资源虚拟化的。

为了更好地理解虚拟化架构，图 6.4 给出了虚拟化架构示例。图 6.4（a）为单个物理网卡虚拟化成四个虚拟网卡，虚拟化场景中就是通过软件实现这样的架构来呈现给虚拟机独立的网卡。图 6.4（b）为三个物理磁盘虚拟成五个虚拟磁盘，Linux 中的 LVM 就是通过这样的架构实现物理磁盘到逻辑磁盘的映射的。

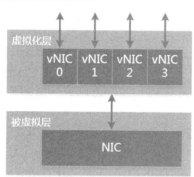 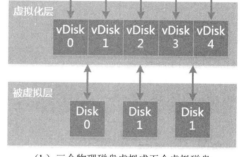

（a）单个物理网卡虚拟成四个虚拟网卡　　　（b）三个物理磁盘虚拟成五个虚拟磁盘

图 6.4　虚拟化架构示例

3. 虚拟化层模型的实现

本质上，虚拟化是对原有资源进行空间或时间的切分，具体阐述如下。

- 抽象是一对一的资源映射：没有资源的切分，只是资源经过封装后，抽象成了新的虚拟资源。例如，我们将一个特定的 I/O 设备通过 HAL 层封装成操作系统可以识别的标准的 I/O 设备。

- 时间上的分时共享：通过时间片的切分、分时共享来达到虚拟化的目的。例如，CPU 的虚拟化是通过在原生 CPU 的基础上引入非根模式及 vCPU 等属性封装，呈现给虚拟机操作系统"全新"的 CPU。vCPU 像线程一样，受宿主机操作系统的调度，分时共享物理的 CPU 核；但在虚拟机操作系统看来，vCPU 是一个完整运行的 CPU 核。

- 空间上的分割：通过把大的空间分割成小的空间，可以把原始资源封装成不同的新资源。例如，内存的虚拟化是通过把内存划分成固定大小的页，并通过 MMU 和 TLB 把页分配给不同的进程使用的。每个进程都拥有独立的内存地址空间，在一个 64 位地址的系统里，每个进程理论上都可以拥有 2^{64} 字节大小的内存空间。

因此，我们可以资源的粒度进行资源的一对一虚拟化映射；或者更进一步地在资源（时间或空间）切片的粒度下，进行资源切片的一对一映射。细粒度资源切片的映射可以让虚拟化实现更加均衡、灵活。

　　由于每一层的组件之间是通过接口交互的，因此也是通过接口来呈现虚拟化的。虚拟化层的内部实现示意图如图 6.5 所示，图中给出了原始资源接口和虚拟资源接口之间的一一映射关系，基于此映射关系实现的 FA 处理模块为通用的映射函数 FA（公式 6.4）处理，FA-1（公式 6.5）为 FA 的反运算。经过 FA 或 FA-1 处理后，再通过总线互连把具体的事务访问路由到对应的资源接口或虚拟资源接口。由于每个资源接口分为输入和输出两个方向的处理，因此有两套处理机制。

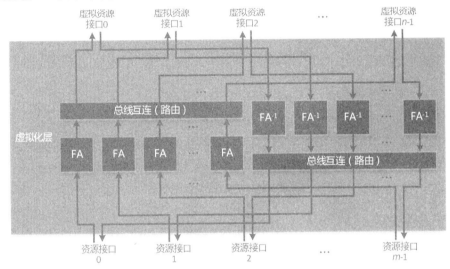

图 6.5　虚拟化层的内部实现示意图

6.1.4　虚拟化加速的必要性

　　这里以英特尔 CPU 平台为例进行介绍，该平台利用 VT-x 技术实现了 CPU 和内存的硬件（加速）虚拟化，利用 VT-d 及 PCIe SR-IOV 等技术实现了 I/O 接口的硬件（加速）虚拟化。而网络虚拟化（如部署在主机侧的 OVS）和存储虚拟化（如本地存储 LVM 和分布式存储 Ceph）则是云计算场景 CPU 资源消耗非常大的两类后台工作任务。

- 从 CPU 的角度来看，网络和存储的虚拟化都属于 I/O 类的处理。在添加了虚拟化层的处理堆栈里，每一次 I/O 事务访问都需要经过虚拟化映射处理，把对虚拟设备的事务访问转换成对物理设备的事务访问。因此，在不考虑其他因素影响的情况下，虚拟化处理的计算资源消耗跟 I/O 的带宽是完全正比的关系。

- 随着网络带宽从 10Gbit/s 升级到 25Gbit/s，为了获得更强的 PPS 性能，网络虚拟化工作任务占用的 CPU 资源已经挤占了很多本应该用于客户业务的 CPU 资源。网络带宽会逐渐升级到 100Gbit/s 甚至 200Gbit/s，而未来可预见的 CPU 性能提升却越来越有限。这意味着网络虚拟化处理所需要 CPU 核的数量几乎会随着网络带宽的增加线性增长。
- 存储也面临虚拟化情况下 CPU 资源占用问题，当我们把存储介质从磁盘更新到闪存，把接口从 SCSI 更新到 NVMe，存储虚拟化工作任务的 CPU 资源消耗也会随之显著增加。NVMe 面向多核场景，支持多队列机制及 PCIe，整个接口的 IOPS 超过百万级。

可以说，为了应对未来越来越大的带宽、延迟等性能要求下的虚拟化处理，虚拟化相关的工作任务不得不从主机软件卸载到硬件；与此同时，通过硬件加速优化效率和成本，减轻了主机 CPU 的压力，可以把主机 CPU 资源尽可能多地留给客户业务。

6.2　虚拟化的硬件处理

高性能的虚拟化硬件处理有三个决定性能的关键因素：流水线、虚拟化映射及缓存机制。虚拟化的硬件处理设计是权衡三个关键因素的具体设计并持续迭代优化的过程。

6.2.1　流水线处理

我们通过介绍如下三个典型案例来理解各种不同的流水线。

- 通用处理器流水线，指令流驱动。
- 网络包处理流水线，数据流驱动。
- GPU 流处理器组成的流水线，流水线嵌套。

1. 通用处理器流水线

在 3.1.1 节我们介绍了 RISC 经典 5 级流水线，下面以 RISC 经典 5 级流水线的输入和输出为例来分析整个流水线处理。

RISC 经典 5 级流水指令和数据访存示意图如图 6.6 所示。通用处理器是一个图灵完备、完全自动的机器，它主动去内存读取指令（用于控制）并执行，主动从内存读取数据（数据输入）并处理，最后主动把结果写回到内存（数据输出）。PC（Program Counter，程序计数器）为读取指令的地址指针，通用处理器内部有 GPR（General Purpose Register，通用寄存器）作为数据处理的暂存。

通用处理器的输入和输出模型如图 6.7 所示。如果我们分析通用处理器的输入和输出，则会发现通用处理器是一个由指令流驱动的机器，指令流驱动数据的输入和输出。S2M（Slave to Master）代表了指令或数据访问由通用处理器主动发起，返回的数据从外面输入；M2S（Master to Slave）代表了数据访问是由通用处理器主动发起，数据对外输出。

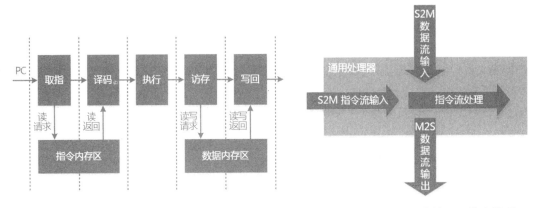

图 6.6　RISC 经典 5 级流水指令和数据访存示意图　　图 6.7　通用处理器的输入和输出模型

2. 网络包处理流水线

网络包处理流水线是典型的流式数据处理架构，包解析（Parser）、匹配（Match）、动作（Action）和包重组（De-parser）是经典的包处理流水线的四个阶段。

图 6.8 是简化的网络包处理流水线，当网络包输入的时候，先解析包头的信息，然后通过匹配动作表查询到具体的动作执行。在实际的包处理过程中，由于网络包不同的信息字段之间有依赖关系，因此需要多级的匹配-动作流水线阶段。

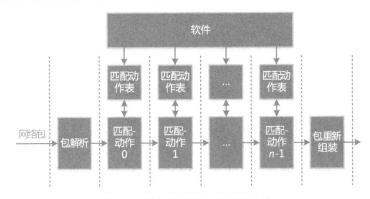

图 6.8　简化的网络包处理流水线

网络包处理流水线跟通用处理器流水线有如下不同点。

- 通用处理器输入的是指令流，靠指令流驱动数据处理；而网络包处理流水线输入的是数据流，靠数据流驱动数据处理。
- 通用处理器是图灵完备的机器，可以独立地执行处理；而网络包处理流水线则需要（运行于其他 CPU）软件的参与。
- 通用处理器采用的是主动执行的处理机制；而网络处理流水线采用的是被动执行的处理机制，由数据的输入驱动流水线运转。由于软件主动地更新匹配动作表，因此对网络处理流水线来说，控制流也是一个被动输入的过程。

网络包处理的输入和输出模型如图 6.9 所示。网络包处理由数据流驱动的，也就是说，数据流驱动整个流水线的处理及控制流的输入（当表项未命中的时候发中断给软件，由软件更新）。M2S 数据流的输入是内部被动接收的，M2S 数据流的输出是内部主动输出的，M2S 控制流输入则是软件更新表项的过程。

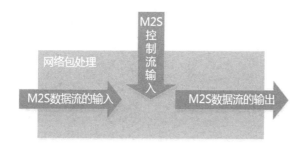

图 6.9　网络包处理的输入和输出模型

3. GPU 流处理器组成的流水线

流处理器（Stream Processor，SP）是 GPU 的基本处理单元，本质上是简单的通用处理器核。不同于单核性能强大的 x86 通用处理器把大部分晶体管资源用于各种类型的缓存，流处理器把大部分晶体管资源用于实现更多的计算处理。如果处理的是没有关联的并行程序，那么流处理器"小核众核"实现的整体性能远高于通用处理器"大核少核"实现的整体性能。

GPU 流处理的数据流水线如图 6.10 所示。如今，GPU 可以支持由流处理器组成流水线的数据处理，每个流处理器相当于传统流水线的一个阶段。由于 GPU 内部具有非常多的流处理器，因此在流水线的每个阶段也都可以非常方便地并行很多流处理器来进行处理。阶段和阶段之间的交互采用经典的生产者消费者模型的交互机制，通过共享的数据缓存队列来传递数据。另外，每个 GPU 流处理器类似通用处理器的流水线，因此也可以把 GPU 流处理器组成的流水线当作流水线的嵌套。

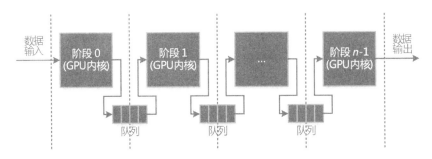

图 6.10　GPU 流处理的数据流水线

GPU 流处理的流水线输入和输出模型如图 6.11 所示 GPU 是由多个流处理器组成的自动机器，它的数据输入、输出及中间结果的缓冲都是通过共享的内存来完成的。每一个流处理器的程序都是由流处理器主动读入的。GPU 流处理每个阶段都是通用处理器流水线，是靠指令流驱动的；而从全局角度看，整个 GPU 流处理是靠数据流来驱动的。

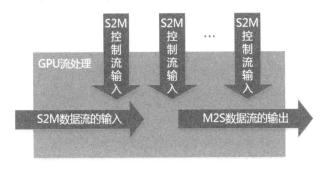

图 6.11　GPU 流处理的流水线输入和输出模型

4. 虚拟化流水线总结

我们介绍了三种典型的流水线：通用处理器流水线，靠指令流驱动，具有最高的灵活度；网络包处理流水线，靠数据流驱动，适用于大吞吐量场景，具有相对最高的处理性能和相对最低的灵活度；GPU 流处理器组成的流水线，依靠多处理器实现并行性，具有折中的性能和灵活度。

虚拟化完成一个资源到另一个虚拟资源，或者一个资源切片到另一个虚拟资源切片的抽象函数映射。在虚拟化的处理过程中，PPS（Processes Per Second）是关键的性能参数。随着 I/O 处理性能要求进一步提高，虚拟化的处理不得不选择硬件加速，同时需要采用数据流驱动的流水线架构，以提供尽可能强的虚拟化处理性能。

6.2.2　虚拟化映射

虚拟化映射有两种实现方式：函数映射和键值（Key-Value）映射。下面我们通过 MMU 内存管理及 NVMe 控制器 FTL 的案例来理解映射的多种实现机制。

1. 函数映射和键值映射

函数映射和键值映射如图 6.12 所示，图中 y 为虚拟资源或资源切片，x 为原始资源或资源切片，y 和 x 是一一对应的关系。

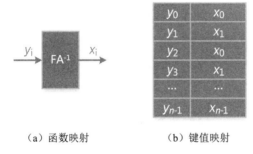

（a）函数映射　　　　　（b）键值映射

图 6.12　函数映射和键值映射

负载均衡服务是函数映射的一个典型场景。负载均衡可以理解成若干台后台服务器虚拟成一台强大的服务器来服务前台访问。前台访问转发到后台服务器可以当作虚拟资源到原始资源的虚拟化映射的反函数。常见的负载均衡算法有轮训法、随机法、哈希法等。如果我们要进行负载均衡算法加速，那么在设计硬件负载均衡处理引擎的时候，可以把虚拟化映射反函数（即负载均衡算法）做到硬件里，由硬件直接计算虚拟资源和原始资源之间的映射。当后台服务器有变更时，我们也可以把相关的变更更新到硬件虚拟化处理的配置中去。

键值映射是一种把数据处理和映射管理分离的做法：虚拟资源到原始资源的映射逆函数由软件算法完成，并更新映射表的键值对；虚拟化处理则由硬件访问映射表获取相应的键值对，并完成事务从虚拟资源到原始资源的转换。例如，在 OVS 场景中，流表项包含从虚拟网络 ID 及虚拟目标 IP 地址到实际目标 IP 地址之间的映射关系，内核的 OVS 数据路径负责网络包的解析、匹配动作和重新封装。

2. 内存的虚拟化映射

MMU 的作用是实现 VA 到 PA 的转换，每一次 CPU 对外部的事务访问，都需要由 MMU 进行地址转换，这使得 MMU 成为决定 CPU 访问存储和 I/O 性能的关键。

MMU 4 级 VA 到 PA 地址转换如图 6.13 所示。在 64 位 CPU 中，为了减少页表的数量，MMU 通常把 64 位地址进行 4 级页表转换。由于页表也保存在内存中，因此对一个内存地址的访问需要五次访问，代价非常大。

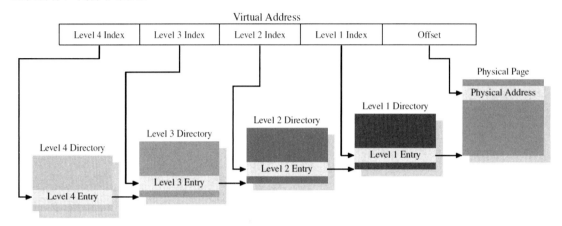

图 6.13　MMU 4 级 VA 到 PA 地址转换

TLB 是 MMU 地址映射结果的缓存，是一个按内容查找的表。TLB 的每一项保存的是单个 VA 到 PA 的键值对。在每一次新的内存页 VA 到 PA 的转换完成后，转换结果都会保存在 TLB 中，供下次快速访问。

3. 块存储的虚拟化映射

在 NVMe 控制器里，通常有一个 FTL（Flash Translation Layer），它的主要功能是接口适配、坏块管理、逻辑地址到物理地址的映射、磨损均衡、垃圾收集及抑制写放大等。其中，核心的功能是完成逻辑地址到物理地址的映射。

FTL 使用块映射，映射过于粗糙，会导致大量的数据迁移，效率低，并且会缩短 SSD 的使用寿命。如果使用页映射，则页映射表会非常庞大，有非常多不必要的浪费，因此通常的 FTL 采用块页混合式映射。

FTL 的块页混合映射如图 6.14 所示，映射操作分成如下两级。

- 第一级是数据日志，所有数据先写入日志，当日志写满之后，再将日志中的数据合并至数据块。
- 第二级是数据块，用来存放从日志合并过来的数据。

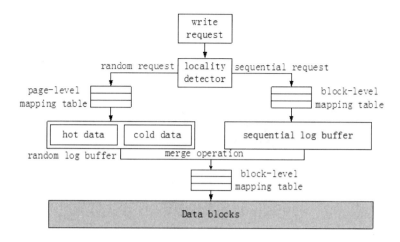

图 6.14　FTL 的块页混合映射

由于数据日志数量有限,因此可以采用页映射;由于数据块存储容量比较大,因此可采用块映射。块页混合映射可以很好地平衡闪存使用和映射效率之间的关系。

FTL 的功能非常强大,为上层软件系统屏蔽了内部地址映射等实现细节,同时提供了标准的访问接口,从存储盘控制器的角度来看,这些功能非常有意义。但是从更系统的层面来看,FTL 会有一些问题。如图 6.15 所示,以 RocksDB 为例,在整个系统的堆栈中,应用层、文件系统层及控制器内部 FTL 层都有一套自己的类似 FTL 管理的功能层。对于这样的设计,传统 HDD 的场景还可以接受,但是在高速的 NVM 场景中,复杂的系统堆栈导致的延迟反倒成为性能的瓶颈。

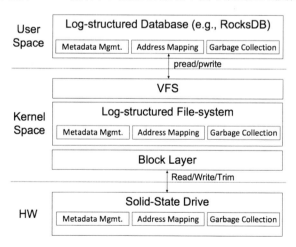

图 6.15　以 RocksDB 为例的存储系统栈

对于如图 6.15 所示系统存在的问题，合理的做法是合并简化这些层功能相似的堆栈，基于此，开放通道（Open Channel）机制的 NVM 设备应运而生。开放通道 SSD 将 SSD 的内部并行性开放给主机，并允许主机对其进行管理，这使得开放通道 SSD 可以为主机提供如下三个方面的价值。

- I/O 隔离。根据 NVM 颗粒的特性，I/O 隔离提供了一种将 SSD 的容量划分为多个 I/O 通道的方法，这使得开放通道 SSD 可以很方便地用于多租户应用中。
- 可预测的延迟。主机控制何时、何地、以何种方法将 I/O 提交给 SSD，可以实现可预测确定的延迟。
- 软件定义的 NVM。通过将 FTL 集成到主机，减少了转换层的同时可以结合应用场景特点，优化工作负载。

4. 虚拟化映射总结

如果映射比较简单，并且映射关系不经常变化，那么基于函数的映射则是一个更好的选择。基于函数的映射直接实现在硬件里，具有相对简单的实现以及相对更优的性能。而一个大规模虚拟化系统的映射机制会比较复杂，原始资源和虚拟资源都可能会动态地变化，它们之间的映射会经常更新，甚至映射算法也会经常更新，因此大规模的虚拟化映射通常实现为映射表：把映射表做到硬件里，由软件负责映射表的计算和管理，硬件通过查表来完成虚拟化映射处理。通过键值映射机制分离了虚拟化映射管理和具体的虚拟化处理，可以实现更加灵活、复杂的虚拟化。

多级键值映射是在函数映射和单级键值映射之间的折中，这样不需要太过频繁的软件参与就能提供灵活性很高的虚拟化映射，多级键值映射还能大幅度减少映射表项的整体规模。多级键值映射的代价是，每次映射都需要多次查表及处理，效率较低。单级键值映射是最高效的选择，但单级键值映射的映射表项较多，不适合全量实现，只能通过缓存机制实现，这样挑战就变成了如何快速更新缓存表项及如何提高缓存命中率。

多个原始资源虚拟化成多个虚拟资源，最终会分解成单个原始资源或原始资源切片抽象成的单个虚拟化资源或虚拟化资源切片。但如何切分则需要进行权衡：切分太大，灵活性不够，达不到虚拟化所需要的效果；切分太小，映射函数复杂度会非常高，映射表的规模会非常大，每次映射所需要的代价也会更加的高昂。

基于键值对的映射是简洁高效的软硬件交互机制，也是大规模虚拟化映射的核心点。我们可以根据具体的应用场景，灵活使用单级和多级键值映射。对软件层开放键值映射接口，利用高效、可扩展、动态更新的映射算法来提升虚拟化的灵活性。利用键值映射机制把灵活的映射算法交给软件，把高效的数据处理交给硬件，软件和硬件协作完成虚拟化处理任务，实现硬件高效和软件灵活的统一。

6.2.3 缓存机制

缓存机制是硬件设计中的关键点，也是"难点"，它设计的好坏对系统性能的影响非常大。本节从主动式缓存、被动式缓存快路径、慢路径等方面概要地介绍缓存机制的实现方式。

1. 主动式缓存和被动式缓存

在计算机的体系结构中，存在着大量的各类缓存实现，缓存是高速处理实现的性能关键。缓存机制的依据是局部性原理，如何减少缓存未命中并快速更新缓存，实现高效的缓存处理，需要综合考虑各种因素，权衡之后再迭代调优。

CPU 的主动缓存如图 6.16（a）所示。CPU 是一个完全主动的机器，当 CPU 访问缓存未命中时，缓存会主动去内存读取数据，然后更新相应位置的缓存内容，同时把 CPU 的访问结果返回。网络包处理的被动式映射表缓存如图 6.16（b）所示。通常网络包处理引擎的映射表则由软件更新，映射表作为网络包处理的控制"命令"缓存，当处理未命中的时候，硬件发中断给 CPU，由 CPU 上运行的软件来更新表项到映射表中。

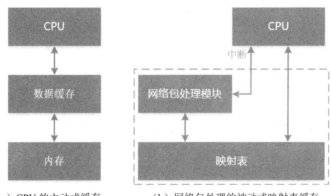

（a）CPU 的主动式缓存 　　　（b）网络包处理的被动式映射表缓存

图 6.16　主动式缓存和被动式缓存的示意图

2. 快路径和慢路径

在 CPU 对内存或 I/O 的读写事务场景中，如果缓存未命中，因为缓存更新存在延迟，那么可能会有多个事务在缓存中等待，缓存更新之后再处理事务。但在网络包的高速处理场景中，数据量非常大，在映射表缓存未命中、缓存更新的过程中，待处理的数据量可能会非常巨大，相应的网络包并不适合暂存在网络包处理引擎内部，而是直接转发到软件，后续的网络包能够全速处理。网络包缓存命中，整个数据路径完全在硬件中处理，这样的数据路径称为快路径（Fast Path）；网络包缓存未命中，需要把网络包转发到软件处理，这样的数据路径称为慢路径（Slow Path）。

软件 OVS 的快路径和慢路径如图 6.17（a）所示。在 OVS 内核态 datapath 模块的流表缓存中，某个网络流的第一个包会未命中，然后 datapath 模块会将该包转发到用户态 vswitchd 模块中处理，此为软件 OVS 的慢路径；OVS 用户态 vswitchd 模块随后将此网络流相关包的转发规则下载到内核转发表中，下次该网络流就会直接在内核态 datapath 模块中处理，此为软件 OVS 的快路径。

随着网络处理带宽的日益增大，基于软件的 OVS 处理消耗越来越多的资源，因此有一些厂商推出了硬件加速的 OVS 处理。硬件加速 OVS 的快路径和慢路径如图 6.17（b）所示。硬件加速 OVS 处理相当于把软件 OVS 的一级缓存变成两级缓存，如果网络流的第一个包在硬件处理的流表缓存中未命中，则把包送到内核态 datapath 模块中；如果内核态 datapath 模块的流表缓存中存在此表项，则由内核态 datapath 模块处理，处理完成后需要把规则下发到硬件；如果内核态 datapath 模块流表缓存也未命中，则需要把网络流的第一个包送到用户态 vswitchd 模块处理。这样的三级处理路径称为多级快慢路径。

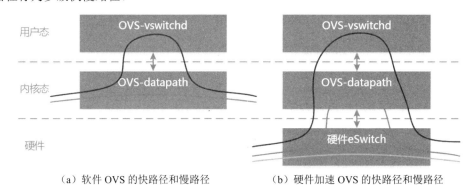

（a）软件 OVS 的快路径和慢路径　　　　　（b）硬件加速 OVS 的快路径和慢路径

图 6.17　OVS 的快路径和慢路径

3. 慢路径的设计权衡

网络包处理的快路径帮慢路径的设计具有如下特点。

- 网络包处理的缓存更新是被动式的，由软件更新缓存，更新延迟大、性能弱；优点是缓存机制硬件实现简单，把复杂度和灵活性交给软件。
- 网络包在缓存未命中后，把网络包送到下一级缓存（我们约定，靠近硬件处理的缓冲为上级，为快路径；远离硬件处理的缓冲为下级，为慢路径），形成了快路径和慢路径。这种设计非常适合大吞吐量的流式数据处理，不堵塞流水线。

缓存机制是虚拟化设计的关键，影响到整个虚拟化处理的性能。应根据不同应用场景，合理地选择缓存类型，确定缓存大小及评估缓存更新频率，综合地考虑缓存机制的迭代设计，具体介绍如下。

- 基于任务卸载框架。任务卸载框架定义了成熟的软件和硬件交互机制，在此基础上，完成数据面的硬件加速，以及控制面的软件映射算法和更新机制。基于任务卸载框架，数据路径卸载到硬件，控制路径保留在主机侧，两者通过跨系统域的总线连接，只实现一级缓存，并且缓存由软件更新。
- 集成嵌入式 CPU。在任务卸载框架实现的基础上，可以集成嵌入式 CPU，共享同一内存空间，不需要跨系统域进行数据交互，软硬件交互更简单，延迟更小。
- 多级缓存机制。为了更好地支持上层业务的复杂度，虚拟化映射的表项数量会非常庞大，因此可以在片上缓存、DDR 内存及上层软件之间形成多级的缓存机制。
- 主动的缓存更新机制。当有了多级的缓存之后，可以实现主动的硬件缓存更新机制，硬件缓存主动去下一级缓存更新表项。
- 无慢路径设计。综合考量主动的缓存更新延迟、数据处理吞吐量及数据缓冲区的大小等因素，优化掉慢路径机制，不把事务送到软件，可以进一步提升综合处理性能。

上述的迭代主要从性能优化角度考虑，而没有考虑具体不同应用场景多方面因素的影响。因此并不意味着后面的迭代设计一定比前面的迭代设计更合理，实际情况需要综合判断。

6.2.4　通用虚拟化流水线

我们通过对流水线、虚拟化映射及缓存机制的各种设计进行分析总结，整理出一个相对通用的虚拟化流水线模型，如图 6.18 所示。

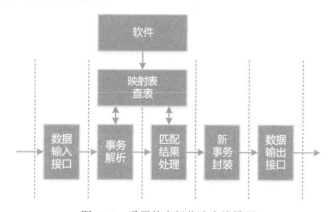

图 6.18　通用的虚拟化流水线模型

通用的虚拟化流水线大约有五个处理阶段，包括如下处理组件。

- 数据输入接口：跟外部交互的接口，负责数据的输入及输入数据缓冲等。
- 事务解析：以单个事务为单位进行处理，负责事务译码、元数据提取、元数据及控制信息翻译等。在事务解析阶段发送查表访问。

- 映射表查表：根据输入的键值查询匹配项，把结果反馈到匹配结果处理阶段，如果未命中，则产生中断请求软件服务。
- 软件：负责映射表的更新和维护。
- 匹配结果处理：根据查询结果更新元数据信息。
- 新事务封装：重新封装新的事务。
- 数据输出接口：数据输出缓冲、数据的输出接口，负责数据的输出交互。

6.3 网络虚拟化处理

网络虚拟化基于网络包处理流水线实现，常见的网络包处理流水线有三种：定制的流水线、可软件编程的流水线及基于 FPGA 实现的硬件可编程流水线。

6.3.1 包处理用于网络虚拟化

网络包处理机制可以用来处理各种不同的网络协议，特别是一些可软件编程处理引擎，使得增加新的网络协议处理更加灵活简单。通用的网络包处理机制也适用于网络虚拟化 VLAN 和 VxLAN 的处理。

1. 虚拟网络和狭义的网络虚拟化

网络虚拟化通常指利用 VLAN、VxLAN、NVGRE 等虚拟网络相关的协议，在一个大的物理网络的基础上灵活构建不同的虚拟网络域，也可以通过一定的机制实现在不同虚拟网络域间的跨域访问。虚拟网络并不是在初始构建配置完成的那一刻就消失了，而是在网络运行过程中，每条流、每个包都需要经过虚拟网络协议的处理。随着网络带宽的持续增加，为了优化虚拟网络的性能及 CPU 资源消耗，势必需要通过硬件加速的方式来实现更高性能的虚拟网络处理。

虚拟网络基于物理网络实现。VxLAN Tx 项虚拟化映射如图 6.19 所示。VxLAN 核心的处理是以 VNID 和内部目标地址为关键字，在查找表中查询到对应的外部目标地址；而内部目标地址和外部目标地址的映射关系处理则交给软件完成。这样可以实现跟现有的软件虚拟网络系统兼容，支持更加动态且灵活的虚拟网络设计，实现硬件的高效和软件的灵活兼顾。

图 6.19　VxLAN Tx 项虚拟化映射

2. 广义的网络虚拟化

除了虚拟网络场景，还有一些网络场景具有虚拟化的特征。例如，负载均衡，通过把数量众多的后端服务器虚拟成一台功能强大的服务器来提供服务。又如，NAT，内网服务器可以通过一个公网 IP 访问互联网，站在内网服务器的角度，这可以看作把一个公网访问 IP 虚拟化成了多个公网访问 IP。

更广泛来看，网络是分层的体系，每一层都从下一层的接口获取服务，以实现本层的功能，同时把本层的功能封装成新的接口，通过该接口提供服务给上一层。站在整个网络系统的角度，网络的每一层都可以看作一层虚拟化封装，为上一层提供新的服务接口。

硬件实现的网络包处理架构可以支持很多不同类型的网络协议，特别是数据面可编程的网络包处理架构，它不需要预先把可能要支持的协议都实现，只需要根据自己的场景需要编程实现特定的若干个协议。数据面可编程的网络包处理可以非常方便地支持特定场景应用，实现高效的网络虚拟化硬件加速处理。

6.3.2　定制的网络包处理

传统 ASIC 实现的定制网络协议处理流水线在设计的开始，需要确定场景及支持的协议，理论上可以实现相对最强的网络包处理性能。

图 6.20 是定制的网络包处理流水线示例，该流水线每个阶段都实现固定的功能，支持的是特定协议的处理，若需要更新协议则需要重新设计新的芯片，因此对新协议的支持非常困难。

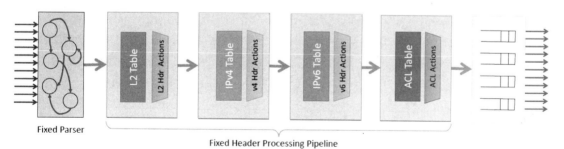

图 6.20　定制的协议网络包处理流水线示例

如图 6.21 所示，IETF（Internet Engineering Task Force，互联网工程任务组）的 RFC（Request For Comments，请求意见稿，即网络协议）数量一直呈爆炸式增长，应用于各种新型网络场景的新协议层出不穷。但是，传统的网络处理芯片都采用封闭的、特定的设计，用于特定协议处理，想要增加新的协议非常困难，并且对新协议的支持受到不同供应商的约束。定制的网络处理芯片对新协议的支持不足且缺乏有效的灵活性，这使得在网络系统中增加新的功能非常困难，限制了客户的网络创新能力。

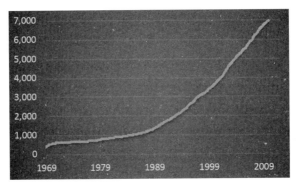

图 6.21　IETF RFC 的数量增长

6.3.3　ASIC 软件可编程包处理

本节通过数据面编程的网络包处理流水线、可重配置的匹配表模型及映射处理程序到包处理流水线三个方面介绍 ASIC 软件可编程包处理。

1. 数据面编程的网络包处理流水线

Nick McKeown 在 ONF Connect 2019 演讲中定义了 SDN 的三个发展阶段，具体如下。

- 第一个阶段（2010—2020 年）：通过 OpenFlow 将控制面和数据面分离，用户可以通过集中的控制端控制每个交换机的行为。
- 第二个阶段（2015—2025 年）：通过 P4 编程语言及可编程 FPGA（或 ASIC）实现数据面可编程，在包处理流水线中加入一个新协议的支持，开发周期从数年减至数周。
- 第三个阶段（2020—2030 年）：展望未来，网卡、交换机及协议栈均可编程，整个网络成为一个可编程平台。

从 SDN 的三个发展阶段可以看出，未来不管是交换机侧还是网卡侧，均需要实现类似 CPU 通用程序设计的完全可编程的网络处理引擎，并且要基于此引擎实现一整套的软件堆栈，把一个完全可编程的网络交给用户，支撑用户更快速地进行网络创新。

PISA 的数据面可编程网络包处理流水线如图 6.22 所示。PISA（Protocol Independent Switch Architecture，协议无关的交换架构）是一种支持 P4 数据面可编程包处理的流水线引擎架构，通过可编程的解析器、多阶段可编程的匹配动作及可编程的逆解析器组成的流水线来实现数据面的编程，这样，通过编写 P4 程序并将其下载到处理器流水线，可以非常方便地支持新协议的处理。

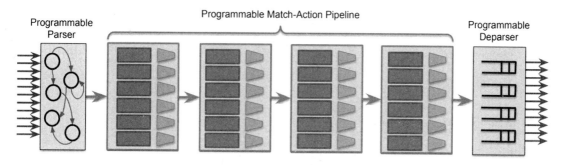

图 6.22　PISA 的数据面可编程网络包处理流水线

2. 可重配置的匹配表模型

可重配置的匹配表（Re-Configurable Match-Action Tables，RMT）模型是一种基于 RISC 用于网络包处理的流水线架构。RMT 允许自定义任意数量的包头和包头序列，通过自定义大小的匹配表对字段进行任意匹配，对数据包包头字段进行自定义写入，对数据包的状态进行更新。RMT 允许在不更改硬件的情况下在现场更改网络数据面。PISA 从 RMT 模型中获得了很多的设计灵感。

图 6.23 是匹配动作的架构。包处理流水线每个匹配阶段都允许配置匹配表的大小。例如，IP 转发可能需要一个 256K 32 位前缀的匹配表；输入选择器选择要匹配的字段；数据包修改使用 VLIW（Very Long Instruction Word，超长指令字，一种比较特殊的 CPU 架构实现）架构的 ALU 动作单元，该指令字可以同时对包头向量中的所有字段进行操作。

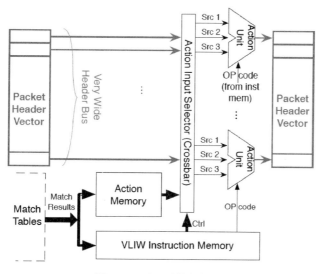

图 6.23　匹配动作的架构

RMT 定义了一个可编程的解析器,其模型如图 6.24 所示。可编程的解析器输入的是数据包数据,输出 4K 位的数据包头向量。输入的包头数据和解析状态信息不断地送到 TCAM 查询,TCAM 查询会触发动作,这个动作会更新状态机并把结果送到字段提取处理,提取出的字段组成数据包头向量输出。

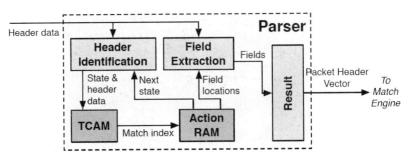

图 6.24　可编程的解析器模型

3. 映射处理程序到包处理流水线

当实现了完全可编程的流水线之后,在 P4 工具链的支持下就可以通过 P4 编程的方式来实现自定义的流水线,以此来达到对自定义协议支持的目的。

基于 PISA 流水线的数据包处理示例如图 6.25 所示,P4 定义的 Parser 程序会被映射到可编程的解析器,数据、包头定义、表及控制流都会被映射到多个匹配动作阶段。图 6.25 中把 L2 处理、IPv4 处理、IPv6 处理及访问控制处理分别映射到不同的匹配动作处理单元进行串行或并行处理,以此来实现完整支持各种协议的网络包处理。

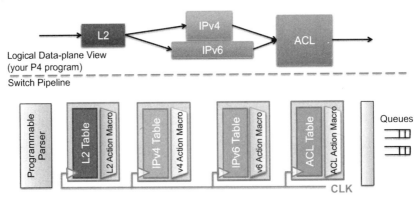

图 6.25　基于 PISA 流水线的数据包处理示例

6.3.4　FPGA 硬件可编程包处理

Xilinx 在 2014 年推出了 SDNet（Software Defined Specification Environment for Networking，软件定义网络规范环境）解决方案，将可编程能力和智能化功能从控制面扩展至数据面。SDNet 支持可编程数据层功能设计，其功能规范可自动编译到赛灵思的 FPGA 和 SoC 中。

Xilinx SDNet 解决方案及开发环境如图 6.26 所示。Xilinx 的 SDNet 可以通过编程实现数据面代码的自动生成，支持从简单的数据包分类到复杂的数据包编辑的各种数据包处理功能。SDNet 支持 P4 编程，可以通过编写标准的 P4 程序来实现 SDNet 的包处理。

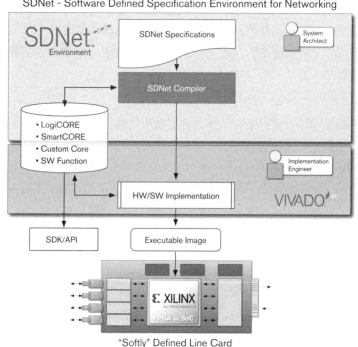

图 6.26　Xilinx SDNet 解决方案及开发环境

SDNet 是充分利用 FPGA 器件硬件可编程来实现包处理灵活性的，通过 P4 实现功能灵活且特定的包处理规则，通过 SDNet 编译器把 P4 程序转换成特定的 RTL 代码，能过自动化的 FPGA 流程处理把生成的镜像更新到 FPGA 中。而从设计架构的角度来看，SDNet 的实现机制仍属于定制的网络包处理流水线，其解析器、编辑器及查找动作等处理都是针对特定包的处理，支持的网络协议是特定的（标准的或用户自定义的）。

SDNet 基于模块化设计，包括各种不同类型的引擎及引擎之间的连接接口。这些引擎通过与数据包和元组通信可以实现更大的系统行为，执行模型是被动的，基于 SDNet 数据流模型，当所有输入到达时触发引擎工作。输入可以是数据包及相应作为元组通信的元数据。

SDNet 数据流模型有如下端口。

- 数据包端口。数据包端口是主要的 SDNet 接口，负责在引擎之间，以及引擎与外部环境之间传递数据包。
- 元组端口。元组端口是辅助的 SDNet 接口，负责引擎之间，以及引擎与外部环境之间传递与数据包相关的元数据。
- 访问端口。SDNet 中的访问端口由编译器在后台连接，并在同步数据流模型中进行了说明。SDNet 规范并未明确实例化或连接访问端口，这些端口由编译器自动连接。
- 自定义格式端口。SDNet 中的自定义格式端口用作上述三种端口无法涵盖的、与用户引擎之间的通信接口。

SDNet 基于分层的系统构建，包含各种不同类型的引擎，具体介绍如下。

- 解析引擎：用于读取和解码数据包头，并提取所需的信息用于分类或数据包修改。解析引擎只能读取数据包而不能修改它们。解析引擎可以对从数据包提取的数据进行计算，并将数据作为输出元组传输。
- 编辑引擎：用于处理数据包。编辑引擎无法直接从总线读取数据包，但可以写入数据包路径，用于插入、替换或移除数据包，以从分组中插入、替换或删除数据。
- 元组引擎：主要用于处理元组并基于元组数据计算新的元组信息，这些元组数据可能由外部或其他引擎输出的数据包或数据确定。
- 查找引擎：实现对各种不同类型表的搜索。SDNet 包含一个具有四种查找引擎类型的小型库，分别为 EM（Exact Match，完全匹配）、LPM（Longest Prefix Match，最长前缀匹配）、TCAM（Ternary Content Addressable Memory，三态按内容寻址内存）和 RAM（直接地址查找）。
- 用户引擎：允许用户将自定义 IP 内核导入 SDNet 规范，以利用 SDNet 框架进行数据平面构建和系统仿真。在 SDNet 中，用户引擎只定义引擎的接口，不定义引擎的行为。用户引擎必须符合 SDNet 数据流模型的同步数据流行为。
- 系统。在 SDNet 模型中，系统被视为一种引擎。系统根据引擎的匹配端口类型将引擎连接在一起。系统只能包含一个数据包输入端口和一个数据包输出端口。系统只允许元组输出，不允许元组输入。系统还可以具有用于连接子系统或用户引擎的自定义端口。子系统是在父 SDNet 系统中例化的另一个 SDNet 系统。

6.3.5　案例：Mellanox FlexFlow

高性能的以太网交换机是现代数据中心的网络核心，不断变化的虚拟化和能自我修复的网络架构都要求交换机具有动态的编程功能。Mellanox 的 FlexFlow 使得交换机支持用户自定义功能，FlexFlow 具有非常强的可编程能力及非常好的灵活性，支持大规模并行数据包处理及完全共享的有状态转发数据库。

传统交换机的包处理流水线和 FlexFlow 的包处理流水线如图 6.27 所示，二者比较如下。

- 传统交换机的包处理流水线具有严格的流水线功能约束；而 FlexFlow 的包处理流水线具有可编程的解析器、编辑器及可编程的流水线。
- 传统交换机的包处理流水线所有流量的处理是串行的；而 FlexFlow 的包处理流水线支持大量的并行以确保最大吞吐量。
- 由于流量是串行处理的，因此传统交换机的包处理流水线具有很高的延迟；而 FlexFlow 的包处理流水线针对每个流进行优化，可实现保更低的延迟。
- 传统交换机的包处理流水线采用分散的查找表资源，具有较差的扩展性及较高的功耗；而 FlexFlow 的包处理流水线共享查找表资源，具有较好的扩展性及较低的功耗。

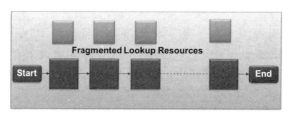

（a）传统交换机的包处理流水线

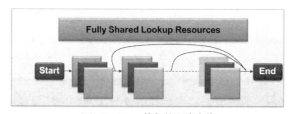

（b）FlexFlow 的包处理流水线

图 6.27　传统交换机的包处理流水线和 FlexFlow 的包处理流水线

FlexFlow 具有如下典型特征。

- 深度的包解析。解析器是数据包处理流水线的第一个阶段，该阶段负责将输入的数据翻译成有意义的数据包头字段,这些字段会用于转发、策略实施和 QoS。FlexFlow 支持可编程的数据包处理,可以解析多达 512B 的数据包。在实现了更大的解析深度和自定义支持的数据包格式的情况下,数据包处理流水线可以支持更丰富的隧道传输,更先进的遥测,还可以支持新的网络协议。

- 灵活的特定于流的查找表。FlexFlow 可编程流水线可以定义查找表数量,能够以流为单位配置查找关键字。查找动作包括标准的转发、策略行为及指向下一个查找表的指针。我们可以流粒度定义表的数量、查找的序列、匹配关键字和查找动作。基于流粒度的查找序列,数据包处理可以多次访问同一张表,FlexFlow 可以在固定的物理网络拓扑中实现灵活多变的网络抽象。

- 功能强大的隧道。灵活的数据包编辑引擎通过编程添加、修改和删除多层数据包头。FlexFlow 支持可编程的封装和解封装、IPv4 选项、IPv6 扩展及多种 Overlay 协议。FlexFlow 为隧道和 Overlay 技术提供了很好地支持,这些技术是未来几年网络虚拟化的基础。

- 完全共享的查找表。传统交换机使用碎片化的转发表,这些转发表硬连线到特定的流水线阶段。用于流水线阶段的表资源和查找表大小都是预先定义好的。在某个特定流水线阶段中的表资源可能存在浪费。FlexFlow 可以实现高效的表共享,提供几乎不限查找表大小的设定,这使得基于 FlexFlow 的交换机可以支持当前及未来网络协议所需的所有数据包转换。

- 综合遥测。FlexFlow 流水线使用灵活有状态的流水线阶段,以编程的方式提取元数据,并提供实时遥测。随着数据中心网络复杂性日益增大,FlexFlow 提供了完全集成的遥测功能,减少了故障时间,增加了正常运行时间,更好地优化了网络架构的利用率。

6.3.6 网络包处理总结

网络包处理是一个特定的领域,具有非常明显的特征,通过 ASIC 实现效率最高,但 ASIC 实现极大地约束了网络的灵活性。上层的网络用户只是使用者,不作为开发者,这些用户只能使用 ASIC 提供的功能,而不能开发、创新自己想要的功能。随着近年来互联网的迅猛发展,新协议层出不穷,有些网络服务商会采用一些私有协议,用户需要极大的网络创新来支撑自己的业务发展,对网络的可管理性、可编程性要求变得越来越高,硬件实现的网络处理加速势必需要从专用向通用适当地回调。

通常硬件加速走的是从通用到专用的道路,网络包处理流水线的实现与其相反,走的是从定制到部分可编程的道路。PISA 等具有数据面可编程能力的网络包处理流水线很好地实现了通用和专用之间的平衡具体介绍如下。

- 部分可编程（不是完全可编程）可以保证单个包处理引擎的性能和效率（跟完全定制的 ASIC 相比）不受太多影响。
- 通用的处理引擎降低了硬件的耦合性和复杂度，可以实现更大规模的并行度，更好地提升性能。
- ASIC 基于设计门槛的原因，希望覆盖尽可能多的应用场景，这样在具体的某个场景中，必然存在无关协议占用硬件资源所导致的资源浪费情况；而数据面可编程设计具有的灵活性可以更大限度地保证物尽其用，把所有硬件资源都用于应用场景相关的协议处理，在硬件资源利用率方面高于 ASIC。例如，某 ASIC 网络芯片支持 100 种不同的协议处理，但实际应用场景只需要其中的 10 种协议，在同等晶体管资源占用下，假设数据面可编程的架构只能支持 50 种协议的处理，这样当我们处理 10 种协议的时候，可以编程实现并行的 5 路处理，性能反而高于纯 ASIC 定制的流水线的性能。
- 提供软件可编程性，用户可以灵活快速地实现特定应用场景协议，而不需要关心场景无关的协议，反而降低了软件编程的复杂度。

从整个流水线实现架构来看，基于部分可编程能力的 PISA 等架构实现的网络包处理芯片是一种 DSA（具体介绍见 7.4 节）。

6.4　存储虚拟化处理

存储虚拟化是分布式存储的核心处理，硬件加速的存储虚拟化是决定性能的主要因素。下面我们以开源 Ceph 为对象，介绍分布式存储虚拟化映射的硬件加速，并在 Ceph 的基础上，把本地存储跟分布式存储融合到一套体系里。

6.4.1　分布式存储 Ceph

本节通过对当前流行的分布式存储 Ceph 进行介绍来理解分布式存储的数据面处理，内容包括 Ceph 介绍、Ceph 存储集群管理、Ceph 的三副本冗余及 Ceph 的虚拟化映射总结。

1. Ceph 介绍

Ceph 是一种开源、统一的分布式存储系统，具有很好的性能、稳定性和可扩展性，主要包括块存储、对象存储和文件存储。Ceph 存储集群由 Ceph 节点通过网络连接组成，Ceph 节点主要有如下四种类型。

- Ceph 监视器（Monitor）：主要任务是维护 Ceph 存储集群状态的映射，包括监视器映射、管理器映射、OSD 映射、MDS 映射和 CRUSH 映射，这些映射是 Ceph 守护程序相互协调所需的关键群集状态。

- Ceph 管理器（Manager）：负责跟踪 Ceph 运行时数据和 Ceph 存储集群的当前状态，包括存储利用率、当前性能数据和系统负载。
- Ceph OSD（Object Storage Device，对象存储守护程序）：负责存储数据，以及数据的复制、恢复和再平衡，并通过检查其他 Ceph OSD 的心跳来向 Ceph 监视器和 Ceph 管理器提供一些监视信息。
- Ceph MDS（Metadata Server，元数据服务器）：负责为 Ceph 文件系统存储元数据，也就是说，Ceph 块设备和 Ceph 对象存储不使用 Ceph MDS。

Ceph RADOS 架构如图 6.28 所示。RADOS（Reliable Autonomic Distributed Object Store，可靠的自主分布式对象存储）是 Ceph 存储集群的基础。Ceph 中的一切都以对象的形式存储，RADOS 负责存储这些对象，而不考虑它们的数据类型。RADOS 集群由大量 OSD 节点和少量 Ceph 监视器组成，利用 Ceph 监视器的监控机制、OSD 节点的存储机制及各个 OSD 节点之间的相互协作来确保数据的一致性和可靠性。

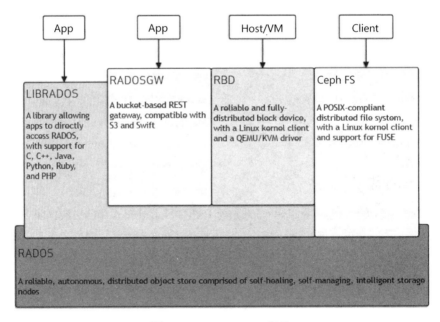

图 6.28　Ceph RADOS 架构

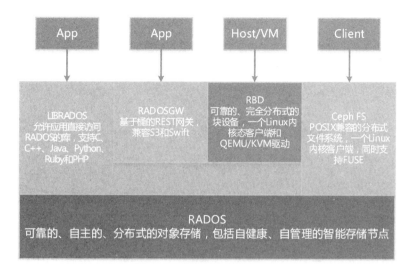

图 6.28　Ceph RADOS 架构（续）

LIBRADOS 是用来简化 RADOS 访问的一个库，支持 PHP、Ruby、Java、Python、C 和 C++ 等开发语言，提供了访问 RADOS 集群的本地接口，是其他服务的基础层，并且为 Ceph FS 提供 POSIX 接口。RADOSGW 是一个提供 Restful API 接口的网关，兼容 S3 和 Swift。RBD 为 Ceph 块设备，可以像磁盘一样被映射、格式化并挂载到服务器上。Ceph FS 提供了一个任意大小且兼容 POSIX 的分布式文件系统，Ceph FS 依靠 MDS 来跟踪文件层次结构。

2. Ceph 存储集群管理

Ceph 客户端和 Ceph OSD 均使用 CRUSH（Controlled Replication Under Scalable Hashing，基于可扩展哈希的可控复制）算法高效地计算数据位置，而不是依赖于一个中心化的查找表。

存储池化操作示意图如图 6.29 所示。Ceph 引入了池（Pool）的概念，池是用于存储对象的逻辑分区。Ceph 客户端从 Ceph 监视器检索集群映射，并将对象写入存储池中。存储池的大小、副本数量、CRUSH 规则及放置组的数量共同决定了 Ceph 如何放置数据。

引入存储池的概念有如下好处。

- 可以通过一组 CRUSH 规则约束所使用的 OSD，尽可能地把数据分布在物理上隔离不同的故障域。例如，针对不同性能要求的存储池，可以把数据指定到规格不同的 OSD。
- 可以指定不同的副本策略。例如，对延迟敏感的对象可以采用三副本机制，对延迟不敏感的对象则可以采用纠删码、压缩等机制。

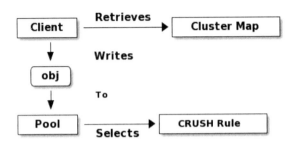

图 6.29　存储池化操作示意图

对象—PG—OSD 的映射如图 6.30 所示。Ceph 客户端在存储对象时，利用哈希算法将每个对象映射到特定的 PG（Placement Group，放置组），很多个 PG 共同组成一个存储池，CRUSH 算法会将 PG 动态映射到 OSD。当新的 Ceph OSD 加入集群时，利用 PG 可以实现 Ceph 的动态再平衡。

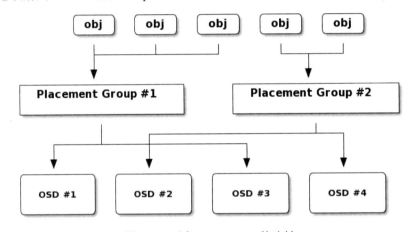

图 6.30　对象—PG—OSD 的映射

对象到 PG 的映射是静态的：将要写入的数据均匀切割，分成若干个对象，经过静态的哈希函数均匀地分布到同一个存储池的不同 PG 组里。而从 PG 到 OSD 的映射则不是静态的，而是引入了集群拓扑，并且通过 CRUSH 规则对映射进行了调整，以实现 PG 可以在不同 OSD 迁移，实现数据的高可靠性。

3．Ceph 的三副本冗余

和 Ceph 客户端一样，OSD 也使用 CRUSH 算法，但用于计算第二副本和第三副本存到哪里，也用于再平衡。

Ceph 如图 6.31 所示。一个典型的 Ceph 写场景是，Ceph 客户端用 CRUSH 算法算出对象应存到哪里，并把对象映射到存储池和 PG，然后通过 CRUSH 映射确定此 PG 的主 OSD；接着，Ceph 客户端把对象写入目标 PG 的主 OSD，主 OSD 通过自身的 CRUSH 映射找到存放对象副本的第二、三 OSD，并把数据复制到 PG 所对应的第二、三 OSD；最后，确认数据成功存储后反馈结果给 Ceph 客户端。由主 OSD 实现副本复制可以减轻 Ceph 客户端的复制压力，同时保证数据的高可靠性和安全性。

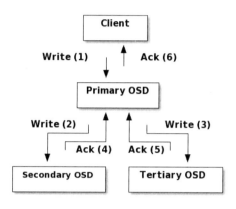

图 6.31　Ceph 的写操作过程

4．Ceph 的虚拟化映射总结

Ceph 实现了三级的虚拟化映射：静态哈希、客户端 CRUSH 和 OSD CRUSH。

图 6.32 给出了 Ceph 三级虚拟化映射架构，具体介绍如下。

- 第一级映射：静态哈希。Ceph 是以固定大小的对象（块）为单位进行存储操作的。第一级映射从对象映射到 PG，此级映射为静态映射，映射的单位是固定大小的对象（块）。
- 第二级映射：客户端 CRUSH。第二级映射实现的是前端的存储池跟后端的 OSD 存储节点的映射，并且这个映射是完全动态的，映射的单位是 PG（大块），会把 PG 映射到 OSD 中具体的 PG 存放位置。
- 第三级映射：OSD CRUSH。如果把写三份也理解成一层虚拟化映射，那么第三级映射作用于 OSD 侧，实现的是从主 OSD 到第二、三 OSD 冗余复制的映射。

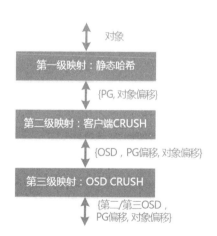

图 6.32　Ceph 三级虚拟化映射架构

6.4.2 以事务为单位的存储处理

微观的存储处理可以认为是众多独立（无状态）存储事务的处理。下面通过几个重要的概念来介绍具体的虚拟化处理。

1. 存储资源映射的粒度

存储虚拟化主要是通过空间的切分来实现的。存储资源虚拟化映射的粒度是经过切分的存储资源切片：资源切片粒度越小，虚拟化映射的自由度越大，资源能够充分利用，但资源映射表会非常庞大，浪费严重，并且资源映射代价高。

存储的核心事务只有两个：读事务和写事务。每一次读写都会对一个或多个存储单位进行操作。存储单位包括扇区、块、页、大块等。需要强调的是，虚拟化切片的粒度和存储事务的粒度是不一致的。例如，在 LVM 系统里，是以大块为单位进行虚拟化映射的，而每次事务访问都是以块或多块为单位进行操作的。

扇区、块、页、大块等存储单位的大小是可变的。例如，在有些系统里，块的大小是 512B；但在有些系统里，块的大小直接就是 64MB。通常的实现机制：在单个存储设备里，存储映射的基本单位是块；在分布式场景下，面向的是成百上千的存储服务器集群，存储映射的基本单位是大块（大块是由一个块或多个块组成的）。

2. 块存储的虚拟化映射

我们以 NVMe 为例分析块存储的虚拟化映射。NVMe 主要有读和写两个事务操作，一次事务包含如下关键字段。

- 内存地址：PRP 和 SGL 所代表的一个或多个数据块的地址。
- 设备地址：起始逻辑块地址 SLBA。
- 数据读写的大小：逻辑块的数量 NLB，以及 PRP 和 SGL 的大小总和，两者相等。

读写事务操作完成数据在内存地址和设备地址之间传输，读事务数据从设备读取到内存，写事务数据从内存写入设备。

如图 6.33 所示，我们以支持块存储读写事务的起始 LBA 到新的起始 LBA 映射为例，介绍块存储的虚拟化映射。

- 存储操作一般分为两个方向：请求发送和响应返回。
- 请求发送方向的事务分为命令和数据块两部分，每次事务可以操作一个或多个数据块（这里的数据块并不是存储操作的块）。

- 起始 LBA 代表了我们要去读或写的起始逻辑地址，需要经过虚拟化映射到起始 PBA。需要注意的是，在 FTL 里，因为块存储的虚拟化最终会落盘，所以是 LBA 到 PBA 的映射；而对其他层次的虚拟化来说，映射后的 PBA 依然是一个 LBA。
- 由于交互接口不同，虚拟化操作两边的命令格式不一定相同，因此在完成虚拟化映射的同时，可以完成存储协议格式转换。
- 为了简化起见，没有考虑加密、冗余等数据块相关的处理。

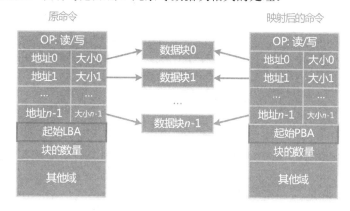

图 6.33　支持块存储读写事务的起始 LBA 到新的起始 LBA 映射示意图

3. 本地存储及分布式存储的键值对

存储虚拟化以大块为映射单位，在同一个大块中的块是顺序排列的。这样，LBA 地址就是大块的（基）地址与在此大块中块的（偏移）地址的和。

本地存储映射如图 6.34（a）所示。LVM 是通过卷（Volume）和大块来进行虚拟化映射的：每个块的起始地址在大块内的偏移都是固定的，通过 LBA 转换获取逻辑大块的起始地址；通过键值对映射获取物理大块的起始地址，再跟原 LBA 在逻辑大块中的偏移相加，组合出 PBA。这里没有考虑 NVMe 控制器 FTL 层的作用，如果考虑了，那么这里的 PBA 其实是 NVMe 控制器里的 LBA。本地存储实现从原 LBA 到 PBA 的映射，相对简单。

分布存储映射如图 6.34（b）所示。分布式存储映射定义了全局的大块 ID，大块 ID、逻辑卷 ID 及大块起始地址具有一一对应的关系，并且大块 ID 关联了分布式存储服务器 IP 等相关信息，出于性能的考虑，这些信息只通过一次键值对查询获取。利用本地卷及 LBA 信息直接查询获取全局大块 ID，以及远端的存储服务器 IP、物理卷、物理大块信息，并通过偏移计算得到 PBA 信息。以 Ceph RBD 为例，对象相当于块，PG 相当于大块。

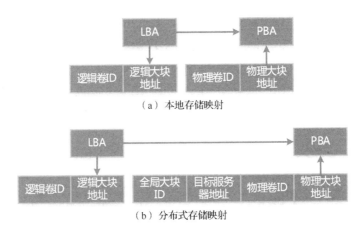

图 6.34　本地存储和分布式存储的键值对映射示意图

说明： 为了能够更简单明了地介绍虚拟化映射，键值映射只考虑虚拟化资源及原始资源的映射，并没有考虑冗余等存储机制的支持。

6.4.3　远程存储虚拟化加速

本节通过远程存储加速的整体架构、远程存储流水线及远程存储的缓存机制的介绍来深入了解远程存储硬件实现的细节。

1. 远程存储加速的整体架构

远程存储即分布式存储，是相对本地存储的一个概念。远程存储是 CS 架构，客户端为业务虚拟机提供一个逻辑卷或虚拟存储盘，实际的存储服务则需要由访问后端的存储服务器提供。

远程存储的虚拟化硬件卸载架构示意图如图 6.35 所示，下面以写操作为例进行具体介绍。

- 客户端侧。
  - 通过 PCIe SR-IOV 实现 I/O 的硬件虚拟化。
  - 通过软硬件卸载的 NVMe 模拟器来为主机和虚拟机呈现虚拟的 NVMe 设备,这些 NVMe 设备的数量和容量等规格都是灵活可配置的。
  - 通过硬件卸载加速虚拟化映射的数据面处理，实现客户端侧的虚拟化映射处理。
  - 虚拟化映射的控制面运行于嵌入式 CPU，相当于从主机侧软件卸载。
  - 在 NVMeoF 发起侧把经过转换的访问操作发送到目标远端服务器;
- 存储服务器侧。
  - 在 NVMeoF 目标侧接收转发到服务器的访问。

○ 冗余、加密等都在硬件加速的数据面处理。
○ 读写其他存储服务器的机制跟客户端侧读写其他存储服务器的机制相同，虚拟化加速在存储服务器本地的虚拟化硬件处理流水线完成，在 NVMeoF 发起侧把访问操作发送到其他目标存储服务器。
○ 通过 NVMe 驱动程序操作本地 SSD 数据落盘。

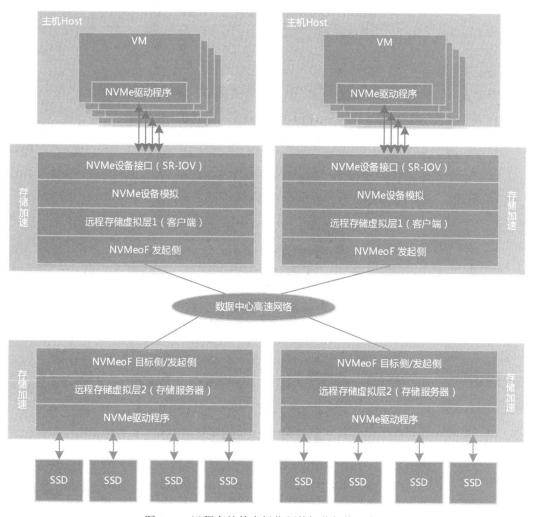

图 6.35　远程存储的虚拟化硬件卸载架构示意图

2. 远程存储流水线

远程存储流水线类似网络处理流水线，其存储虚拟化处理也可以大致分为解析、匹配、动作和组装四个阶段。由于客户端和服务器端的存储虚拟化映射流水线的处理功能是类似的，因此我们可以合并客户端和服务器端存储虚拟化处理的架构，统一考虑。

图 6.36 为存储虚拟化映射硬件流水线示意图，该流水线大致分为两部分，一部分处理命令，另一部分用于处理数据，具体分析如下。

- 存储虚拟化映射硬件流水线本质上是把命令中的地址重新映射，通过键值对的映射表实现。
- 为了设计的简化，这里没有考虑类似 Ceph 客户端的两层映射，只考虑了一层映射。要支持两层映射，有两种办法：一种是加入硬件哈希处理；另一种是映射表的键值对就是两级映射的组合结果。
- 存储虚拟化映射硬件流水线完成命令从一种格式到另一种格式的转换。
- 匹配结果驱动新命令格式封装，会有命令的复制，用于存储服务器侧做多副本冗余。
- 数据块和命令的处理分开，数据块处理的数据面跟命令处理的数据面各自独立，但相互之间有控制交互。
- 由于硬件很难实现复杂的类似 Ceph 的 CRUSH 动态算法，因此把算法的灵活性和复杂度留在软件，当有新 Epoch 的时候，更新映射表。

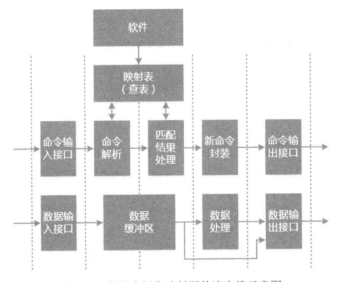

图 6.36 存储虚拟化映射硬件流水线示意图

3. 远程存储的缓存机制

映射表缓存机制的实现多种多样，通常来说，映射表需要支持片内缓存机制，靠近流水线的查询表是一个快速缓存，更大规模的表项存储在内存中。为了保证性能，可以把全量映射表项存储在内存中；也可以减少内存中的表项数量，优化内存消耗，如果内存未命中则通过软件动态映射算法获取映射的表项。

网络的数据面处理支持"快路径/慢路径"设计，也就是说，当映射表未命中的时候将整个网络包发送到软件的慢路径处理。但是远程存储的数据面处理可以不需要慢路径，而只通过快路径处理。网络包的包头和载荷数据是一体的，包长不固定，并且数据量较大，适合流式处理。在数据包流动的过程中，如果因为映射表查询未命中而缓存的话，缓冲区会非常大，不定长数据包的缓冲区设计也较复杂，反而不如把数据包发送到慢路径处理，更合理、简单。而存储虚拟化处理的命令和数据是分开的，虚拟化处理主要处理命令，而命令本质上是定长的元数据集合项。当映射表查询未命中时，立刻把未命中的命令挂起，流水线继续处理其他命令，表项更新后再重新处理挂起的命令。

网络数据面处理的缓存机制是被动的，而存储的缓存机制可以是主动的。片内缓存映射表、内存映射表及软件的实时映射算法形成三级机制，当片内缓存映射表未命中的时候，片内缓存主动去内存映射表查询对应的键值对，如果命中，则加载键值对到片内缓存；如果依然未命中，则启动软件的实时映射算法更新键值对到内存中，然后通知硬件继续进行后续的处理。

6.4.4　本地存储虚拟化加速

本地存储从功能角度可以看作远程存储的一个子集，这样就可以把本地存储和远程存储更好地统一起来。

1. 本地存储卸载

传统的本地存储面临很多问题，具体介绍如下。

- 磁盘有一定概率会发生故障，故障发生时可能导致系统或数据丢失。这对稳定性要求高及数据价值极高的云端系统而言，影响很大。
- 本地磁盘数量有限，任何一个磁盘出现故障都需要及时响应处理。这为云数据中心的管理带来了很大压力。
- 本地磁盘是跟主机绑定的，当主机释放后，本地系统盘和数据盘也会被一并回收。

各大云计算厂家积极推广基于远程存储的计算和存储分离：计算节点只包括 CPU、内存和网卡，通过网络把远程存储连接到计算节点。远程存储具有如下优点。

- 更灵活的磁盘规格，接近本地存储的延时，通过并行机制可支持更高的 IOPS。
- 提供持久化存储，在高可用性及数据安全性方面优于本地磁盘。
- 独立的存储系统，更好的运维管理。因为可以提供比本地存储更好的冗余，所以可以把突发被动的故障处理优化成定期主动的故障处理，这样也会进一步提高存储数据的安全性。

虽然远程存储具有如此多的优点，但在如下场景中，本地存储依然有重要的价值。

- 本地存储的低延迟在一些性能敏感场景不可或缺。
- 远程存储会产生大量的东西向流量，在某种意义上是流量资源的浪费。
- 从存储层次结构的设计来说，的确需要有高性能低延迟的本地存储来承担单个服务器本地的存储访问压力，而不是把访问压力直接透传到分布式存储。
- 在上层业务系统设计中，考虑本地存储和远程存储的特性。本地存储用于临时性业务中间结果的存储，远程存储用于存储最终结果及需要持久存储的关键数据。

因此，有必要针对本地存储进行深度的优化，重构本地存储的核心竞争力，具体介绍如下。

- 相比 HDD 的机械故障可能导致整块盘的失效，SSD 一般不会出现整盘失效的情况，并且依靠控制器的优化机制，SSD 可以提供更高的数据安全性。
- 采用开放通道机制的 SSD，简化了控制器，硬件成本降低而稳定性提升。
- 可以构建持续迭代优化、高效、动态的冗余机制，确保本地存储的数据安全和系统稳定。
- 存储协议栈硬件卸载：通过键值对机制实现存储虚拟化映射，硬件高效稳定，软件灵活可迭代。

2. 本地存储的基本架构

在传统的本地存储实现里，通过 qemu 给为虚拟机模拟出一个 Virtio-blk 设备，然后后端分配一个镜像文件来承担存储盘的角色。而在硬件加速的实现里，提供的是硬件接口设备，并把整个存储后端服务卸载到硬件中。

图 6.37 是本地存储卸载加速系统架构示意图，通过支持 I/O 硬件虚拟化的 SR-IOV 机制，呈现给业务主机模拟的 Virtio-blk 设备，并通过本地存储虚拟化层在模拟 Virtio-blk 设备和 NVMe 接口 SSD 物理盘之间的映射，实现本地存储的卸载。虚拟化卸载有时候是实现在嵌入式 CPU 软件中的，为了进一步提升性能，降低延迟，需要实现基于虚拟化硬件加速的卸载。

本地存储卸载结构里的虚拟化映射跟 NVMe 控制器里的 FTL 层类似，负责把一个接口转换成另一个接口，同时实现从 LBA 到 PBA 的虚拟映射，以及对 SSD 盘的管理等。如果采用开放通道的 SSD，那么本地存储卸载结构里的虚拟化映射也可以看作 FTL 上载（跟卸载相反）的过程。

3. 本地存储虚拟化加速的实现

本地存储可以看作远程存储的一个功能子集，其整个流水线跟远程存储流水线类似。

本地存储的虚拟化映射依然选择动态的映射表机制，而不是静态的映射算法：通过跟开放通道机制的 SSD 结合，把单个 SSD 盘的 FTL 算法整合成对一组 SSD 盘的综合 FTL，形成一套灵活动态的虚拟化映射算法，利用灵活的虚拟化映射提供更高可靠性的本地 SSD 盘组。

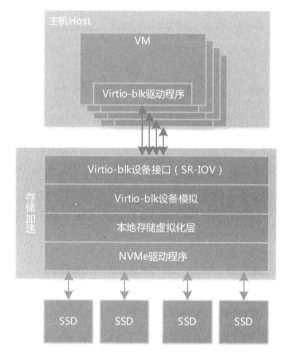

图 6.37　本地存储卸载加速系统架构示意图

　　本地存储机制也可以跟远程存储机制结合起来，在当前服务器本地，既支持本地主机的访问，也支持远程其他服务器的访问，远程服务器可以访问当前服务器的本地磁盘。利用这种机制，可以支持用户业务主机的快速迁移。

6.5　虚拟化硬件加速总结

　　虚拟化处理需要高性能的流水线，而缓存机制则是实现高性能的关键。以网络和存储为基础，扩展出通用、可编程、数据流驱动的流水线。通用的处理流水线是数据中心高吞吐量、低延迟数据流处理的必然选择。

6.5.1　灵活的高性能流水线

　　云计算是多租户的场景，通过不同的业务虚拟机共享一台物理服务器。为了获得更好的性能，网络、存储等设备通过 SR-IOV 技术支持 I/O 硬件虚拟化，利用多队列技术支持更多的处理并行。

网络带宽持续增大，存储介质性能更好，网络、存储虚拟化需要支持更大带宽、更低延迟的处理，完全硬件流水线的处理引擎是必然的趋势。

为了更好地适应软件的灵活性，硬件也需要加入一些机制来实现灵活性。流水线的灵活性体现在如下两个方面。

- 第一个方面是流水线单个阶段的灵活性。流水线的单个或多个阶段的功能可以通过部分编程来重新定义。
- 第二个方面是流水线阶段定义的灵活性。根据业务的灵活性，流水线可以灵活地增加或删除阶段。

由数据流驱动的硬件流水线机制可以实现完全流式的大吞吐量的数据处理。此处，在整个数据处理的流水线中，可以根据业务的需要，加入更多的线内加速（Inline Acceleration）。例如，网络可以加入 IPSec、安全访问策略、业务转发逻辑等，存储数据可以加入加密、压缩、冗余等。

6.5.2　高性能缓存机制

缓存机制是整个高性能虚拟化处理设计的关键所在，具体介绍如下。

- 缓存机制是实现高性能的关键。在理想的情况下，通过键值对实现的高效虚拟化映射需要利用映射表来保存所有的键值对。但对于大规模、动态、灵活、充分虚拟化的系统，键值对的数量非常庞大，把所有键值对都保存下来代价很高也没有必要（因为键值对会动态更新）。因此，需要引入缓存机制来提升查表的性能。
- 缓存机制是设计复杂度所在。把键值映射缓存之后，在大吞吐量数据流的处理过程中，如果缓存命中，则整个流水线会非常顺畅。一旦缓存未命中，问题就会非常严重。例如，如何快速地更新缓存，暂存无法处理的数据，避免堵塞流水线引起系统性能的"雪崩"下降，都是设计需要面临的非常严重的挑战。
- 缓存机制是软硬件交互的接口。缓存机制不仅需要硬件实现，还需要软硬件协作共同完成处理任务。多级缓存、缓存更新、软件和硬件的交互、跟已有软件系统兼容等功能的实现都需要软硬件设计人员通力合作来完成。

6.5.3　可软件编程、通用、数据流驱动的数据处理引擎

数据中心是通过各个层级网络交换机连成的庞大网络。不管是南北向网络流量或东西向网络流量，还是纯粹的网络流或经过网络封装的存储等其他数据流，随着大数据、人工智能、音视频等业务的持续增加，网络带宽急速地从 10Gbit/s 升级到 100Gbit/s，未来可预见的 200Gbit/s 甚至 400Gbit/s 也将快速落地。如此急剧增长的数据流给 CPU 的计算能力带来了非常大的压力，而 CPU

的性能增长已经逐步达到瓶颈，并且我们还需要把更多的 CPU 资源保留给用户的业务（五花八门，不可预知，更加需要通用的 CPU 平台）。因此，在数据流动的过程中，我们可以加入线内计算硬件加速，把 CPU 集中的计算压力分担在分布式的网络节点接口（NIC）处。

我们在 6.2.1 节介绍了三类流水线，网络中流动的大量数据非常适合用由数据流驱动的流水线处理结构进行处理。由数据流驱动的数据处理模型如图 6.38 所示，通过数据事务的流动驱动流水线的运转及控制流的加载，能够提供大吞吐量和低延迟，使得大数据流量的处理几乎没有迟滞，非常适合线内计算加速。

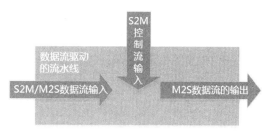

图 6.38　由数据流驱动的数据处理模型

经典的网络包处理阶段包括解析、匹配、动作、重新封装。例如，PISA 的软件可编程包处理流水线实现了类似 CPU 通用数据面可编程的网络包处理器（不同于传统基于众核的网络处理器）。存储虚拟化的硬件加速处理：先把具体的事务解析出数据和元数据等信息，然后查表匹配并根据结果对命令和数据进行具体处理，之后对处理完成的命令和数据重新封装成新格式的事务发送出去。网络流水线处理和存储流水线处理具有非常多的相似之处，具体介绍如下。

- 可编程的事务格式解析：针对特定格式的事务，实现可编程的事务格式解析。
- 可编程的匹配动作：针对不同的元数据处理，实现可编程的匹配动作。
- 常见的数据处理：网络或存储等数据的处理主要有压缩、加密、冗余等。
- 查找表及软件交互：软件（负责控制）实现映射算法，硬件（负责执行）处理具体的转换。

图 6.39 给出了通用的数据流处理架构示意图，通过数据流的驱动，同步完成元数据及实际数据的处理。由数据流驱动的完全流水线处理架构可以高效率地支持大吞吐量的数据处理，同时兼顾通用性和平台化，是大流量流式数据处理的必然趋势。

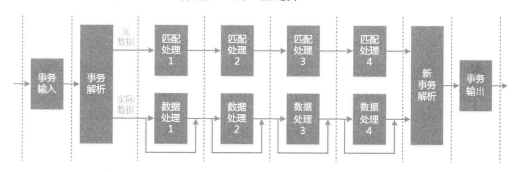

图 6.39　通用的数据流处理架构示意图

6.5.4　虚拟化硬件加速的意义

虚拟化是分布式系统的核心处理，虚拟化越灵活高效，虚拟化映射算法的复杂度超高。随着分布式系统的规模不断扩大，以及对处理性能的要求越来越高，虚拟化的硬件加速也越来越重要。虚拟化硬件加速的价值最开始只是性能和成本的优化，随着软件处理的性能出现瓶颈，硬件加速的虚拟化逐渐变成一项不得不做的事情，并且硬件加速还需要通过各种各样的机制持续优化。

硬件加速并不一定完全是从通用到专用。我们可以从网络包处理的案例了解到，高度定制的ASIC 并不是硬件加速和优化的最终目标，纯软件的虚拟化处理（如软件 OVS）也不是面向未来的发展之路。硬件加速需要在软件和硬件之间取得很好的平衡，灵活软件可编程的硬件处理是一种更加优化、平衡的选择。

硬件加速也并不意味着一定是卸载。开放通道机制的 SSD 存储盘的案例告诉我们，硬件加速需要更加系统地考虑个体的问题。通过合并分散在不同层次冗余的虚拟化处理，集中实现一层虚拟化，不仅能降低整个系统的复杂度，还能提升系统的稳定性、性能及效率，实现的是任务卸载和上载的结合。

6.5.5　其他虚拟化加速场景

在云计算数据中心，虚拟化无处不在。例如，CPU、内存及 I/O 接口的计算机虚拟化，以及网络虚拟化和存储虚拟化。除此之外，性能敏感需要硬件加速的虚拟化还有很多，具体介绍如下。

- 分布式扩展的虚拟内存。虚拟内存和内存虚拟化是两个不同的概念，虚拟内存是用其他内存或外存抽象出的扩展内存。KV（Key-Value）数据库、大数据计算等场景对内存的需求很大，通过分布式扩展的虚拟内存可以提供非常大的内存容量。但分布式扩展虚拟内存的整个处理路径较长，而内存又是极度性能敏感的，需要把整个路径处理都极致优化。
- 分布式解构的异构加速器。例如，在服务器级别，CPU+GPU 的异构加速通过极致的优化定制，当前最高可集成 16 个 GPU 加速卡；而通过分布式集群，可以"集成"16～64 个（甚至更多）GPU 加速卡，形成更大规模的 GPU 资源池。GPU 的异构加速需要 CPU 和 GPU 之间实现高性能的数据交互，对性能和延迟都非常敏感，因此整个数据通路处理也需要极致优化。

7

第 7 章
异构加速

异构计算是硬件加速的高级形态,它面向相对更广泛的领域,需要平台化的支持。对于任务卸载,上层业务不可见,无法感知;而在云计算场景中,异构计算通常是暴露给用户业务使用的,用户业务需要充分利用异构计算的加速能力(简称异构加速)来提升业务效率。

本章介绍的主要内容如下。

- 异构计算概述。
- GPU 和 CUDA。
- OpenCL 和 FPGA 异构计算。
- DSA。
- 异构加速总结。

7.1 异构计算概述

从单核串行到多核并行,从同构并行到异构并行,异构加速是系统性能提升非常重要的方法。异构计算不仅需要关注性能,也需要考虑易用性(编程友好性)。

7.1.1 基本概念(并行计算、异构计算)

通常处理器都是串行计算的,同构多核则是典型的并行计算。随着 GPU 等架构处理器的广泛应用，CPU+xPU 的混合异构加速则开始流行开来。

1. 并行计算

并行计算一般是指许多指令得以同时进行的计算模式，在同时进行的前提下，可以将计算的过程分解成多个阶段，之后以并发方式来加以计算。

相比于串行计算，并行计算可以划分成时间并行和空间并行。时间并行即指令的流水线处理，空间并行使用多个处理器执行并发计算。并行计算主要研究的是空间的并行问题。从程序和算法设计人员的角度来看，并行计算又可分为数据并行和任务并行。数据并行把大的任务化解成若干个相同的子任务，处理起来比任务并行简单。

在 2.2.1 节，我们分析了不同层次的并行性。通常所说的同构和异构基于运行处理器架构来区分。例如，多核 CPU 是同构并行，ARM big.LITTLE 机制基于大小核机制的多核 CPU 是同构多核（除了性能差别，程序员编程所看到的大小核是一致的）；而 CPU+GPU 的多处理器则是典型的异构并行。

2. 异构计算

异构计算是一种特殊形式的并行和分布式计算，它用能同时支持 SIMD（Single Instruction Multiple Data，单指令多数据）和 MIMD（Multiple Instruction Multiple Data，多指令多数据）的单个独立计算机或由高速网络互连的一组独立计算机来完成计算任务。异构计算能协调使用性能、结构各异的机器以满足不同的计算需求，并使运行的程序以最大总体性能的方式来执行。

典型的异构计算具有如下的一些要素。

- 所使用的计算资源具有不同类型的计算能力，如通用指令、SIMD、MIMD、专用算法加速设备等。
- 需要识别计算任务中子任务的并行性所匹配的计算资源类型。
- 需要协调不同计算类型计算资源的运行。
- 既要开发程序中的并行性，也要开发程序中的异构性：追求计算资源所具有的计算类型与计算资源所执行的任务特性之间的匹配性。
- 追求的最终目标是使计算任务的执行时间最短。

当前异构计算的计算资源类型越来越多元化，典型的计算资源包括通用微处理器、数字信号处理器（DSP）、图形处理单元（GPU）、硬件可编程器件（FPGA）及专用加速芯片（ASIC）等，这些资源的不同组合可以构建种类繁多的异构计算环境。如何实现兼容这些异构计算环境的上层软件框架，使得可以相对容易地将软件任务映射到异构加速设备上，以及如何基于异构计算软件框架的异构并行编程，都面临非常大的挑战。

异构计算是硬件加速的高级形态，异构加速设备通常代价高昂。异构计算需要面向相对更广泛的领域，这就需要异构加速设备具有一定的编程能力，甚至需要平台化来支持软件人员对异构加速设备编程。相比于其他硬件加速，平台化是异构加速最显著的特征，异构计算需要为用户提供规模庞大、性能强劲的硬件加速平台。

7.1.2　典型案例

随着 CPU 性能增长速度的放缓，异构计算是使 CPU 性能继续增长的一种非常重要的手段。天河巨型机第一次把异构计算用于超算场景；而 TensorFlow 则是通过不同的同构/异构平台升级，快速地提升硬件平台性能的。

1．天河巨型机

2009 年，由国防科技大学负责研发的国内首台千万亿次巨型机天河一号（TH-1）研制成功，其峰值性能为 1206 万亿次，Linpack 实测性能为 563.1 万次，2009 年 11 月全球超算排行榜位列第五、亚洲第一。2010 年 8 月研制成功二期系统 TH-1A，其峰值性能为 4700 万亿次，Linpack 实测性能为 2566 万亿次，2010 年 11 月全球超算 500 强排行榜第一名。

TH-1A 巨型机的系统架构如图 7.1 所示。TH-1A 的计算节点有 7168 个，每个计算节点由两个英特尔 CPU 和一个 NVIDIA GPU 组成，CPU 型号为 Xeon X5670（2.93GHz，6 核），GPU 型号为 Tesla M2050（1.15GHz，14 核/448CUDA 核）。每个计算节点都有 655.64GFlops 的峰值计算性能（CPU 具有 140.64GFlops 峰值计算性能，GPU 具有 515GFlops 峰值计算性能）和 32GB 总内存。

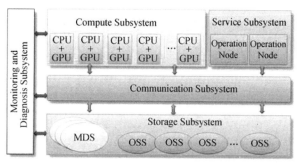

图 7.1　TH-1A 巨型机的系统架构

计算节点中 CPU 的职责是运行操作系统、管理系统资源及执行通用计算；GPU 的主要职责是执行大规模并行计算。通过 CPU 和 GPU 的协作，计算节点可以有效地加速许多典型的并行应用程序，如稀疏矩阵计算程序。

在 HPC 领域，天河巨型机率先采用 CPU+GPU 的异构计算架构，第一次从工程上证明了 GPU 可以用于超算。由于 CPU+GPU 的异算计算架构能耗低、成本低、集成度高，因此很快国际上就掀起了一股异构超级计算机的热潮。

2. 支持 CPU、GPU 和 TPU 的机器学习框架 TensorFlow

TensorFlow 是谷歌的第二代机器学习系统，TensorFlow 1.0 于 2017 年 2 月 11 日发布。TensorFlow 可以在多核 CPU、异构的 GPU 加速平台及谷歌自研的 TPU 平台上运行，不仅支持 Linux、macOS、Windows 桌面和服务器平台，也支持 Android 和 iOS 的移动计算平台。

TensorFlow 支持如下典型运行平台。

- 通用 CPU 平台。
- CPU+GPU 的异构加速平台。
- CPU+TPU 1.0 的异构加速平台。
- 集成 CPU 的 TPU 2.0 及以上版本的异构加速平台。

谷歌 TPU 平台跟通用 CPU 及 GPU 加速平台的性能对比详见 7.4.3 节。

TensorFlow 及其他深度学习类的 AI 算法都非常依赖计算性能，通过密集的计算，训练所需的深度学习模型，计算越多，模型精度越高。随着通用的多核 CPU 平台逐渐不足以支持深度学习所需要的计算量，基于 GPU 加速的深度学习平台逐渐得到了广泛的应用。随着深度学习算法的进一步发展，为了进一步提升 TensorFlow 的性能，谷歌开发了 TPU，特别是进一步开发了集成了 CPU 和 TPU、可以高效交互的 TPU 集群，进一步提升了支撑 TensorFlow 运行硬件平台的性能。

7.1.3 性能约束和优化

异构计算的结构主要是主机 CPU+加速设备，如 CPU+GPU、CPU+FPGA 和 CPU+ASIC。跟 CPU 同构系统相比，CPU+GPU 的异构加速系统由两个系统协作地完成系统工作任务，而两个系统之间交互的损耗是不得不付出的代价。

如图 7.2（a）所示，不考虑多核的情况下，基于 CPU 的程序本质上是串行执行的。如图 7.2（b）所示，H2D（Host to Acceleration Device）为从主机到加速设备，D2H 则相反。在加速设备上进行的加速计算，需要把待计算的数据从主机搬运到加速设备，待加速引擎处理完成后，再把处理结果从加速设备搬运到主机。因此，异构计算的性能主要受如下三个方面的制约。

- 主机侧软件可加速部分占比。
- 主机和加速设备之间通过 PCIe 等总线进行数据交互的时间。
- 实际的异构加速相比于主机软件执行的加速比。

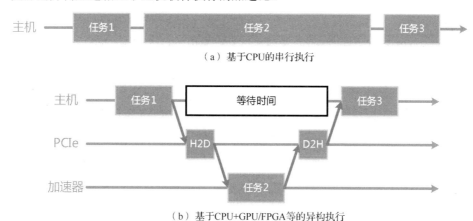

（a）基于CPU的串行执行

（b）基于CPU+GPU/FPGA等的异构执行

图 7.2　异构计算性能分析

通过对这三个方面的制约因素进行优化，我们可以进一步提升异构计算的性能，具体介绍如下。

- 主机侧。进一步挖掘主机侧的程序并行性，进一步提升可加速部分的系统占比；充分利用主机侧运行时的空闲等待时间，把这些时间用于其他计算。
- 主机和加速设备之间通过 PCIe 等总线进行数据交互。提高数据交互效率，基本的办法是每次交互的数据都尽可能多（批量传输），尽可能减少交互频次，以此来摊薄单位数据的延时；也可以由平台软件来完成数据交互的工作，开发者不需要显式地处理数据交互；还可以通过硬件级的缓存一致性来进一步提升数据交互的性能。
- 提升异构加速比。我们在 2.2.1 节提到过，在加速设备里，通过提升单位计算的复杂度，我们既可以进一步提升加速比。可以通过流水线的时间并行，也可以通过多个处理单元的空间并行来提升异构计算性能。

7.1.4　易用性思考

传统基于 MCU 级别的 CPU 程序先通过工具链编译链接到 CPU 可以识别的二进制指令，然后交给 CPU 去运行。后来，加入了 MMU，区分了 VA（虚拟地址）和 PA（物理地址）的概念，这样我们可以运行大型操作系统，并支持多线程的调度。再后来，引入了同构多核，这样我们可以很方便地把已经写好的基于操作系统的应用程序并行运行。

在异构计算的场景里，还面临着如下一些挑战。

- 如何把不同类型的计算资源纳入统一的异构计算体系下，屏蔽计算平台的异构细节，呈现一套相对标准的抽象计算平台。
- 数据交互模型。同构多核内存通常是共享的，操作系统提供非常强大的进程/线程间数据交互机制。而在异构计算场景下，不同的计算资源内存是相互独立的，不同计算资源之间通过显式输入与输出来交互数据，这种办法复杂且相对低效。
- 异构计算资源的编程：
  ○ 很多异构资源的编程难度很大。例如，GPU 编程需要提炼程序的并行性，FPGA/ASIC 等则需要熟悉特定加速设备的控制接口和功能特征。
  ○ 不同类型的计算资源如何统一到一个通用的编程接口。

相比于同构计算，异构计算虽然能够带来非常好的计算性能，但它却并不是那么好"驾驭"的。只有平台厂家把异构计算硬件平台通过一定的软件库封装成统一、用户编程友好、可提供强大开发支持的一套整体解决方案，异构才算才能真正得到大范围应用。

7.2 GPU 和 CUDA

这里以 NVIDIA 的 GPU 和 CUDA 为例介绍基于 GPU 的异构加速。GPU 提供性能强劲的可编程 GPU 平台，CUDA 提供软件编程友好性高及面向广泛领域的开发库。通过 GPU+CUDA 的方式，为用户提供强大的一体化异构加速解决方案。

7.2.1 GPU 和 CUDA 概念

GPU 作为专用的计算机处理器，可满足实时高分辨率 3D 图形计算密集型任务的需求。戴上到 2012 年年底，GPU 已经发展成高度并行的多核系统，称为 GPGPU，GPGPU 具有强大的并行处理能力和可编程流水线，既可以处理图形数据，也可以处理非图形数据。特别是在面对 SIMD 类指令，数据处理的运算量远大于数据调度和传输的运算量时，GPGPU 在性能上大大超越了传统的 CPU。

为了充分利用 GPGPU 的特性，NVIDIA 开发了 CUDA，CUDA 是 NVIDIA 创建的并行计算平台和应用程序编程接口模型，允许软件开发人员使用具有 CUDA 功能的 GPU 进行通用计算处理。CUDA 是一个软件层，可以直接访问 GPU 的虚拟指令集和并行计算单元，执行 CUDA 计算。

7.2.2 GPU 硬件架构

本节从图灵架构 GPU、GPU 的内存、GPU 的同步及 NVLink 高速互连这 4 个方面介绍 GPU 的硬件架构。

1. 图灵架构 GPU

2018 年，NVIDIA 发布了图灵架构 GPU。图灵架构 GPU 提供 PCIe 3.0 来连接 CPU 主机接口，提供千兆的线程引擎来管理所有的工作。另外，图灵架构支持通过 2 路 x8 的 NVLink 接口实现多 GPU 之间的数据一致性访问。

NVIDIA 图灵架构 GPU TU102 架构图如图 7.3 所示。图灵架构 GPU 的核心处理引擎由 6 个图形处理簇（GPC）组成：每个 GPC 有 6 个纹理处理簇（TPC），共 36 个 TPC；每个 TPC 有 2 个流式多核处理器（SM），共 72 个 SM。

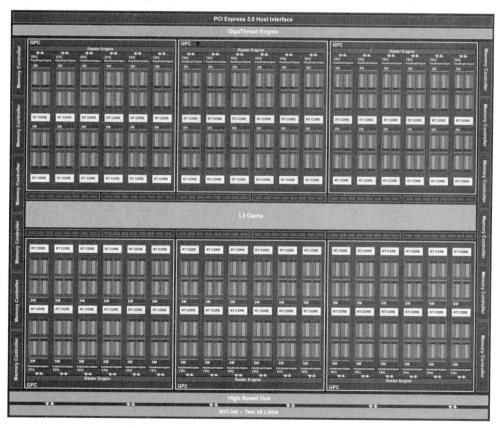

图 7.3　NVIDIA 图灵架构 GPU TU102 架构图

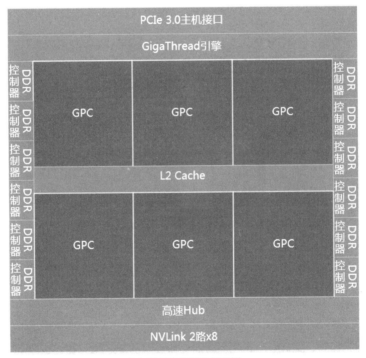

（a）图灵架构中单个 GPC 示意图

（b）图灵架构整体概要图

图 7.3　NVIDIA 图灵架构 GPU TU102 架构图（续）

　　NVIDIA 图灵架构中的单个 SM 如图 7.4 所示。图灵架构每个 SM 都有 64 个 CUDA 核、8 个 Tensor 核、1 个 RT 核、4 个纹理单元，整个图灵架构共有 4608 个 CUDA 核、576 个 Tensor 核、72 个 RT 核、288 个纹理单元。

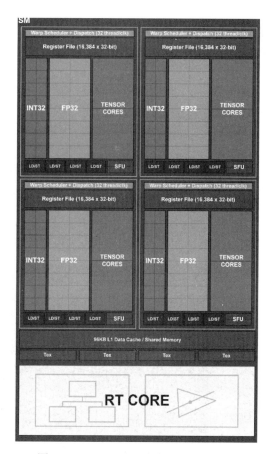

图 7.4　NVIDIA 图灵架构中的单个 SM

2. GPU 的内存

GPU 异构系统定义了不同层次、类型的内存和缓存，并且针对特定内存和缓存类型的特点进行了相应的性能优化，为用户提供整体更优的内存访问性能。

GPU 的内存如图 7.5 所示。在 CUDA 中，GPU 可以访问的内存按照不同的内存属性分为如下几种。

- 主机内存（Host Memory）。主机内存是指可以被 CPU 访问的内存，这些内存是可以被换页的。如果主机内存要被 GPU 访问以用于数据传输，那么这个内存就必须"锁定"而不被换页。

- 全局内存。设备内存是指 GPU 集成的 DDR 控制器所访问的独立外部 DDR 内存，而全局内存是 CUDA 的一个抽象，内核全局内存访问设备内存。由于设备内存直接与 GPU 相连，因此相比于主机内存，全局内存对 GPU 的访问速度更快。

- 常量内存。常量内存是为多个线程只读类型而优化的内存。虽然常量内存也保存在设备内存中，但 GPU 使用特殊的指令访问常量内存，这样 GPU 会使用特殊的缓存来加速常量内存的访问。
- 纹理内存。纹理内存类似于常量内存，其数据是只读的。GPU 提供特殊的缓存机制来加速纹理内存的访问。
- 本地内存。本地内存指的是特定线程所使用的数据存储区域。本地内存通过缓存机制加载到缓存中，这样可以加快线程数据访问速度。
- 共享内存。共享内存用于同一线程块内的线程间数据交换，物理上它是每个 SM 专有的一块内部存储区域，可以被 SM 的 CUDA 内核快速访问。共享内存可以看作全局内存的一种缓冲机制，共享内存可以减少 CUDA 内核对外部全局内存的访问量。

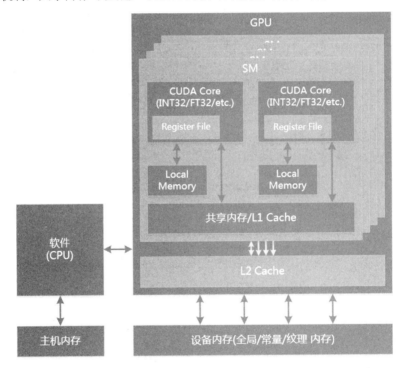

图 7.5　GPU 的内存

3. GPU 的同步

CPU 和 GPU 的数据同步类似传统的软硬件交互。GPU 和 CPU 通过 PCIe 连接，GPU 可以访问 CPU 的特定内存，GPU 中的主机接口负责跟 CPU 进行数据交互。CPU 通过命令缓冲区把命令发送给 GPU：CPU 将命令写入命令缓冲区，GPU 从缓冲区批量读取命令并执行命令。每一个主要的 GPU 操作后都需要在命令缓冲区更新进度值。

GPU 内部处理同步机制也类似 CPU 和 GPU 的同步机制。GPU 通过同步机制实现不同线程间步调一致的处理。以基本的三个操作（从主机到 GPU 的内存复制，内核执行，从 GPU 到主机的内存复制）为例，每一个操作都需要把完成状态更新给主机内存标志位。只有当上一个操作完成后，GPU 主机接口才会下发下一个操作命令给内部的 CUDA 核，以此来实现 GPU 内部不同 CUDA 核之间的同步。

4. NVLink 高速互连

NVLink 是 NVIDIA 针对 GPU 加速计算而开发的高速互连技术，它不仅大大提升了 GPU 之间的通信性能，也大大提升了 GPU 访问主机内存的性能。NVLink 协议是一种片间数据一致性总线协议，基于 NVLink 总线，GPU 除了可以访问本地内存，还可以访问其他 GPU 的内存，甚至可以访问主机 CPU 的内存。

NVLink 1.0 接口的分层协议如图 7.6 所示。NVLink 控制器由三个层次组成，即物理层（PL）、数据链路层（DL）及传输层（TL）。NVLink 1.0 支持双向 160Gbit/s 的带宽。相比于 NULink 1.0，NVLink 2.0 每条链路的带宽从 20Gbit/s 增加到 25Gbit/s，并且支持的链路数量从四条增加到六条，因此 NVLink 2.0 可以提供 300Gbit/s 的双向带宽。

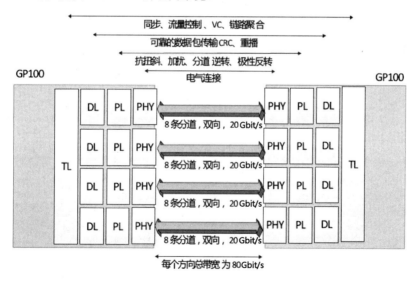

图 7.6　NVLink 1.0 接口的分层协议

NVLink 2.0 允许从 CPU 直接访问 GPU 内存，来自 GPU 内存的数据可以缓存到 CPU 的缓存中。通过 NVLink 2.0，可以在 CPU 和 GPU 之间建立一致性的硬件缓存访问，进一步提升 CPU 和 GPU 之间的数据交互性能。

图 7.7（a）为 NVLink 连接 GPU 和 GPU，这样可以非常快速地在 GPU 之间共享数据。GPU 跟 CPU 是通过 PCIe 连接的，需要通过 PCIe 相关的机制传递数据。在图 7.7（a）中，由于 GPU 跟网卡 NIC 也是通过 PCIe 直连的，因此 GPU 和 NIC 之间也可以通过一定的机制直接进行数据传输，而不需要 CPU 软件的参与。

NVLink 连接 CPU 和 GPU 如图 7.7（b）所示。由于 IBM 的 Power 9 CPU 支持 NVLink 连接，因此可以通过 NVLink 直接连接 CPU 和 GPU，同时基于 NVLink 2.0 对数据缓存一致性的支持，可以方便地在硬件层次维护 CPU 和 GPU 之间的数据一致性。

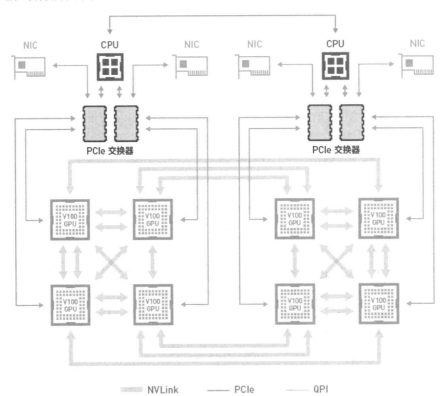

注：最上面 CPU 之间连接的细线为 QPI，其他域 PCIe 交换器连接的细线均为 PCIe

（a）NVLink 连接 GPU 和 GPU

图 7.7　NVLink 连接示意图

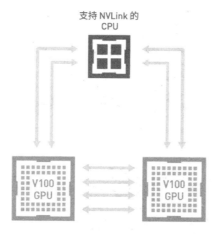

（b）NVLink 连接 CPU 和 GPU

图 7.7　NVLink 连接示意图（续）

7.2.3　CUDA 编程模型

相比于 CPU，GPU 的编程异常复杂。CUDA 是 NVIDIA 为 GPU 异构并行编程开发的编程框架。本节从 CUDA 并行性、CUDA 内存结构、CUDA 异构编程及 CUDA 统一内存这 4 个方面来介绍 CUDA 编程模型。

1. GPU 并行性

这里以 CUDA C++为例进行介绍。CUDA C++通过允许程序员定义被称为内 Kernel 的 C++函数来扩展 C++，这些函数在被调用时由 N 个不同的 CUDA 线程并行执行 N 次，而不是像常规 C++函数那样仅执行一次。

可以使用一维线程索引、二维线程索引或三维线程索引来识别线程，从而形成一维线程块、二维线程块或三维线程块。CUDA 提供了一种自然的方式来调用跨域（如向量、矩阵或体积）中的元素计算。线程块的风格如图 7.8 所示，线程组成线程块，线程块组成网格。

线程、线程块及网格的 GPU 硬件映射如图 7.9 所示。每个线程会分配到特定的 CUDA 核执行；每一组线程块会固定在一个特定的 SM 执行；每个网格对应一个 GPU 设备，多个网格可能会分配给不同的 GPU 设备执行，也可能分时在同一个 GPU 设备中执行。

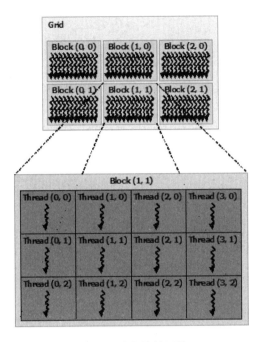

图 7.8　线程块的网格

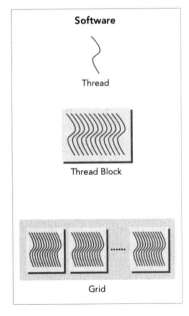
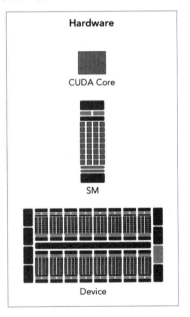

图 7.9　线程、线程块及网格的 GPU 硬件映射

2．GUDA 内存结构

GPU 定义了多种层次的内存类型，CUDA 线程会充分利用 GPU 提供的能力，可以在执行期间从多个内存空间访问数据，以此实现更加优化的处理性能。

CUDA 内存结构如图 7.10 所示。每个线程都有专用的本地内存。每个线程块具有对该线程块所有线程可见的共享内存，并且具有与该线程块相同的生命周期。所有线程都可以访问全局内存。

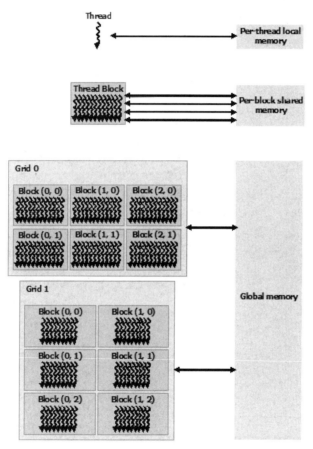

图 7.10　CUDA 内存结构

另外，所有线程都可以访问两个附加的只读存储空间：常量存储空间和纹理存储空间。GPU 针对常量和纹理这两种不同使用类型的内存空间进行了优化，纹理内存还为某些特定的数据格式提供了不同的寻址模式，像数据过滤一样。

3. CUDA 异构编程

CUDA 编程模型假定 CUDA 线程在物理分开的设备上执行，作为主机 CPU 的协处理器。例如，Kernel 在 GPU 上并行执行而其余 C++程序在 CPU 上执行。

CUDA 异构编程如图 7.11 所示。整个序列按照串行的方式执行，在主机执行的通常是串行程序，而在 GPU 执行的则是特殊编程的并行内核程序，GPU 程序的执行需要主机侧的同步。

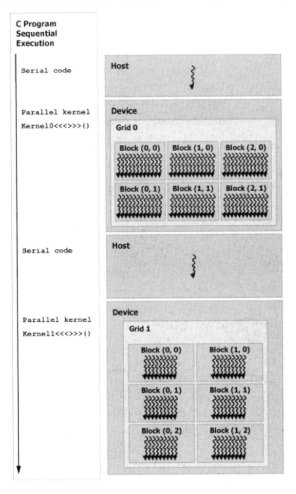

图 7.11　CUDA 异构编程

CUDA 编程模型还假定主机和加速设备都在各自的 DDR 中维护自己独立的存储空间（分别称为主机存储器和设备存储器）。应用程序通过调用 CUDA 运行来管理 CUDA Kernel 可见的全局量存储空间、常量存储空间和纹理存储空间，设备内存的分配和释放，以及主机与设备内存之间的数据传输。

4．CUDA 统一内存

统一内存是 CUDA 编程模型的一个重要特性，通过提供单一的统一虚拟地址空间来访问系统中所有的 CPU 内存和 GPU 内存。统一内存可大大简化编程及程序向 GPU 移植的过程。从 Pascal 架构的 GPU 开始，对应版本的 CUDA 扩展了统一内存功能并提升了其性能，使 GPU 计算能力得到了重大进步。

处理器实现高性能的关键是确保硬件能够快速直接地访问数据。NVIDIA 持续改进和简化 GPU 内存访问与数据共享，以使 GPU 程序员专注于开发并行应用程序，而不需要关注内存分配管理，以及 GPU 和 CPU 之间的数据传输。

统一内存的演进历史如下。

- 2009 年，NVIDIA 发布了 Fermi 架构，该架构为 GPU 的三大主要内存空间（本地内存、共享内存及全局内存）提供了统一的 GPU 地址空间，让单个 Load/Store 指令和指针能够访问任何 GPU 内存空间，简化了 C 和 C++的编译。
- 2011 年，CUDA 4 推出了统一虚拟地址（UVA），使得数据在系统中的任何地方都能够被 GPU 程序访问。UVA 实现了零复制内存。零复制内存是可由 GPU 程序通过 PCIe 直接访问的 CPU 内存，无须使用 memcpy 函数。零复制内存具有统一内存的一些便捷特点，但是不具备统一内存的性能，因为它始终是由 GPU 通过 PCIe 来访问的，会受限于 PCIe 的带宽和延迟。
- CUDA 6 推出了统一内存，它可以创建一个管理内存池，该内存池在 CPU 和 GPU 之间共享。CPU 和 GPU 均可利用单一指针来访问管理内存池。CUDA 系统软件可自动迁移分配到 GPU 和 CPU 之间的统一内存数据。对 CPU 和 GPU 的程序而言，统一内存都好像自己的本地内存一样。
- Pascal 架构扩大了 CUDA 6 统一内存的优势，扩展了 GPU 的寻址功能，并且增加了对内存页错误的支持。凭借全新的内存页错误机制，统一内存可以保证全局数据的一致性，无须程序员进行任何同步。图 7.12 为 Pascal 的统一内存模型。Pascal 架构完全统一了 CPU 内存和 GPU 内存，这样 GPU 程序可以访问包括 CPU 内存在内的任何内存地址。

统一内存具有如下优势。

- 编程与内存模型更加简单。在统一内存架构下，设计精准的内存管理机制不再是必需的，降低了 GPU 并行编程的门槛。统一内存使得复杂的数据结构和 C++等在 GPU 上使用起来更加简单。

- 通过数据的本地性来提升性能。通过在 CPU 和 GPU 之间按需迁移数据，统一内存可以在 GPU 上提供接近本地数据的性能，同时能够实现与全局共享数据一样的简单易用。另外，CUDA 程序员依然拥有所需的工具，可以在必要的时候显式地优化数据管理，以及 CPU 与 GPU 之间的并发机制。

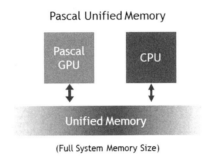

图 7.12　Pascal 的统一内存模型

7.3　OpenCL 和 FPGA 异构计算

基于 FPGA 的硬件通常是定制设计的，相应的上层软件也需要定制开发，并且软件工程师还需要充分理解和熟悉定制的硬件设计。OpenCL 提供了一种框架，可以把软件设计更好地映射到不同 FPGA 平台上，使软件看到的是一致的硬件平台。

FPGA 的硬件可编程性非常符合云计算场景对一致性硬件及弹性的需求，FPGA 供应商给用户提供非常高效且灵活的异构加速开发和运行平台。

7.3.1　OpenCL

异构计算的环境越来越多元化，为了尽可能发挥 CPU、DSP、FPGA、GPU 的性能，既需要有能够兼容处理这些异构环境的架构，也需要将软件任务映射到异构设备上，但这种多元的架构会给编程体系带来很大的挑战。

1. OpenCL 标准的四个模型

OpenCL 是一个异构编程开发框架，在其框架下开发的应用能够映射到不同硬件供应商的设备上运行。OpenCL 1.0 标准在 2008 年发布，并在苹果 Mac OSX 雪豹系统中使用；AMD 于 2009 年显卡开始支持 OpenCL 1.0 标准；IBM 也 2009 年宣布其 XL 编译器和 Power 处理器支持 OpenCL 1.0 标准。2013 年 OpenCL 2.0 标准发布，本节主要根据 OpenCL 2.0 标准进行介绍。

OpenCL 标准分为四个部分，每一个部分都用模型来定义，具体介绍如下。

- OpenCL 平台模型：指定一个主机处理器用于任务的调度，同时指定一个或多个设备处理器用于执行 OpenCL 任务（OpenCL C Kernel）。OpenCL 将硬件抽象成了主机和设备。
- OpenCL 执行模型：定义了 OpenCL 在主机上运行的环境应该如何配置，以及主机如何指定设备执行某项工作。执行模型包括主机运行的环境、主机–设备交互的机制，以及在配置内核时使用的并发模型。并发模型定义了如何将算法分解成 OpenCL 工作项和工作组。
- OpenCL 内核编程模型：定义了并发模型如何映射到实际物理硬件。
- OpenCL 内存模型：定义了内存对象的类型，并且抽象了内存层次，这样内核就不用了解其使用内存的实际架构。

2. OpenCL 平台模型

OpenCL 平台模型是对异构加速平台的抽象，它定义了主机和设备的角色，并且定制了设备的硬件模型。

OpenCL 平台模型如图 7.13 示例。一个 OpenCL 平台具有一个主机和一个（或多个）设备。设备可以被划分成一个或多个计算单元，这些计算单元能被分成一个或多个处理部件（Processing Elements，PE）。

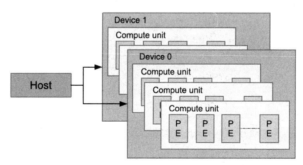

图 7.13　OpenCL 平台模型

OpenCL 平台模型是应用开发的重点，其保证了 OpenCL 代码的可移植性。一个应用可以运行在多个不同的 OpenCL 平台，一个 OpenCL 平台也可以被不同的应用所使用。OpenCL 平台模型的 API 允许一个 OpenCL 应用适应和选择对应的平台和计算设备，从而在相应平台和设备上运行应用。编程者在编写 OpenCL C 代码时，设备架构会被抽象成 OpenCL 平台模型，供应商只需要将抽象的架构映射到对应的物理硬件上即可。

3. OpenCL 执行模型

OpenCL 执行模型允许我们建立一个拓扑系统来协调主机和其他能够执行 OpenCL 内核的设备。为了让内核在设备上执行，还需要对 OpenCL 上下文进行设置，进而传递执行命令和数据到设备端。

OpenCL 上下文用于协调主机和设备端的交互、管理设备端可用的内存对象，以及持续跟踪在设备上创建出来的程序对象和内核对象。

OpenCL 执行模型是指设备端执行的任务，是基于主机端发送的命令。命令指定的行为包括执行内核、进行数据传递和执行同步。命令队列作为一种通信机制，可以让主机发送请求到对应的设备。当主机需要设备执行任务的时候，就需要一个命令队列。命令队列需要在每个设备上都进行创建，主机需要将一条命令提交到对应的命令队列中。

我们所描述的执行模型采用的是一种简单的主从合作模式，但在很多情况下任务的分发并不能静态确定，特别是算法的下一个阶段依赖于上一个阶段的结果。OpenCL 1.0 通常使用一个新的内核对象来执行下一阶段的任务。而 OpenCL 2.0 为 OpenCL 执行模型添加了一项新的特性，即设备端入队，执行中的内核可以让另外一个内核进入命令队列中。正在执行的内核称为父内核，刚入队的内核称为子内核。父子内核是以异步方式执行的，但是父内核需要在子内核全部结束后才能结束。我们可通过与父内核关联的事件对象来对执行状态进行查询，当事件对象的状态为 CL_COMPLETE 时，就代表父内核执行结束。

4. OpenCL 编程模型

并行计算在 CPU 平台上的常见编程是通过 for 循环来实现的，如下面的 C 程序。

```
1 // 执行的每个元素——完成 A+B，把结果保存到 C
2 // 每个数组 N 个元素
3 void vecadd ( int *C, int *A, int *B, int N)
4 {
5     for ( int i = 0; i < N; ++i)
6     {
7         C[ i ] = A[i] + B[i] ;
8     }
9 }
```

在 CPU 平台上，并行的加法本质上是串行执行 N 次加法。而 OpenCL 的并行程序则把 vecadd

分布在并行的很多 OpenCL 内核中去执行，在每个内核中只做一次加法操作。在 N 比较大的时候，并行的程序性能要显著好于串行的程序性能。下面是一个 OpenCL 并行程序。

```
1 // 执行的每个元素——完成 A+B，把结果保存到 C
2 // N 个工作项会被创建，用于执行内核
3 __kernel
4 void vecadd (__global int *C, __global int *A, __global int *B)
5 {
6     int tid = get_global_id(0); // OpenCL 内建函数
7     C[tid] = A[tid] + B[tid];
8 }
```

当要执行一个内核时，编程者需要指定每个维度上工作项的数量（NDRange）。一个 NDRange 可以是一维、二维、三维的，其不同维度上的工作项 ID 映射的是相应的输入数据或输出数据。

工作任务分层模型如图 7.14 所示。NDRange 一般对应到设备，代表一定时期内设备内部的工作执行。NDRange 由很多个工作组（Workgroup）组成，单个工作组可以被映射并分配到一个计算单元。而工作组又可以分为很多的工作项（Work-item），单个工作项可以被映射并分配到具体的 PE 运行。

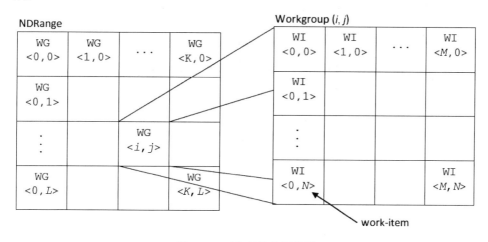

图 7.14　工作任务分层模型

5. OpenCL 内存模型

在不同的计算平台上，内存子系统差别很大。为了支持代码的可移植性，OpenCL 定义了一个抽象的 OpenCL 内存模型，程序员可以编写代码，目标和供应商可以映射到实际内存硬件。OpenCL 内存模型描述了由 OpenCL 平台暴露给 OpenCL 程序的内存系统的结构。OpenCL 内存模型必须定

义如何从每个执行单元查看内存中的值。

OpenCL 将内存划分成主机内存和设备内存。主机内存可在主机上使用，其并不在 OpenCL 的定义范围内。使用对应的 OpenCL API 可以进行主机和设备的数据传输，或者通过共享虚拟内存接口进行内存共享。而设备内存指的是内核中所能看到设备相关的内存空间，设备内存可以分为全局内存、常量内存、本地内存、私有内存。OpenCL 内存模型如图 7.15 所示。

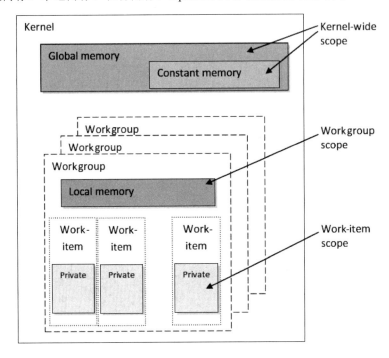

图 7.15　OpenCL 内存模型

OpenCL 内存模型在 AMD Radeon 7970 的映射如图 7.16 所示。AMD Radeon 7970 GPU 具有 2GB 的全局内存，常量内存是全局内存的一个子集。每一个向量处理器都具有 32KB 的本地共享内存，在单个向量处理器里共有 256KB 的寄存器文件，平均分配在每一个工作项对应的 OpenCL 核里。

6. OpenCL 应用程序运行时

创建并执行一个简单的 OpenCL 应用大致需要以下几步。

（1）查询平台和设备信息。由于 OpenCL 内核需要在设备端执行，因此至少需要一个平台和一个设备可以查询。

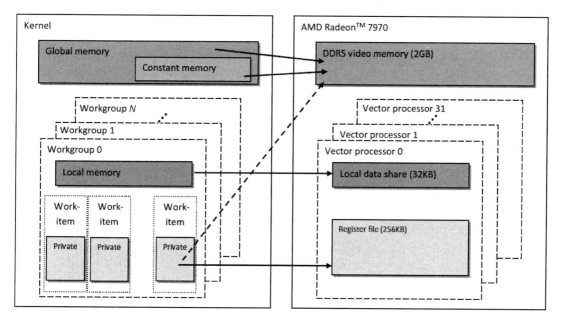

图 7.16　OpenCL 内存模型在 AMD Radeon 7970 的映射

（2）创建上下文。找到平台和设备之后，就可以在主机端对上下文进行配置。

（3）创建命令队列。一旦主机决定了要使用哪些设备并创建了上下文，就需要为每个设备创建一个命令队列，每个命令队列只与一个设备相关联。主机将通过向命令队列提交命令来要求设备执行工作。

（4）创建一个内存对象（数组）用于存储数据。创建一个数组需要提供其长度，以及与该数组相关的上下文，该数组对该上下文所有设备可见。

（5）复制输入数据到设备端。将主机端指针指向的数组复制到设备端。

（6）OpenCL 程序编译。使用 OpenCL C 代码创建并编译一个程序。在编译一个程序时需要提供目标设备的信息。

（7）提取内核。内核通过提供内核函数名从编译好的 OpenCL 程序中提取内核。

（8）执行内核。内核创建完毕，数据也已经传输到设备端，需要执行内核的命令就进入了命令队列。内核的执行方式需要按指定的 NDRange 进行配置。

（9）复制输出数据到主机端。内核执行完之后，把结果从设备内存传输回主机内存。

（10）释放资源。内核执行完成，并且输出已经传至主机端，OpenCL 分配的资源需要进行释放。

7.3.2　Xilinx SDAccel

在 2.2.2 节，我们进行了 CPU、协处理器、GPU、FPGA 和 ASIC 在性能、功耗、编程复杂度等方面的对比。从理论上来说，FPGA 具有比 GPU 更高的指令复杂度，以及相对更优的性能。

Xilinx 在其 SDAccel 背景介绍文档中，给出了 CPU、GPU 及 FPGA 性能/功耗比较的数据，如图 7.17 所示，从图中可以看出，FPGA 具有比 GPU 更好的性能功耗比。

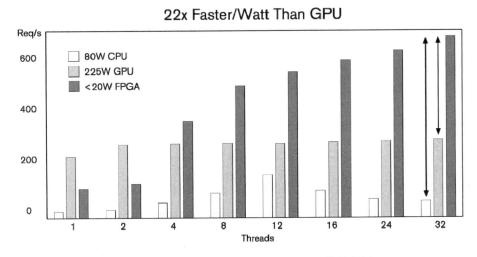

图 7.17　CPU、GPU 及 FPGA 性能/功耗比较的数据

制约 FPGA 在加速领域发展的最大因素是硬件编程的复杂度，随着这些年云计算数据中心的大规模发展，情况慢慢产生了一些变化，具体如下。

- 数据中心的规模越来越大，特定场景（如加密、解密、图像识别、语音转录及 AI 等）加速的需求越来越多。
- 性能需求越来越高。GPU 性能/能耗比有劣势，在有限的功率约束下，只能通过 FPGA 来进一步提升加速性能。
- 相比于 ASIC 的硬件可编程，FPGA 非常符合云计算场景对计算弹性的要求。基于标准的 FPGA 异构计算硬件平台，用户可以通过更改加速内核让 FPGA 云计算主机高效应对不同的加速场景。

因此，Xilinx 推出了基于 FPGA 的异构加速环境 SDAccel，旨在为用户提供单位功耗下比 GPU 更高的性能、完全软件的开发环境、易于升级的设计。

SDAccel 基本框架图如图 7.18 所示。SDAccel 是一个集成开发环境，适用于 Xilinx Alveo 数据中心加速卡和其他一些 FPGA 服务产品的应用程序。SDAccel 提供了强大的软件开发环境，包括集成开发环境（IDE）、指导应用程序优化的探查器、主机和 FPGA 加速代码的编译器、快速开发和调试的仿真流程、软件和硬件之间的自动通信。主机应用程序使用 C/C++开发，并使用标准的 OpenCL API 调用与 FPGA 加速功能进行交互，这些加速功能可以在 RTL、C/C++或 OpenCL 中建模。Xilinx 在运行时（XRT）会和特定于板的 Shell 自动管理 FPGA 加速器与主机应用程序之间的通信，软硬件开发人员不需要实现任何连接的细节。

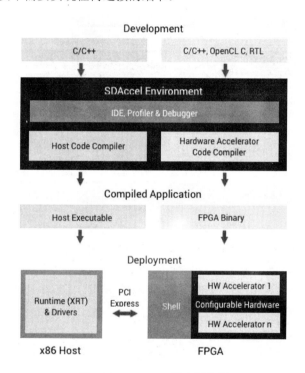

图 7.18　SDAccel 基本框架图

　　XRT（Xilinx Runtime）被实现为用户空间和内核驱动程序组件的组合。XRT 支持基于 PCIe 的加速卡和基于 MPSoC 的嵌入式架构，为 Xilinx FPGA 提供了标准化的软件接口。

　　XRT 堆栈如图 7.19 所示。XRT 堆栈分为四层，从下到上分别如下。

- 硬件及固件：平台 Shell、DMA 引擎、硬件调度、下载引擎、内存控制器、信箱、安全/防火墙。
- Linux 内核：内存管理、执行控制、DMA 操作、设备管理/监控、已编译镜像下载。
- 库及工具：核心 API、仿真、探测器、调试器、板卡工具、虚拟化插件。

- 应用程序。

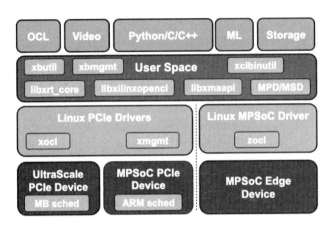

图 7.19　XRT 堆栈

XRT 在基于 PCIe 的平台和基于 MPSoC 的边缘计算平台之间导出通用堆栈。从用户的角度来看，XRT 在将应用程序从一类平台迁移到另一类平台时，几乎没有移植工作。用户应用程序用 C/C++/OpenCL 或 Python 编写的主机代码组成，设备代码可以用 C/C++/OpenCL 或 VHDL/ Verilog 硬件描述语言编写。

Xilinx 开发了 Alveo 系列 FPGA 板卡，XRT 支持 Alveo 及其他一些 FPGA 加速卡。FPGA 硬件平台原理如图 7.20 所示。加速卡基于 PCIe 接口，FPGA 由 Shell 和动态区域组成。Shell 具有两个物理功能：PF0（也称为管理 PF）和 PF1（也称为用户 PF）。动态区域包含的是用户编译的硬件加速内核二进制镜像文件。

- 管理 PF。XRT Linux 内核驱动程序 xclmgmt 绑定到管理 PF。管理 PF 负责特权操作的 Shell 组件的访问。
- 用户 PF。XRT Linux 内核驱动程序 xocl 绑定到用户 PF。用户 PF 负责非特权操作的 Shell 组件的访问。用户 PF 还提供对 DFX 分区中计算单元的访问。

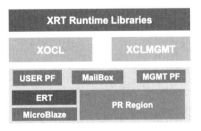

图 7.20　FPGA 硬件平台原理

7.3.3　英特尔加速栈

基于英特尔 FPGA 的异构加速包含如下三个部分。

- 易于部署的标准 FPGA 加速卡。经多家领先的 OEM 厂家验证合格的英特尔 FPGA 可编程加速卡（英特尔 FPGA PAC）。
- 完全标准化的加速软件堆栈（英特尔 Acceleration Stack）。利用英特尔加速栈提供的标准接口来消除复杂性并实现应用程序可移植性。
- 丰富的解决方案。利用技术专家广泛的加速解决方案组合，为用户业务提供大力支持。

基于英特尔 FPGA 的异构加速整体解决方案已经在网络功能虚拟化、数据分析、人工智能、金融、基因组学、网络安全与监控、媒体处理等领域得到应用。

英特尔加速栈融合了数据中心虚拟化，以及服务器和基础设施管理相关解决方案，为云计算服务商提供更加契合数据中心环节的 FPGA 整体解决方案。

英特尔加速栈如图 7.21 所示。

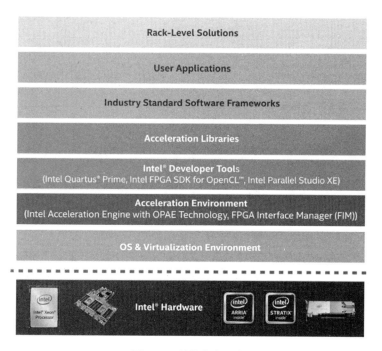

图 7.21　英特尔加速栈

英特尔加速栈从上往下共分为如下八个层次。

- 硬件层：包含实现主机侧的英特尔 CPU 及主板，以及实现设备侧 FPGA 加速器的英特尔 FPGA 加速卡。
- 操作系统虚拟化层：降低服务器 TCO，简化管理。
- 加速器环境：基本的开发接口，包括 OPAE（Open Programmable Acceleration Engine，开放编程加速引擎）和 FPGA 接口管理（FIM）。
- 开发工具：包括 FPGA RTL 开发工具 Quartus，用于 OpenCL 的开放编程加速引擎 FPGA 开发套件等。
- 加速库：进一步提升性能的开发库。开发库已经对关键的性能进行了具体的优化。
- 业界标准的软件框架。
- 用户应用程序。
- 数据中心 Rack 管理：可以动态分配 FPGA，进一步优化 FPGA 的工作负载。

OPAE 是一种软件编程层，可在 FPGA 产品和平台之间提供一致的 API。OPAE 旨在将软件开销和延迟降至最低，同时为特定于硬件的 FPGA 提供抽象。为了营造开放的生态系统并鼓励在数据中心工作负载中使用 FPGA 加速，英特尔为行业和开发人员社区提供了开源技术。

图 7.22 是 OPAE 的整体结构。OPAE 技术具有如下特点。

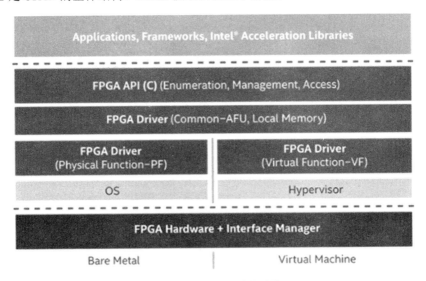

图 7.22　OPAE 的整体结构

- 提供轻量级的用户空间库（libfpga）。
- 提供开源许可：包括 FPGA API（BSD）和 FPGA 驱动程序（GPLv2）。其中 FPGA 驱动程序已经被集成到了 Linux 内核中。

- 支持虚拟机和裸机平台。
- 使用自身附带的 AFU Simulation Environment（ASE），可以更快地开发和调试加速器功能。

7.4　DSA

随着 CPU 的性能遇到瓶颈，DSA（特定领域架构）成为未来一定时期内芯片性能提升的主要手段。DNN（Deep Neural Networks，深度神经网络）是应用 DSA 一个非常重要的领域，有成功的案例落地。DSA 既是一种架构，也是一种设计理念。狭义的 DSA 基于 ASIC 实现，广义的 DSA 可以基于 FPGA 甚至 Chiplet 实现。

7.4.1　DSA 发展背景

CPU 的性能提升走向终结，需要针对特定场景有针对性地定制加速，而 DSA 则是切实可行的解决方案：在定制 ASIC 的基础上回调，使其具有一定的软件可编程灵活性。

1. 通用处理器的性能提升逐渐终结

1965 年，戈登·摩尔提出了摩尔定律：单个芯片包含的晶体管数量大概每 18 个月增加一倍。随着时间的推移，摩尔定律逐渐终结。2014 年推出的 DRAM 芯片包含 80 亿个晶体管，而 160 亿个晶体管的 DRAM 芯片在 2019 年才实现了量产。2010 年的英特尔 Xeon E5 微处理器具有 23 亿个晶体管，而 2016 年的英特尔 Xeon E5 微处理器则具有 72 亿个晶体管。

罗伯特·登纳德（Robert Dennard）在 1974 年提出了登纳德缩放定律：功率密度随着晶体管的变小而恒定。如果晶体管的线性尺寸缩小一半，则晶体管的数量将增加四倍。如果晶体管的电流和电压都降低一半，则其功率将下降到四分之一，从而在相同的频率下提供相同的功率。丹纳德缩放定律现在也基本结束了，这不是因为晶体管线性尺寸没有继续缩小，而是为了保证逻辑的准确可靠，电流和电压已经不能继续下降了。

计算机设计者充分利用摩尔定律和登纳德缩放定律的特点，将增加的晶体管资源转化为性能，通过复杂的处理器设计和内存层次结构，提升了指令级的并行性。但是，各种针对 CPU 指令级的并行性设计来提升性能也基本走到了尽头。

随着登纳德缩放定律的终结及缺乏更有效的指令级并行性，业界通过在单个芯片上集成多个高效处理器内核来提升并行性。1967 年，吉恩·阿姆达尔（Gene Amdahl）提出了阿姆达尔定律：并行性的理论性能提升受任务顺序部分的限制。阿姆达尔定律证明了处理器数量的增加带来的收益会逐渐降低。

图 7.23 为处理器内核 SPECCPUint 性能发展过程。从目前的性能提升速度来看，CPU 基准的性能大约需要 20 年才能翻倍。大部分计算机体系结构设计者认为，大幅提高性能，同时优化成本和能耗的唯一途径是 DSA，即针对特定领域的特殊需求定制处理器，这样他们只需要做很少的工作就可以获得非常可观的性能。

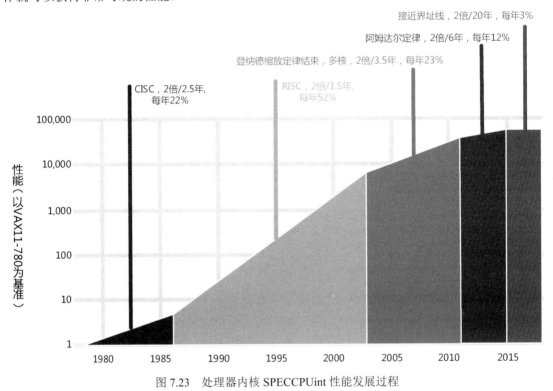

图 7.23　处理器内核 SPECCPUint 性能发展过程

2. DSA 加速原理

我们可以从不同的角度来分析通用 CPU 性能功耗比较低的原因。从指令复杂度的角度来看，因为 CPU 的指令复杂度相对较低，所以 ASIC 需要一条指令完成的工作，而 CPU 有可能需要成百上千条。

CPU 和 GPU 晶体管资源占比比较如图 7.24 所示。从计算资源占比的角度来看，CPU 把更多的资源用于控制和缓存，而把更少的资源用于计算，因此计算的性能相对较差。而 GPU 等非通用处理器则是把更多的资源用于计算中，因此具有更好的性能。

90nm 工艺下某 CPU 操作所需的功耗如图 7.25 所示。从功耗的角度来看，计算单元所需的功耗非常小，特别是 8 位加法的功耗只有 0.2～0.5pJ。当涉及数据访问，需要用到缓存的时候，指令获取和 Load/Store 所需要的功耗则会达到 125～150pJ。在 CPU 架构里，缓存成为非常耗费晶体管资源和功率资源的因素。对于易于预测的内存访问模式或具有大量数据集（如视频）且几乎没有数据重用的应用程序，多级缓存可能会导致非常大的资源和功耗浪费。DSA 的目标是提高集成电路的效率和能效，而能效是集成电路非常重要的要求。

Control
ALU
ALU
ALU
ALU
Cache
DRAM
CPU
DRAM
GPU

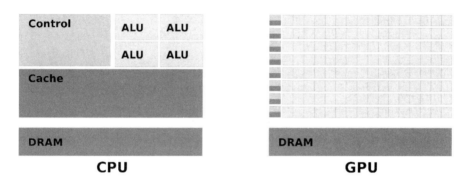

图 7.24　CPU 和 GPU 晶体管资源占比比较

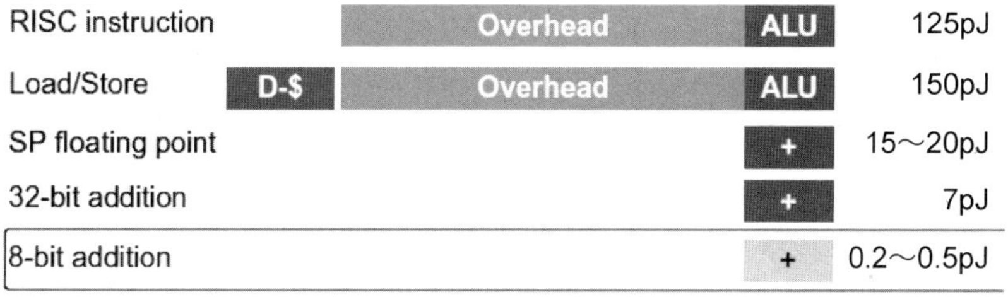

RISC instruction
Overhead
ALU
125pJ
Load/Store
D-$
Overhead
ALU
150pJ
SP floating point
+
15～20pJ
32-bit addition
+
7pJ
8-bit addition
+
0.2～0.5pJ

图 7.25　90nm 工艺下某 CPU 操作所需的功耗

3. DSA 的特点和设计原则

根据指令的复杂度，DSA 可以与 ASIC 归属为一类。跟 CPU、GPU、FPGA 及传统 ASIC 相比，DSA 具有如下特点。

- 跟 GPU、FPGA 类似，通常的 DSA 不是图灵完备的。DSA 面向系统中计算密集型任务的计算加速，而不面向整个系统。DSA 平台的架构是 CPU+DSA。
- DSA 有简单的指令集，可以编程，是处理器。DSA 是针对特定领域定制的，是一种特殊的 ASIC。DSA 可以看作通常意义上 ASIC 向通用处理的一种回调，增加了 ASIC 的灵活性。
- 如果 DSA 应用领域的规模足够大，则可以定制 IC 芯片，这样可以覆盖 IC 芯片高昂的前期成本；如果规模较小，则选择 FPGA 实现 DSA 设计是一个更好的选择。

- DSA 的架构和逻辑设计需要了解具体的领域和相关算法，而不是仅关注架构和设计本身。
- 基于 CPU+DSA 的异构编程是个非常大的挑战。

John Hennessy 和 David Patterson 在他们发表的 *Computer Architecture, A Quantitative Approach, Sixth Edition* 中，给出了 DSA 的五个设计原则，具体介绍如下。

（1）定制近内存计算，最大程度上减少数据移动。通用 CPU 多级缓存占用了大量的晶体管资源，使得缓存访问功耗非常高。DSA 的设计者和开发者了解特定的相关领域，通过定制的软硬件控制存储器的访问，尽可能减少数据的移动。

（2）通过微架构的优化，将更多的晶体管资源用于计算单元和片内内存。传统 CPU 在乱序执行、超线程、多处理、预取、寻址等方面耗费非常多的晶体管资源。而 DSA 面向系统中计算密集的部分，晶体管资源可以尽可能地投入计算单元和片内内存。

（3）使用最简单的并行。DSA 的目标领域几乎都有内在的并行性，DSA 可以充分利用并行性并把其暴露给软件。按照并行性的自然粒度设计 DSA，并且把并行性简洁地暴露给编程模型。

（4）使用更简单且更窄位宽的数据。许多领域中的应用程序通常都受到内存的限制，可以通过使用更窄位宽的数据来增加有效内存带宽和片上内存利用率。更窄位宽且更简单的数据也使得同一芯片面积上可以集成更多的计算单元。

（5）使用特定领域的编程语言，这样可以将代码移植到 DSA。DSA 出现之前，就已经有不少流行的特定领域编程语言，如用于视觉处理的 Halide 和用于 DNN 的 TensorFlow，这些语言使得将应用程序移植到 DSA 更加可行。并且，仅一小部分计算密集型应用程序需要在 DSA 上运行，这也简化了移植。

7.4.2 DSA 典型领域：DNN

进入 21 世纪 10 年代以来，伴随着云计算和大数据技术的大规模应用，基于深度学习（Deep Learning，DL）的人工智能技术得到了极大的发展，采用的具体技术为 DNN。单个数据中心存储机架可以容纳 10PB 量级的存储空间，单个 GPU 可以突破 100 万亿次每秒（TFLOPS）的运算，大量的数据和高密度的计算促进了 DNN 的快速发展。DNN 在语音识别、语言翻译、图像识别、自动驾驶等领域获得非常大的技术突破，如谷歌研发的计算机程序"阿法狗"在围棋比赛中完全战胜人类，这些都表明 DNN 是目前非常有效的一项人工智能技术，并且会得到非常大规模的应用。

1. 神经元和神经网络

DNN 受大脑神经元的启发，使用了人工神经元，如图 7.26（a）所示。人工神经元只计算一组权重与数值乘积的总和，然后通过非线性函数确定其输出。如图 7.26（b）所示，多组神经元组成分层的神经网络，并且每个人工神经元都有非常大的扇入和非常大的扇出。在早期计算机性能比较差、数据量比较少的时候，大多数神经网络层数都比较少。随着计算机性能的快速提升及大数据的爆发，2017 年一些 DNN 已经达到了 150 层。

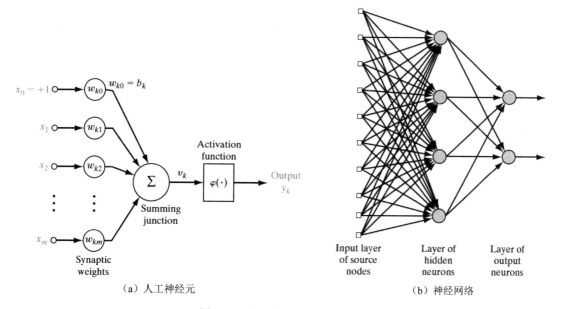

图 7.26　人工神经元和神经网络

2．训练和推理

DNN 的发展开始于定义神经网络结构，选择层的数量、类型和每一层的尺寸，以及数据的规模。尽管 DNN 领域的专业人士可能会开发新的神经网络结构，但大多数用户都从现有结构中选择合适的结构，这些结构在一些常见的应用场景表现得已经足够好。结构确定以后，接下来就是学习与神经网络图中每个边关联的权重，权重确定结构的行为，单个结构中的权重数量从数千到几亿不等。训练就是权重调优的过程，可以使结构的函数拟合训练数据。大多数 DNN 采用监督式学习，使用一组训练集，通过预处理的数据进行学习，以获取准确的标签。设置权重是一个迭代的过程，利用训练集使神经网络反向传播。

训练的计算量非常庞大，可能需要数周的计算时间。每个数据样本的推理时间通常低于 100 毫秒，是训练时间的一百万分之一。尽管训练比单次推理花费的时间长得多，但训练完成后，推理的调用频次非常高，推理的总计算时间是 DNN 用户数量与推理调用频率的乘积。

3. MLP、CNN 和 RNN

DNN 是一个快速发展的领域，流行的 DNN 结构有三种：MLP（MultiLayer Perceptron，多层感知器）、CNN（Convolutional Neural Network，卷积神经网络）及 RNN（Recurrent Neural Network，递归神经网络）。这三种 DNN 结构都是监督学习的案例，需要依赖训练集。

我们可以为每种 DNN 结构计算每层神经元的数量、操作和权重，具体介绍如下。

- 计算最简单的是 MLP。MLP 每一个新层都是前一层所有输出加权总和的一组非线性函数 F。这样的层称为完全连接层，因为每个输出神经元结果都取决于前一层的所有输入神经元。加权总和包括加权输出的矢量矩阵乘积。
- CNN 从前一层输出空间上邻近的区域中获取一组非线性函数作为输入，然后乘以权重，CNN 会多次重用权重。例如，CNN 广泛应用于计算机视觉，由于图像具有二维结构，因此相邻的像素是寻找关系的自然选择。
- RNN 在语音识别或语言翻译方面很流行，RNN 通过向 DNN 模型添加状态来添加显式建模顺序输入的功能，以便 RNN 可以记住事实。RNN 类似于硬件电路中组合逻辑和状态机之间的差异。RNN 的每一层都来自先前层和先前状态输入加权和的集合，权重在时间步长之间重复使用。到目前为止，LSTM（Long Short-Term Memory，长短期记忆）是当今最受欢迎的 RNN。MLP 和 CNN 不同，LSTM 采用的是分层设计。LSTM 由单元（Cell）的模块组成。可以将单元视为链接在一起、用于创建完整 DNN 模型的模板或宏。

4. DNN 总结

因为 DNN 具有许多权重，所以性能优化的实现是在从一组输入内存中获取权重后重新使用权重，从而提高有效的操作强度。例如，图像处理 DNN 可能一次处理一组 32 张图像，以将提取权重的有效成本降低至 1/32。另外，可以将批处理当作一系列输入行向量，将操作当作矩阵操作，从而进行并行处理。

相比于许多其他应用，DNN 对数字精度的要求并不高。例如，双精度浮点是 HPC 的标准需求，但 DNN 不需要。为了利用数值精度的灵活性，一些开发人员在推理阶段使用定点而不使用浮点。训练几乎总是以浮点运算形式完成的，这种转换称为量化，转换后的应用程序被认为是量化程序。这种转换通常在训练后进行，会使 DNN 的准确性降低几个百分点。

DNN 的 DSA 设计不仅需要很好地进行面向矩阵的计算（如向量矩阵乘法、矩阵矩阵乘法和模板（Stencil）计算），还需要非线性函数（如 ReLU、Sigmoid 和 tanh 等）的支持。

7.4.3 ASIC 实现：谷歌 TPU

TPU（Tensor Processing Unit，张量处理单元）是谷歌定制开发的 ASIC 芯片，用于加速机器学习工作负载。用户可以使用云 TPU 服务和 TensorFlow 框架在谷歌的 TPU 加速器硬件上运行自己的机器学习工作负载。云 TPU 增强了机器学习应用中大量使用线性代数计算的性能。在训练大型复杂的神经网络模型时，TPU 可以最大限度地缩短达到准确率所需的时间。以前在其他硬件平台上需要花费数周时间进行训练的模型，在 TPU 中只需数小时即可收敛。用户的 TensorFlow 应用可以通过谷歌云计算平台上的容器、实例或服务访问 TPU 节点，该应用需要通过用户自己的 VPC 网络连接到 TPU 节点。

谷歌在 2013 年进行的一项分析显示，人们每天使用语音识别 DNN 进行语音搜索的时间为三分钟，这会使数据中心的计算需求增加一倍，而使用传统 CPU 的成本非常昂贵。为此，谷歌启动了一个高优先级项目，即 TPU 项目，以快速生成用于推理的自研 ASIC。TPU 项目的目标是将 GPU 的性价比提高 10 倍。

为了降低延迟部署的风险，TPU 1.0 并没有与 CPU 集成，而是设计为 PCIe 总线上的协处理器，从而可以像 GPU 一样插入现有服务器。此外，为了简化硬件设计和调试，主机服务器发送指令驱动 TPU 执行。因此，TPU 更接近于 FPU 协处理器，而不是 GPU。TPU 运行整个推理模型，可以减少与主机 CPU 的交互，并具有足够的灵活性以适应未来的神经网络需求。

图 7.27 为 TPU 的结构框图。TPU 指令通过 PCIe Gen3 x16 总线从主机发送到 TPU 的指令缓冲区。TPU 内部模块通过 256 字节宽的总线连接在一起。矩阵乘法单元是 TPU 的核心，它包含 256×256 MAC，可以对有符号或无符号整数执行 8 位乘法，16 位乘积收集在矩阵乘法单元下方的 4MB 32 位累加器（4MB 可容纳 4096 个 256 元素的 32 位累加器）中。矩阵乘法单元每个时钟周期产生一个 256 个元素的部分和。

矩阵乘法单元在每个时钟周期读写 256 个值，可以执行矩阵乘法或卷积运算。矩阵乘法单元包含一个 64KB 的权重块和一个用于双缓冲的权重块（隐藏将一个块移位所需的 256 个周期）。TPU 是为密集矩阵设计的，考虑到部署时间的问题，省略了稀疏架构支持。矩阵乘法单元的权重通过片内权重 FIFO 进行分段，该 FIFO 从片外 8GB DRAM 的权重存储器中读取。权重 FIFO 是 4 个块的深度，中间结果保存在 24MB 片上的统一缓冲区中，可以作为矩阵乘法单元的输入。可编程的 DMA 控制器负责在 CPU 内存和统一缓存区之间搬运数据。

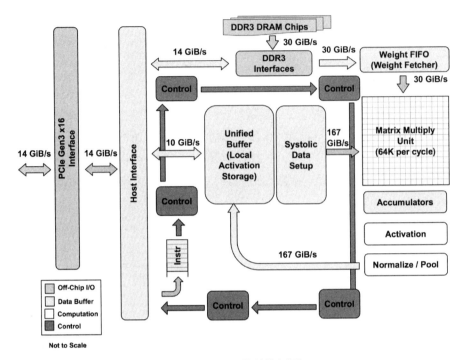

图 7.27　TPU 的结构框图

当指令通过 PCIe 总线发送时，TPU 指令设计为 CISC（复杂指令集计算机）类型，包括一个重复域。这些 CISC 类型指令的 CPI（Cycles Per Instruction，每个指令的平均时钟周期）通常为 10 到 20。TPU 大约有十二个指令，主要的五个指令如下。

- Read_Host_Memory：将数据从 CPU 内存读取到统一缓冲区（UB）中。
- Read_Weights：将权重从权重存储器读取到权重 FIFO 中，作为矩阵乘法单元的输入。
- MatrixMultiply / Convolve：让矩阵乘法单元执行矩阵乘法或从统一缓存区到累加器的卷积。矩阵运算采用大小可变的 $B×256$ 输入，并将其乘以 $256×256$ 恒定的权重输入，然后生成 $B×256$ 输出，需要 B 个流水线周期才能完成。
- Activate：根据 ReLU、Sigmoid 等选项，执行人工神经元的非线性功能。该指令的输入是累加器，输出是统一缓冲区。当连接到非线性函数逻辑时，该指令还可以使用芯片上的专用硬件执行卷积所需的池化操作。
- Write_Host_Memory：将数据从统一缓冲区写入 CPU 内存。

TPU 的其他指令包括备用主机内存读写、组配置、两个版本的同步、中断主机、调试标签、NOP（空指令）和停顿 Halt。

TPU 软件堆栈必须与 CPU 和 GPU 的版本兼容，以便可以将应用程序快速移植到 TPU。在 TPU 上运行的应用程序通常用 TensorFlow 编写，并编译成可以在 GPU 或 TPU 上运行的 API。跟 GPU 一样，TPU 软件堆栈也分为用户空间驱动程序和内核驱动程序。内核驱动程序是轻量级的，仅处理内存管理和中断，专为长期稳定性而设计。用户空间驱动程序则经常更改，它设置并控制 TPU 执行，并且将数据重新格式化为 TPU 顺序，把 API 调用翻译成 TPU 指令，将指令转换为应用程序二进制文件。大多数模型可以完整地在 TPU 运行，从而最大化地优化 TPU 计算时间与输入和输出时间的比率。

CPU、GPU 和 TPU 的 Roofline 组合图如图 7.28 所示。对于 HPC 来说，纵轴是每秒浮点运算的性能，横轴是操作强度，用访问的每个 DRAM 字节的浮点操作来衡量。峰值计算速率就是 Roofline 的平坦部分，内存带宽是每秒字节数，因此变成了 Roofline 的倾斜部分。从图 7.28 中我们可以看到，所有 TPU 均位于 CPU 和 GPU 的 Roofline 之上。从 Roofline 的平坦部分可以看出，TPU 的处理速度比 GPU 和 CPU 要快 15～30 倍。

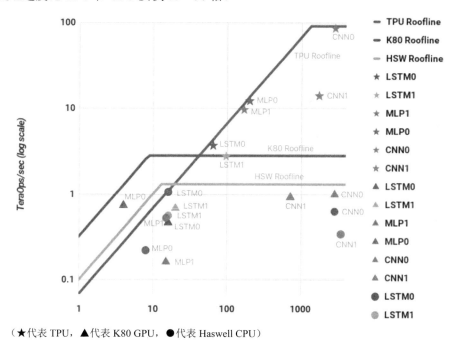

（★代表 TPU，▲代表 K80 GPU，●代表 Haswell CPU）

图 7.28　CPU、GPU 和 TPU 的 Roofline 组合图

CPU、GPU 和 TPU 的性能功耗比如图 7.29 所示，图中的 TPU'是使用了 GDDR5 存储的改进型 TPU。从图 7.29 中可以看到，TPU 性能比 CPU 性能强 196 倍，比 GPU 性能强 68 倍。

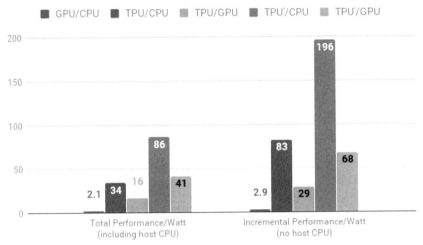

注：每组 5 个柱状图从左到右依次为 GPU/CPU、TPU/CPU、TPU/GPU、TPU'/CPU、TPU'/GPU

图 7.29　CPU、GPU 和 TPU 的性能功耗比

　　TPU 1.0 的性能峰值达到了 92Tflops，而 TPU 2.0 的性能峰值达到了 180Tflops，TPU3.0 的性能峰值更是达到了 420Tflops。并且，从 TPU 2.0 开始，TPU 不再作为一个加速卡应用于通用服务器，而是定制的 TPU 集群，这样会更大限度地发挥 TPU 的加速价值。

7.4.4　FPGA 实现：微软 Catapult

　　DSA 强调架构和设计，并不强调是基于 IC 实现还是 FPGA 实现。这里我们介绍一款用于数据中心、知名、富有特色的 DSA——微软 Catapult。

1. 灵活的数据中心加速器

微软认为，任何数据中心加速解决方案都必须遵循以下准则。

- 必须保持服务器的同质性，以实现机器的快速重新部署。避免采用使维护和调度变得更加复杂的方案。
- 加速器规模必须匹配到应用程序资源需求的上限，这样应用程序可以调度到单个加速器，而不是多个加速器。
- 需要节能。
- 不能成为单点故障，引起可靠性问题。
- 必须在现有服务器的可用空间和电源条件下工作。
- 不会影响数据中心网络的性能和可靠性。

- 加速器能够提高服务器的性价比。

如图 7.30（a）所示，微软在数据中心的 FPGA 部署上，充分利用 FPGA 灵活性来针对不同服务器上的各种应用量身定制其用途，并可以随着时间推移对同一服务器重新编程来支持不同的应用，这样规模化统一的硬件加速卡部署可以降低整体 TCO，并且减轻整体运维管理的压力。如图 7.30（b）所示，Catapult 将集成 FPGA 的 PCIe 板卡安装到数据中心的服务器中，通过 PCIe 跟 CPU 连接，可以提供 CPU+加速器模式的异构加速。另外还有点对点的 QSFP 连接网卡，可以实现网络流量的加速处理。

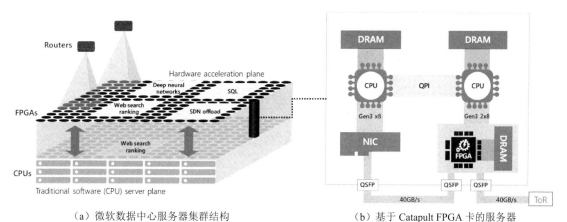

（a）微软数据中心服务器集群结构　　　　（b）基于 Catapult FPGA 卡的服务器

图 7.30　微软基于 Catapult 的服务器和数据中心结构

2. Catapult 的 FPGA 加速平台

Catapult 提供了 FPGA 板卡、FPGA 加速平台和相应的数据中心服务器集群调度管理方案。Catapult 最重要的就是实现了的 FPGA 加速平台，具体的业务团队可以基于 FPGA 加速平台实现自己的算法核心。

要支持 FPGA 的大规模部署，就需要强大的软件堆栈，该堆栈必须能够检测故障，同时为软件应用程序提供简单易用的界面。为了使 FPGA 能够高效使用，Catapult 设计了如下三类基础功能。

- 用于软件与 FPGA 交互的 API。
- 应用逻辑与 FPGA 功能之间的接口。
- 支持弹性和调试。

Catapult 的 FPGA Role 如图 7.31 所示。利用 Catapult 的 Role 及相应的软件堆栈，可以实现软件与 FPGA 的交互，在此交互之上，再实现软件应用和 FPGA 内部应用 Role 的交互。通过软硬件机制构建的 FPGA 加速平台可以减轻业务团队 FPGA 应用编程的压力。

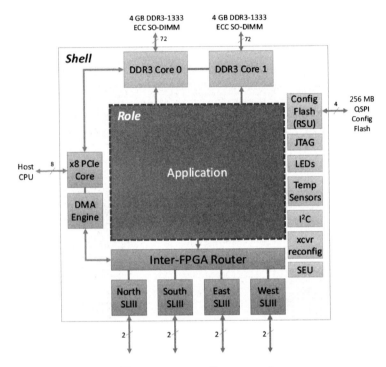

图 7.31　Catapult 的 FPGA Role

3. 基于 Catapult 的 CNN 加速 DSA

基于 Catapult 的 CNN 加速项目称为 Brainwave，是 Catapult 的一个子项目。Brainwave NPU 架构的目标如下。

- 提供一个程序员和编译器能够方便确定目标的简单编程抽象。
- 把大型 DNN 操作的潜在充分信息纳入指令编码，使底层微架构可以有效使用该信息。
- 支持足够的灵活性，以处理 RNN、MLP 和 CNN 等各种 DNN 模型。

为了实现这些目标，Brainwave 采用单线程 SIMD ISA，该 ISA 由复合操作组成，这些操作把一维和二维固定大小的"原生"向量和矩阵作为第一类数据类型。尽管基于向量的处理是一种公认的方案，但 Brainwave ISA 也为低延迟 DNN 服务的需求量身定制了独特的功能。大型 DNN 模型的子图可以通过原子指令链（指令之间没有命名存储）进行编码，这些指令链可以有效地捕获图边缘之间的显式通信，从而简化软件开发并降低硬件的复杂性。Brainwave 还公开了针对低延迟 DNN 服务而优化的专用指令、数据类型和内存抽象。

基于 Catapult 的 Brainwave 微架构如图 7.32 所示。矩阵/矢量乘法器作为 Brainwave 的协处理器，它使用常规的标量核，通过指令队列将 Brainwave 指令发布到数据路径。标量核心提供 Brainwave 的控制流程，包括与动态输入相关的控制流程。对某些模型来说，标量核心是必须具备的，如具有可变长度时间步长的单批 RNN。

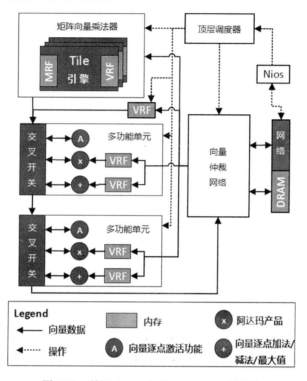

图 7.32 基于 Catapult 的 Brainwave 微架构

Brainwave 的主要目标是将指令链映射和执行到流经功能单元的连续、不中断的矢量元素流。功能单元形成一条线性流水线，在矩阵/矢量乘法器处镜像了指令链结构。向量仲裁网络管理内存组件之间的数据移动，这些数据包括流水线寄存器文件（MRF 和 VRF）、DRAM 和网络 I/O 队列。调度程序通过从标量控制处理器接收 Brainwave 指令链为功能单元和矢量仲裁网络配置控制信号。

7.4.5 Chiplet 实现：OCP ODSA

随着工艺进入到 14nm 以内，ASIC 芯片研发的费用一直在飞速上涨。于是，一个已经存在多年的技术重新得到重视：Chiplet 和 MCM（Multi-Chip Module，多芯片模块）。MCM 技术提供一个基板，把多个不同功能未封装的 Chiplet 裸 Die 使用特殊的总线互连，封装成一个独立的芯片。Chiplet 技术的典型应用案例则是 AMD 的 EYPC 系列服务器 CPU，利用 Chiplet 的多 Die 封装，实现了高性价比。AMD 凭借 EYPC 系列服务器 CPU 在服务器领域成功打了"翻身仗"，从英特尔手里抢到了一定的市场份额。

基于 Chiplet 技术的 ODSA（Open DSA，开放特定领域架构）是 OCP 开源硬件组织的一个项目组。图 7.33 为 ODSA 参考 MCM/Chiplet 设计，该设计由如下四部分组成。

- 主机接口及通过片内 NoC 与其他 Chiplet 相连的主 Chiplet。
- 网络 I/O Chiplet。
- RISC 或其他架构 CPU Chiplet。
- DSA Chiplet，可以通过 FPGA 或定制 ASIC 实现。

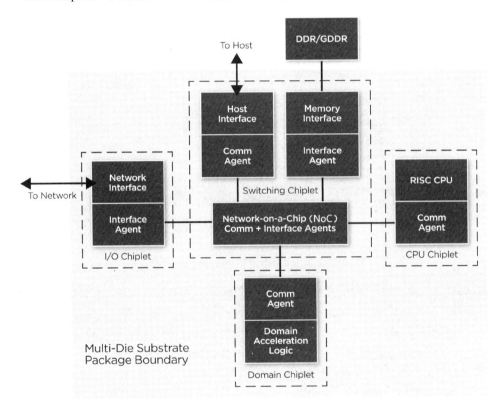

图 7.33 ODSA 参考 MCM/Chiplet 设计

基于 Chiplet 实现的 ODSA 的主要好处包括减少 NRE 和缩短上市时间，同时减少电路板面积和功耗。通过使用 ODSA 开放式架构，加速器开发人员可以组装集成了多个供应商同类最佳组件的系统，专注于自己擅长领域部分的开发。

为了提供类集成电路的开发环境,ODSA 中的 Chiplet 实现了通信代理机制,以此来支持 Chiplet 间的总线互连。网络基础设施提供的内存模型的性能非常接近 Chiplet 内部的内存性能。ODSA 开发栈如图 7.34 所示。ODSA 参考架构支持完整的协议栈,该协议栈主要包括如下几层。

- 网络层:主要负责数据的传输,包括物理层、链路层和路由层三个子层。
- 内存层:ODSA 中所有处理活动的基础设施,包括数据事务层、数据传输层两个子层。
- 应用层:将加速器与主机连接在一起的固件和软件。

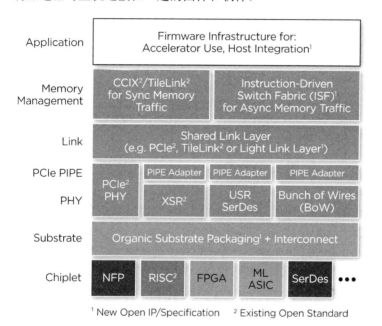

图 7.34　ODSA 开发栈

使用分层设计的方法,即使设计持续不断地优化,上层的设计机制也可以保持不变。例如,物理层协议从 PCIe 更改为超短距 SerDes,实现了性能提升,却不会影响上层机制。

说明:多 Die 互连及封装技术近些年来也在快速演进,除 Chiplet 和 MDM 外,还有一些新的多 Die 互连及封装技术快速涌现出来。

7.5　异构加速计算总结

基于 GPU、FPGA 或 DSA(或者说具有一定编程能力的 ASIC)的硬件架构,能够通过提高指令复杂度、指令并行度的方式来提升硬件的处理性能。通过使用合适的异构平台，能够达到系统的整体最优。我们可以通过提升加速器性能和优化 CPU 和加速器之间的数据交互，进一步提升异构加速的整体性能。

7.5.1 平台选择（GPU、FPGA、ASIC/DSA）

数据中心常见的异构平台有 GPU、FPGA 和 ASIC/DSA，用户需要根据自己的业务，以及业务的成熟度和规模来选择合适的异构平台。

1. GPU

NVIDIA 的 GPU 和 CUDA 之所以大范围流行，主要有如下几个原因。

- GPGPU。统一处理流水线，GPU 由图像处理器变成通用处理器。
- 超高的并行度。例如，NVIDIA 的图灵架构 GPU TU102 共有 4608 个 CUDA 核、576 个 Tensor 核。
- 缓存一致性总线。NVLink 总线支持片间的缓存一致性及硬件级的数据共享机制，进一步提升了数据交互性能。
- CUDA。通过 CUDA 降低 GPU 的编程门槛，实现了软件编程，具有非常高的编程灵活性。
- 统一内存。统一内存进一步简化编程，让 CPU 和 GPU 内存交互更加高效。
- CUDA 库。提供各种业务场景非常丰富的 CUDA 库，构建了非常强大、基于 GPU 的一整套生态。

GPU 广泛应用于各种领域，在云计算数据中心，GPU 云计算主机是一个非常重要的服务。特别是在机器及深度学习领域，GPU 云计算主机都得到了非常广泛的应用。

2. FPGA

GPU 有其性能瓶颈，FPGA 通过把算法做到硬件里（提升指令复杂度）来进一步提升性能。FPGA 加速有如下特点。

- 通过定制加速内核，实现了比 GPU 更高的性能功耗比。
- 在云计算场景下，加速器具有良好的灵活性和扩展性。灵活性指的是单个平台支持不同的硬件加速内核；扩展性指的是单个硬件加速内核镜像可以大规模复制部署。
- 通过 FPGA 的局部可编程性实现 FPGA 平台 Shell，降低 FPGA 的开发难度，完善硬件的灵活性；通过硬件编程应用内核和软件编程相关的软件处理提升硬件加速的灵活性。
- 常见应用场景有一定的规模。FPGA 加速 Kernel 开发难度降低及单个硬件加速内核可以多次部署等特点催生了第三方 ISV 来完成硬件加速硬件的开发,从商业模式上降低了 FPGA 硬件编程的门槛。

- 通过支持 DSA 架构的应用内核,支持一定程度的软件编程性。
- 小批量部署的方便快捷及成本优势。

3. ASIC/DSA 平台

随着一些业务加速场景的进一步明确,并且业务规模足够庞大,基于 ASIC 实现的 DSA 会更有市场,它具有比 FPGA 实现的 DSA 更强的性能,以及更低的成本及功耗。

针对特定领域的加速,需要理解上层业务,深入分析场景算法,做好指令设计,把握好指令的通用性和指令效率的平衡,并且依据 DSA 设计的五个原则持续优化设计。在此基础上,还需要有强大的编译器及软件栈的支持。此外,还需要考虑高昂的 NRE 费用、时间成本等,ASIC 实现的 DSA 需要大量部署才能均摊 NRE 费用,带来真正的低成本、低功耗和高性能。

7.5.2 异构计算加速优化

异构加速的性能优化通常有如下两种手段。

- 优化芯片间数据交互。不管是 CPU 和加速设备之间,还是多个加速设备之间,都需要高效的数据交互。NVIDIA GPU 和 CUDA 提供统一内存机制和硬件一致性的总线协议,不需要在软件编程时显式地进行数据交互,简化了编程流程,并且可以通过底层的软硬件机制在不同的芯片间高效地交互数据。在当前主流的 x86 服务器里,并不支持具有缓存一致性协议的总线接口,这样 CPU 和加速设备之间的数据交互还有进一步提升的空间。在当前的 FPGA 和 DSA 里,一方面需要增加类似硬件缓存一致性的支持,另一方面也需要在软硬件层面构建统一的内存管理来优化用户编程并提高数据交互效率。
- 优化加速器性能。在加速设备内部,提升性能的一个重要手段是通过集成更多的处理引擎来并行处理。此外,不同的处理引擎之间高效地进行数据交互和同步是加速器的性能关键。不同类型的片内内存和片外内存设计是权衡所在,需要在专有内存和共享内存之间做好平衡。

此外,加速设备在很多情况下用于对大批量数据的处理,这样势必需要在 I/O 设备和加速设备之间建立联系。I/O 设备和加速设备建立联系的方式通常有如下三种。

- 在通常情况下,数据需要从 I/O 设备经过 CPU 传递到加速设备,如图 7.35(a)所示。
- 我们可以在 I/O 设备和加速设备之间建立独立的数据传输通道,数据传输不需要绕到 CPU,如图 7.35(b)所示。

- 我们可以采用把 I/O 设备和加速设备集成的方式更加高效地加速 I/O 数据处理，如图 7.35（c）所示。

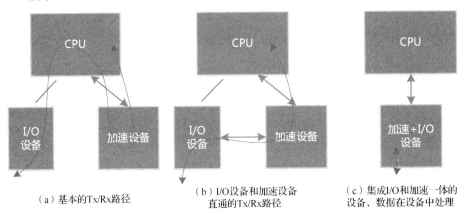

（a）基本的Tx/Rx路径　　　（b）I/O设备和加速设备　　　（c）集成I/O和加速一体的
　　　　　　　　　　　　　直通的Tx/Rx路径　　　　　　设备，数据在设备中处理

图 7.35　服务器中加速设备和 I/O 设备通信

8

第8章
云计算体系结构趋势

第 4 章到第 7 章介绍了四种类型的软硬件融合技术。本章将从更系统的层面阐述软硬件融合的具体案例。云计算发展已经进入新阶段,需要更深层次的创新驱动。而软硬件融合的底层技术创新则是本质的驱动力量。

本章介绍的主要内容如下。

- 业务和管理分离。
- 业务的异构加速。
- 存储的加速和定制。
- 网络可编程和性能优化。
- 硬件定制。

8.1 概述

云计算已经深度融入了许多行业,新的业务场景层出不穷,并且快速迭代。视频直播、自动驾驶等许多典型场景都有非常巨大的市场规模,并且可预见的未来依然会高速增长。业务持续快速的创新需要云计算提供更强的处理性能,以及更大的网络带宽和存储容量,这些需求强力推动着云计算的持续快速发展,以及数据中心数量及规模的持续扩大。上层业务创新越多,底层软硬件面临的挑战也就越大。

业务场景逐渐成熟，云计算厂家针对不同业务场景，推出规格更加丰富的产品服务，越来越贴合用户的业务实际，能够在满足业务需求的同时优化成本。例如，AWS 的 EC2 云计算主机分为均衡通用型、计算优化型、内存优化型、存储优化型、GPU/FPGA 加速计算型等类型，并且每种类型还提供很多不同规格的选择。如何基于统一的平台，快速构建丰富的产品类型，同时最大化利用硬件的价值，以最优的成本提供最丰富、最有价值的服务，也是一个巨大的挑战。

然而，支持云计算的底层基础设施一直没有太多本质的改变。云计算面临方方面面的体系结构挑战，体系结构与上层业务的矛盾越来越大。在硬件加速的基础之上，要满足数据中心对灵活性、快速迭代、业务软件兼容等多方面的要求。

云计算需要更深层次、系统深度整合的软硬件融合创新。只有深度整合的软硬件一体化平台才能应对各种业务挑战，应对云计算未来的发展挑战。

8.2 业务和管理分离

1.4.5 节介绍了虚拟化面临的挑战及业务管理分离的原因：一方面是业务和管理任务的相互干扰；另一方面是虚拟化模拟及 I/O 工作任务占用太多 CPU 资源。这些原因是从虚拟化视角来分析的，更本质的原因则是 CPU 的性能瓶颈与 I/O 带宽急剧增长之间的矛盾。并且，这种矛盾在云计算规模不断扩大的倍增效应下，持续"压迫"着云计算体系结构的重构演进。

8.2.1 虚拟化视角：I/O 及管理的卸载

本节从虚拟化的视角来分析业务和管理的分离，主要包括 I/O 硬件虚拟化及 I/O 相关工作任务的卸载。

1. I/O 虚拟化的发展迭代

面向服务器领域的 CPU 对虚拟化技术的支持已经相对成熟，通过 CPU 内部硬件机制，实现 CPU、内存、中断、计时器等的硬件虚拟化。但 CPU 对 I/O 的虚拟化只能部分支持，原因在于 I/O 需要外部设备及操作系统等软件的配合。

如图 8.1 所示，I/O 虚拟化经历了长期的演进，其性能优化经过了一个长期的迭代过程，具体介绍如下。

- 阶段 0：基于 Virtio 的 I/O 类虚拟化。基于 Virtio 的 I/O 类虚拟化的性能显著优于纯软件模拟的性能。需要说明的是，Virtio 是 I/O 虚拟化的主流技术，是一种事实上的业界标准。

虽然 VT-d 等技术已经出现，但很难成为 I/O 虚拟化主流技术。

- 阶段 1：基于 VT-d 技术的直通映射。此方案虽然能够提供几乎完全硬件 I/O 的性能，但并没有广泛应用，原因主要是传统 VT-d 设备是一对一的，如果有多个虚拟机，受服务器物理空间的限制，那么很难有如此多的硬件设备，此方案不适合虚拟化场景。

- 阶段 2：基于 PCIe SR-IOV 的 I/O 硬件虚拟化机制及提升性能的多队列机制。这个阶段解决了单个设备完全硬件虚拟化成多个设备的问题及更高的并行性能的问题。挑战在于不同的接口设备供应商提供的软硬件交互接口不一致，各家供应商提供独立的驱动程序，甚至同一家供应商不同版本的设备接口都不一致。当利用直通机制把硬件设备接口直接暴露给虚拟机后，虚拟机的迁移只能在相同的硬件平台迁移。相同的硬件平台不是指一个设备或一类设备相同，而是指虚拟机环境的所有设备硬件接口都一致。迁移的苛刻要求给直通条件下的虚拟机迁移带来了非常大的挑战。

- 阶段 3：硬件支持 Virtio、NVMe 等标准化接口。在此阶段，在整个主机产品层面，为用户提供一致的 I/O 接口，统一虚拟机镜像。一致性的平台方便了虚拟机在不同的硬件服务器迁移，减少了数据中心产品运维管理的压力。

- 阶段 3.5：网络（虚拟网络）和存储（远程存储和本地存储）工作任务数据面的卸载。网络和存储的工作任务在 Virtio 虚拟化设备的下一层。虚拟化把 I/O 卸载到硬件，原有下层的工作任务也不得不卸载到硬件。从另一个角度来看，网络和存储的工作任务所占 CPU 资源越来越多，从 CPU 卸载到硬件也是必然的趋势。

- 阶段 4：vDPA 等迁移机制。如果硬件支持 Virtio，则基于 vDPA 的技术就可以实现直通硬件设备的迁移。这个阶段主要通过数据面直通，控制面依然通过主机侧的 vDPA 软件来连接虚拟机和设备的控制和状态交互。

- 阶段 4.5：Hypervisor 卸载。随着越来越多的硬件组件支持硬件虚拟化，Hypervisor 所要完成的工作越来越少，这样我们就可以把大部分 Hypervisor 工作卸载到硬件中的嵌入式CPU。当 Hypervisor 卸载到硬件时，vDPA 等直通硬件的迁移解决方案也顺理成章地卸载到了嵌入式软件中。主机侧只保留一个非常简化的 Lite Hypervisor，作为实际 Hypervisor 的代理，来完成简单的配置和调度工作。如果 Hypervisor 只是在上电初始启动时刻承担资源创建、分配的功能，那么在需要迁移的时候它会辅助支持迁移（可以进一步把设备相关的迁移处理卸载）。除此之外，在虚拟机正常运行的情况下，Hypervisor 几乎不干涉虚拟机的运行。这样可以认为，虚拟机几乎独占处理器等计算机资源，也可以认为用户几乎是占用 100% CPU 资源的，也即实现的是几乎 100%物理机性能。

- 阶段 5：用户业务和管理完全物理分离。当实现了 Lite Hypervisor 代理来卸载主要的虚拟化功能到硬件中时,对主机的操作只能通过 Lite Hypervisor 提供的 API 实现,其他访问完全无效,可以杜绝传统虚拟化场景对主机的 ssh 访问等安全风险。

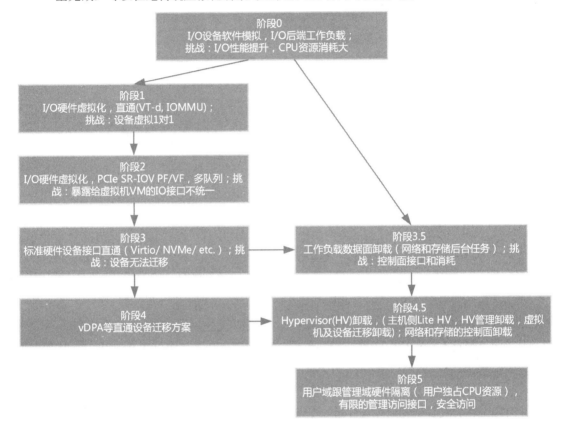

图 8.1　I/O 虚拟化演进

2. I/O 设备模拟及工作任务的硬件卸载模型

这里以 Tx 方向为例进行介绍。虚拟化场景的网络数据处理路径:虚拟机用户态程序→VM 内核的 TCP/IP 协议栈→虚拟机的虚拟 NIC 驱动程序→主机侧的模拟 NIC→后台的网络工作任务(如 VPC)→NIC 驱动程序→NIC 设备接口→硬件以太网处理,然后把数据通过网络端口发送出去。

I/O 设备模拟和工作任务的硬件卸载模型如图 8.2 所示,左边为通常虚拟化场景的 I/O 路径,右边为卸载后的 I/O 路径。我们以网络为例,介绍服务器中从业务应用到硬件 NIC 出口的整个网络路径,具体如下。

● 上层软件。例如,用户应用的 HTTP 访问,也包括通过 Socket 访问的 TCP/IP 协议栈。

- 虚拟驱动程序。例如，Virtio-net 驱动程序，它把从协议栈过来的网络包按照 Virtqueue 格式放在对应的 Queue 中。
- 虚拟设备。虚拟设备负责设备模拟及 I/O 的传输，把数据从虚拟机的内存搬运到主机的内存。
- 工作任务。工作任务实现 VPC 的虚拟网络 OVS 处理，卸载分为嵌入式软件卸载和硬件加速卸载。
- 实际的物理设备驱动程序。OVS 封装好的网络流量通过实际的网卡驱动发送到硬件，如果是硬件加速卸载，则不需要该驱动程序。
- 实际的硬件设备，即网络接口卡。

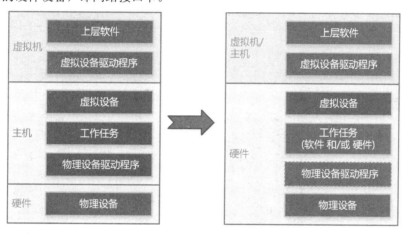

图 8.2　I/O 设备模拟和工作任务的硬件卸载模型

在虚拟化场景模拟的 I/O 设备及后台工作任务都是运行在主机侧的软件，它们一方面会占用较多的主机 CPU 资源，另一方面也会成为性能的瓶颈。因此，把 I/O 设备和后台工作任务整体卸载到硬件中，以此来加速整个 I/O 路径的性能，整个加速的 I/O 路径跟原有软件方案是一致的。

8.2.2　体系结构视角：以数据为中心

业务和管理分离的本质原因是 CPU 的处理性能和 I/O 处理性能的匹配度变低。从集中到分布，以计算为中心的架构逐渐演化成以数据为中心的架构。

1. 以计算为中心

大家所熟知的计算机架构都是以计算为中心（Compute Centric）的。回顾计算机发展历史，冯·诺依曼架构是计算机的初始模型，其核心思想就是以计算为中心：控制器、运算器共同组成了 CPU；内存作为 CPU 运行的场所，暂存 CPU 输入的数据、运行的中间状态及输出的结果；I/O 设备负责与内存进行实际的数据交互。

在以计算为中心的架构下，一方面依靠工艺的持续进步，另一方面依靠各种优化设计技术（如流水线处理、多指令并行、分支预测及指令乱序等），CPU 性能得到爆发式的增长。而 SRAM 等内存受到设计工艺的约束（速率和容量不可兼得），很难在 CPU 性能提升的同时提高容量和访问速率，于是，出现了分层的缓存机制来弥补这一性能差距。缓存进一步强化了 CPU 的中心地位。

传统 I/O 设备的性能比 DDR 等内存的性能要差一些。CPU 不仅能够完成核心的计算处理，也能够同时完成与 I/O 设备的控制和数据交互。操作系统、虚拟化等各种系统软件及丰富多彩的上层应用软件都是围绕着 CPU 这个核心的部件在发挥作用的，逐渐构筑起软件和互联网的庞大生态体系。

2. 处理性能的优化

I/O 性能快速提升，网络带宽从 10Gbit/s 逐渐提升到 100Gbit/s，存储从 SATA HDD 过渡到 NVMe SDD；然而 CPU 的性能提升逐渐遇到瓶颈，快速提升的 I/O 性能需要投入更多的 CPU 资源来处理 I/O 交互和相应的数据。以计算为中心的延迟模型如图 8.3 所示，针对大量数据流的处理，整个处理延迟包括输入延迟、计算延迟和输出延迟。针对 I/O 性能提升的挑战，以计算为中心的架构可以通过如下方式实现处理性能的优化。

- 优化 I/O 延迟。硬件支持 SR-IOV 和多队列等机制，软件采用 DPDK/SPDK 或类似的方式，以此减少 I/O 延迟。带来的代价是轮询方式需要独占 CPU 核，并且当 I/O 带宽较大时，需要更多的 CPU 核。
- 优化所有计算任务延迟。可以通过多核并行的方式来提升计算的性能，降低计算的延迟。I/O 的带宽增大意味着更多的计算工作量，也意味着在保证一定计算延迟的情况下，需要增加更多的 CPU 用于计算处理。
- 优化一些计算任务。卸载一些可以不需要主机参与的通用计算任务，减轻 CPU 计算的压力。例如，把图 8.3 中的计算任务 1 和计算任务 3 完全卸载到硬件处理。
- 优化到达 CPU 处理的数据量。通过软硬件结合，实现类似快慢路径的机制。例如，在把图 8.3 中的计算任务 1 和计算任务 3 卸载的基础上，把计算任务 2 数据面用硬件加速，这样大部分 I/O 数据流不进入 CPU。优化到达 CPU 处理的数据量，可以同时优化 I/O 延迟和整个 CPU 计算任务处理的延迟。

要支持大量数据流计算任务卸载，势必需要独立、智能的 I/O 处理单元来加速相关的数据处理。

图 8.3　以计算为中心的延迟模型

3. 以数据为中心

CPU 实现了非常强大的缓存机制，缓存占用了很多的晶体管资源。缓存机制使得 CPU 非常适合计算密集型任务。根据时间局部性原理，最近使用的数据未来很可能会再次使用，这个规律在计算密集型任务是有效的。但是在流式的数据处理过程中，几乎没有缓存发挥的空间，而 CPU 密集 Load/Store 操作的性能和功耗代价都很高。

随着微架构及半导体工艺越来越受限，CPU 的性能发展已经达到瓶颈；网络从 25Gbit/s 升级到 100Gbit/s，存储 NVMe 接口的高速 SSD 得到大规模应用，I/O 性能的提升依然看不到减缓的迹象。以计算为中心、集中式计算处理的架构已经越来越不适应巨量数据时代的需求。而以数据为中心，通过数据流驱动计算的架构越来越成为一种重要的发展趋势。

图 8.4（a）是以计算为中心的架构：CPU 是计算的主体；CPU 与 I/O 通信；GPU 及其他计算单元作为 CPU 的辅助计算单元，受 CPU 的调度；GPU 与 I/O 的数据交互需要通过 CPU 的协调来完成。

图 8.4（b）是以数据为中心的架构，在此架构下，DPU 负责所有计算单元的数据 I/O，每个计算单元（包括 CPU）都具有同等的地位，相互交互、协调来完成计算任务。同时，由于 DPU 专门负责 I/O 的处理和数据传输，因此可以把一些 I/O 处理任务在 DPU 中加速完成，让 CPU、GPU 等计算单元专注于业务的计算。

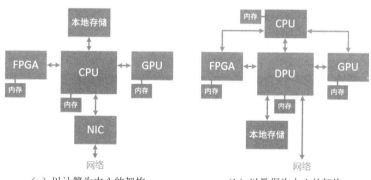

（a）以计算为中心的架构　　　（b）以数据为中心的架构

图 8.4　服务器架构对比

4. DPU 的定义

人工智能、物联网及大数据技术的发展，推动着人类进入数据革命的时代，人工智能需要大量的数据及对这些数据的处理。2020 年 5 月，NVIDIA 首席执行官黄仁勋在一次演讲中表示，DPU（Data Processing Unit，数据处理单元）将成为继 CPU 和 GPU 之后，数据中心计算加速的第三个重要平台（NVIDIA 在 2019 年 3 月正式完成对 Mellaonx 的收购，当前为 NVIDIA 网络 BU，本书中沿用通俗理解，依然采用 Mellanox）。CPU 用于通用计算，GPU 用于加速计算，而 DPU 则负责数据移动过程中的数据处理。

DPU 是一种 SoC，包含如下一些典型特征。

- 片内的高性能 CPU：能够在片内跟其他接口、加速处理单元进行高效的数据交互；不但承担其他硬件加速模块的控制面处理，也承担部分任务数据面处理；还可以用于管理，承担 CPU、GPU 及 FPGA 等计算单元的计算任务调度。
- 高性能网络接口：能够提供网络线速的处理性能，高效地把数据直接传输到 CPU 和 GPU 等计算单元。
- 丰富灵活的可编程加速引擎：可优化人工智能、机器学习、安全、网络和存储等应用程序的性能。

DPU 可以用作独立的处理单元，但通常将它跟 SmartNIC 合并，以代替传统 NIC，高效地处理 I/O 计算任务，作用更大，效果更好。在 DPU 的设计中，有针对性地改进服务器架构，以数据为中心，可以更大限度地发挥 DPU 的作用，提供更高的整体处理性能。

8.2.3 Nitro 系统

Nitro 系统是新一代 EC2 实例的基础平台，通过结合专用硬件和轻量级 Hypervisor，它能使 AWS 更快地进行创新，进一步降低用户成本，并带来更多好处，如增强的安全性和新的实例类型。

AWS 完全重构了虚拟化架构。传统的 Hypervisor 可以保护物理硬件和 BIOS、虚拟化 CPU、存储、网络，并提供丰富的管理功能。借助 Nitro 系统来分解这些功能，将其分流到专用的硬件和软件，并通过将服务器几乎所有的资源都交付给用户实例来降低成本。

Nitro 系统用于为 AWS EC2 实例类型提供的功能为：高速网络硬件卸载；高速 EBS 存储硬件卸载；NVMe 本地存储；远程直接内存访问（RDMA）；裸金属实例的硬件保护/固件验证；控制 EC2 实例所需的所有业务逻辑。

Nitro 系统给 AWS 带来的好处如下。

- 更快的创新。Nitro 系统是一个丰富的基础组件集合，可以通过许多不同的方式进行组装，使 AWS 能够灵活设计和快速交付 EC2 实例类型，并且具有越来越丰富的计算、存储、内存和网络选项。更快的创新还产生了新的裸金属实例，用户可以通过虚拟化 Hypervisor 来虚拟化自己的裸金属实例，也可以没有 Hypervisor，而将裸金属实例完全当作物理机来使用。

- 增强的安全性。Nitro 系统提供了增强的安全性，可以连续监视、保护和验证实例硬件和固件。虚拟化资源被转移到专用的硬件和软件上，可以最大程度上减少攻击面。Nitro 系统的安全模型被锁定并禁止管理访问，从而消除了人为错误和篡改的可能性。

- 更好的性能和价格。Nitro 系统实际上将主机硬件的所有计算资源和内存资源提供给用户的实例，从而提高了整体性能。此外，专用的 Nitro 卡可实现高速联网、高速 EBS 和 I/O 加速。CPU 不必保留用于管理软件的资源，这意味着可以节省更多的钱。

Nitro 系统架构如图 8.5 所示。Nitro 的物理形态为在服务器上的若干扩展板卡，不同的板卡组合使得不同类型的 EC2 服务器实例实现不同的 Nitro 系统功能。这些板卡分别实现了 Nitro 系统的五个主要功能，具体介绍如下。

- VPC Nitro 卡。VPC 的 Nitro 卡本质上是一个 PCIe 连接的网络接口卡。VPC Nitro 卡的设备驱动程序是弹性网络适配器（ENA），该驱动程序已包含在所有主要的操作系统中。Nitro VPC 卡支持网络数据包封装/解封装，实现 EC2 安全组，强制执行限制并负责路由。

- EBS Nitro 卡。EBS Nitro 卡支持 EBS 的存储加速。所有实例存储均以 NVMe 设备的形式实现，并且 EBS Nitro 卡支持透明加密，以及裸金属实例类型。远程存储实现为 NVMe 设备，即使在裸金属环境中，也支持再次通过加密访问 EBS 卷，并且不影响其他 EC2 用户和安全性。

- 用于实例的本地存储 Nitro 卡。用于实例的本地存储 Nitro 卡还为本地 EC2 实例存储实现了 NVMe。

- Nitro 控制器。Nitro 卡控制器可协调所有其他 Nitro 卡、服务器 Hypervisor 和 Nitro 安全芯片，它使用 Nitro 安全芯片实现了信任的硬件根，并支持实例监视功能。Nitro 控制器还为一个或多个 EBS Nitro 卡实现了 NVMe 控制器功能。

- Nitro 安全芯片。Nitro 安全芯片将所有 I/O 捕获到非易失性存储中，包括 BIOS 和服务器上所有 I/O 设备固件及任何其他控制器固件。Nitro 安全芯片实现了一种非常简洁的安全方法，通用 CPU 根本无法更改任何固件或设备配置。Nitro 安全芯片还实现了信任的硬件根。Nitro 系统替代了数千万行用于 UEFI 并支持安全启动的代码。在启动服务器时，先将其置于不受信任的状态，然后监测服务器上的每个固件系统，以确保未对这些固件系统进行任何未经授权的修改或更改。

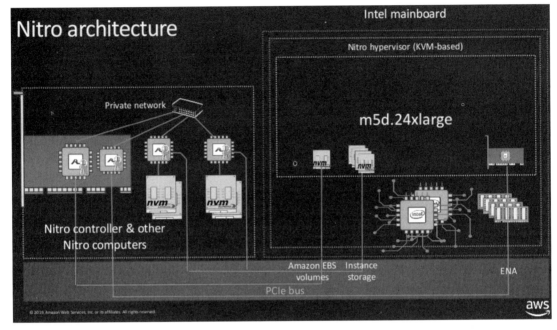

图 8.5　Nitro 系统架构

另外，Nitro 系统还实现了一个非常简单、轻量的 Hypervisor，该 Hypervisor 通常处于静态，它使得 AWS 能够安全地支持裸金属实例类型。

8.2.4　Mellanox Bluefield DPU

Mellanox Bluefield DPU 架构图如图 8.6 所示。Mellanox BlueField-2 DPU 是一个高度集成的 DPU，它集成了 ConnectX-6 Dx 网络适配器与 ARM 处理器核阵列，可为安全性、机器学习、云计算、边缘计算和存储应用程序提供灵活而高效的解决方案，同时降低总拥有成本（TCO）。Mellanox Bluefield-2 DPU 的主要功能如下。

- 八个功能强大的 64 位 ARMv8 A72 内核，这些内核通过一个 Mesh 网络与 DDR4 内存控制器和双端口以太网（或 InfiniBand）适配器互连。
- 支持两个 1Gbit/s、25Gbit/s、50Gbit/s、100Gbit/s 或一个 200Gbit/s 以太网（或 InfiniBand）网络端口。
- 一个用于连接 ARM 子系统的带外管理端口。
- 一个 16 通道 PCIe Gen 3.0/4.0 交换机，提供 EP 或 RC 功能。
- 集成了 ConnectX-6 Dx 网络适配器，提供网络相关处理加速。

- 硬件加速包括 RDMA/RoCE 功能，以及加密、存储和网络加速。
- Mellanox Bluefield DPU 依靠上述这些内置的硬件加速功能，结合 ARM 处理器阵列编程，可以实现复杂的自定义加速和控制路径。

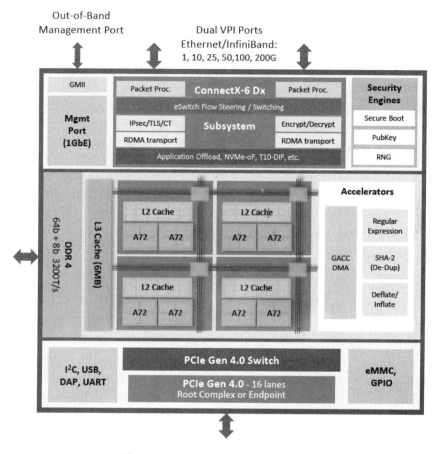

图 8.6　Mellanox Bluefield DPU 架构图

　　Mellanox BlueField-2 DPU 集成了各种安全加速，可以为数据中心提供隔离、安全性、加密和解密加速功能；利用 ASAP2 的网络加速方案，以及完整的数据面及控制面卸载，可以高效、高性能地支持虚拟化、裸金属、边缘计算场景的快速部署；通过 SNAP 机制为存储提供完整的端到端解决方案。

8.2.5　总结

　　当前业务和管理分离的趋势还在快速演进，有些公司已经发布了各自不同的设计方案。业务和管理分享的具体实现有基于 CPU、FPGA、ASIC 或多平台混合架构的方案。为了简化分析,这里不考虑具体实现所承载的硬件实体,我们只通过几个典型的功能演进来梳理业务和管理分离问题的全貌,具体介绍如下。

- 第一阶段:智能网卡(SmartNIC)。管理侧网络后台任务是最先遇到资源消耗挑战问题的,典型的如 OVS,在 25Gbit/s 下占用的 CPU 资源已经非常显著。智能网卡就是为卸载网络相关工作任务而设计的。
- 第二阶段:数据处理器(DPU)。从本质上来说,在智能网卡的基础上行,不仅仅是网络,而是整个 I/O 相关的工作任务处理都会面临资源消耗的挑战问题,因此 DPU 在网络卸载的基础上,加入了存储卸载及虚拟化卸载的解决方案。
- 更进一步的:基础设施处理器(Infrastructure Process Unit,IPU)。从云计算公司的角度来看,基础设施处理器平台不仅承载网络、存储及虚拟化的卸载,还需要承担安全、管理、监控等各种管理面的功能,更为关键的是物理隔离业务和管理:业务在 CPU 和 GPU,管理在 DPU(或者更准确地称为 IPU)。
- 更贴合用户需求的:弹性的基础设施处理器(elastic IPU,eIPU)。随着业务规模的进一步扩大,云计算公司对底层芯片提出了新的需求。在传统芯片需求的基础上,新的需求体现在:差异化的产品开发、高效的业务卸载及快速迭代。对功能扩展而言,传统的解决方案都是基于集成或独立 CPU 实现的软件功能扩展。在云计算场景中,I/O 需要更加极致的性能,基于 CPU 的软件方案已经无法满足要求,这就需要通过硬件方式(eIPU 方案)来实现高性能的功能扩展,提供性能强大、开发低门槛的硬件功能弹性。

8.3 业务的异构加速

业务加速是暴露给用户使用的,需要平台化的方案。基于 GPU、FPGA 及 ASIC/DSA 的加速服务,提供丰富多彩的多种类型加速方案,供用户按需选择。

8.3.1 业务加速概述

业务加速是提供给用户业务的服务,针对用户性能敏感的业务场景及特定应用提供硬件加速平台。对于 VPC、EBS 等基础服务,即使云计算厂家通过专有的硬件对其进行加速,这些加速用户也无法感知。相对应地,业务加速所使用的加速平台则是暴露给用户使用的,用户可以感知并根据自己的想法来使用业务加速平台。

常见的业务加速平台有如下三种。

- GPU 加速的云计算主机。例如，AWS EC2 P3 实例可以提供高性能的计算；支持高达 8 个 NVIDIA V100 GPU；同时可为机器学习、HPC 等应用提供高达 100Gbit/s 的网络吞吐量；可以实现最高 1 pflops 的混合精度计算性能，显著加速机器学习、高性能计算等应用程序的运行速度。

- FPGA 加速的云计算主机。例如，AWS EC2 F1 实例使用 FPGA 实现自定义硬件加速交付。AWS EC2 F1 实例易于编程，并且配备了开发、模拟、调试和编译硬件加速代码所需的各种资源，包括 FPGA 开发 AMI 镜像，支持在云上进行硬件级开发。AWS EC2 F1 理想的目标应用程序包括大数据分析、基因组学、电子设计自动化（EDA）、图像和视频处理、压缩、安全、搜索及分析。

- DSA/ASIC 加速的云计算主机。例如，AWS EC2 Inf1 实例可在云端提供高性能和最低成本的机器学习推理。AWS EC2 Inf1 实例具有多达 16 个 AWS Inferentia 芯片，这种芯片是由 AWS 设计和打造的高性能机器学习推理芯片。借助 AWS EC2 Inf1 实例，用户可以在云中以最低的成本运行大规模机器学习推理应用程序，如图像识别、语音识别、自然语言处理、个性化和欺诈检测。

8.3.2　DSA 加速：谷歌 TPU 服务

TPU 是谷歌用于深度学习加速的 DSA，是谷歌 TPU 服务的核心。TPU 1.0 是作为独立的加速器跟通用服务器相连接的。从 TPU 2.0 开始集成了 CPU 核，并定制了系统整体优化的 TPU 集群。

谷歌 TPU 服务的硬件实体如图 8.7 所示。TPU 节点采用水冷散热，128GB HBM，每秒 420 万亿次浮点运算。TPU 3.0 集群通过二维的环面网状网络连接集群节点，提供 32TB 的 HBM 访问，可以实现每秒超过 100 千万亿次浮点运算能力。

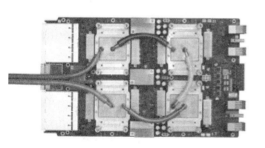

（a）谷歌 TPU 3.0　　　　　　　　　　　（b）谷歌 TPU3.0 集群 Pods

图 8.7　谷歌 TPU 服务的硬件实体

从 TPU 2.0 开始，谷歌采用从数据中心到芯片、从机器学习算法到硬件体系结构的多层次软硬件协同设计，利用跨学科和涉及广泛的专业知识来获得最佳结果。经过方方面面的优化，给用户提供超强性能且使用方便、快捷的云 TPU 服务。

谷歌云 TPU 服务提供如下一些功能特性。

- 模型库。用户可以使用不断扩充的云 TPU 优化模型库，模型库中的模型在图像分类、对象检测、语言建模、语音识别等方面针对性能、准确性和质量进行了优化。
- 将云 TPU 与自定义机器类型关联。用户可以将云 TPU 与自定义的 AI 平台深度学习虚拟机镜像（VM Image）类型关联，这会帮助具体工作负载以最优方式平衡处理器速度、内存和高性能存储资源。
- 与谷歌云计算平台产品全面集成。云 TPU 与谷歌云的数据和分析服务，以及谷歌 Kubernetes 引擎（GKE）等其他谷歌云计算平台产品全面集成。当用户使用云 TPU 运行机器学习工作负载时，可充分利用谷歌云行业领先的存储、网络及数据分析等服务的优势。
- 抢占式云 TPU。可以为容错式机器学习工作负载提供抢占式云 TPU，从而节省资金。

8.3.3 FPGA 加速：FaaS

FPGA 的硬件可编程能力跟云计算所需要的功能弹性有很高的契合度，其价值在云计算数据中心领域得以凸显。利用 FPGA 的局部可编程能力，基于 FPGA 开发运行框架，同时借助第三方 ISV 的支持，可以快速构建面向各种应用场景的 FPGA 加速解决方案。

1. FaaS 基本原理

由于通常的系统都符合"二八定律"，因此把 FPGA 大体上分为两个域：把管理和一些基础的组件封装在 Shell，作为静态部分；而把核心的加速引擎作为 Kernel 的动态部分。对应的软件部分也分为管理域和用户应用域。

FaaS 基本原理架构如图 8.8 所示。用于 FaaS（FPGA as a Service，FPGA 即服务）的 FPGA 逻辑设计分为两部分：管理的 Shell 和用户加速功能的 Kernel。Shell 层提供基础的管理，以及 PCIe、DDR、网络等接口封装，同时提供相应的软件堆栈；而用户只需要开发自己的加速功能硬件逻辑和相应的功能驱动程序，以及业务应用，设计好的 Kernel 作为 FPGA 镜像，可以通过管理 PF 烧录到 FPGA 中去。

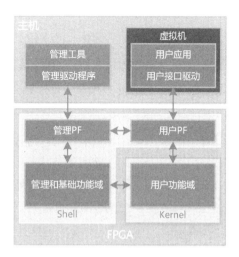

图 8.8　FaaS 基本原理架构

2. FaaS 业务加速场景

GPU 具有灵活且友好的软件编程环境，以及丰富的应用编程库，适用于大部分加速场景，但加速的性能相比于定制加速平台的加速性能还有一定差距。DSA/ASIC 的平台设计门槛太高，适用于规模大且相对成熟的场景，如机器学习训练和推理。FPGA 则通常具有比 GPU 更好的性能，比 DSA/ASIC 更低的门槛，适用于规模稍小、性能要求高、需要快速落地的加速场景。并且 FPGA 具有硬件可编程的特点，非常符合云计算场景对软硬件弹性的需求。

常见的基于 FPGA 的加速场景如下。

- 实时视频处理。高性能直播级视频应用（如视频分析、视频转码和视频压缩）需要实现实时视频处理。视频压缩是节省 ISP 带宽的一种方式，可以帮助用户节省带宽成本。
- 高通量图像处理。大型网站可以在数据传输过程中节省执行图像转码的存储空间。例如，处理来自智能手机用户的大量数据。
- 大数据搜索和分析。许多大数据应用程序对数据分析和搜索的数量、多样性和速度要求不断提高，导致用户寻求硬件加速来满足这些要求。
- 基因学研究。基因学研究人员必须处理生物信息数据的数量和复杂性不断增加，他们必须处理 PB 级的数据才能快速满足医生及患者的需求。
- 财务分析。金融服务行业对多种应用程序的加速计算功能需求一直在不断增加，包括风险建模和分析、针对安全性的事务分析、数据分析等。通过 FPGA 加速可以提高风险建模和分析的准确性，从而显著改进他们的决策制定流程，并更快获得结果，以便交易者可以根据最新数据做出更好的判断。

3. FaaS 第三方镜像

FaaS 的优点一方面体现在可以选择合适的规格并灵活扩展 FPGA 加速实例的数量；另一方面体现在基于 FaaS 的 FPGA 开发已经为用户准备了基础的软硬件框架，用户只需要专注于与自己业务相关的逻辑实现即可。

这两方面的优点一个是云计算主机本身的优点，另一个是 FPGA 加速框架的优点。云计算主机和 FPGA 加速框架整合成 FaaS 之后，出现了第三个也是最重要的一个优点：第三方加速镜像支持。对于常见的基于 FPGA 的加速场景，在云计算厂家的镜像市场一般都有第三方设计好的软硬件加速方案，用户可以直接在镜像市场查询、测试和部署自定义的加速器，从而轻松完成自有业务的计算加速。用户无须了解 FPGA 编程，可以像主机实例的软件镜像一样，快速部署。

8.3.4 异构计算架构演进

除了需要持续提升主机和加速设备的性能之外，异构计算还需要考虑主机和加速设备之间数据交互所需开销。优化主机和加速设备之间的数据交互代价一直是异构计算架构追求的目标。

异构加速服务器架构如图 8.9 所示，主要有如下四种。

- 以计算为中心的经典架构，如图 8.9（a）所示。以计算为中心的经典架构是当前主流架构，以 GPU、FPGA 或 DSA/ASIC 为加速器，通过 PCIe（或 CXL/CCIX）将加速器连接在一起，作为 CPU 的协处理器，分担 CPU 的一些计算密集型任务，以此来提升整个系统的处理能力。

- 以数据为中心的架构，如图 8.9（b）所示。DPU 不但卸载了大量的 I/O 后台处理，并且可以直通加速器，不需要 CPU 的中转，从而提升整体 I/O 的性能。

- CPU 和加速器集成的架构，如图 8.9（c）所示。通用加速器需要与 CPU 频繁共享大量的数据。把 CPU 和加速器集成到一起，可以大幅度提升 CPU 和加速器数据交互性能。CPU 和加速器集成架构的缺点是 ASIC 加速器面向特定场景，这样集成的芯片及服务器是面向特定场景提供服务的，会限制其应用规模。例如，集成 CPU 的 TPU 2.0/3.0 芯片及服务器集群主要面向 TensorFlow 加速场景，是一种偏定制化的设计，很难大规模推广。如果集成 FPGA 加速器到 CPU 中，则会进一步增加 CPU 的成本，并且不是所有场景都需要加速，会增加整体硬件成本。

- 加速器和 DPU 集成的架构，如图 8.9（d）所示。在云计算场景中，加速器和 DPU 集成的架构把 CPU 交付给用户云计算主机，DPU 完成后台 I/O 处理和虚拟化等控制管理面的处理，而集成的加速器则可以通过 FPGA 等方式提供具有一定灵活性的通用加速解决方案。

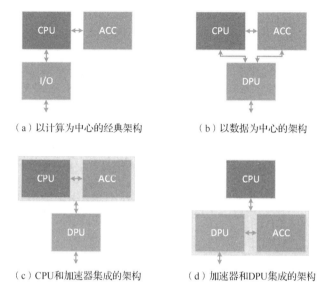

（a）以计算为中心的经典架构 （b）以数据为中心的架构

（c）CPU和加速器集成的架构 （d）加速器和DPU集成的架构

图 8.9 异构加速服务器架构

在上述四种异构加速服务器架构基础上，还可以通过 PCIe（或 CXL/CCIX）或高速网络的方式构建异构计算加速器阵列，来支持更大规模、更高性能需求的应用场景。这里需要注意的是，更大规模的异构计算加速器阵列适用于加速部分程序跟主机部分程序之间数据交互不太频繁的场景，因为通过 PCIe/Ethernet 网络连接的异构计算加速器阵列，在与主机进行数据交互的时候必然存在性能上的瓶颈。理想的情况是，只有处理的输入和输出交互，整个数据的处理都在加速器中完成。

8.4 存储的加速和定制

存储是云计算核心的三大功服务之一。随着大数据分析、人工智能等业务的飞速发展，提供大容量、高可用、性能满足要求、成本低廉的存储产品服务的难度越来越大。只有从软硬件架构层面深度优化整个存储体系，才可以为用户提供更加优质且价格低廉的存储服务。

8.4.1 存储概述

硬件层次的存储指的是挂载在服务器本地的磁盘及分布式的存储服务器集群。基于存储硬件，根据业务需求演化出了很多种形态各异的产品服务，如本地（临时）块存储、分布式（持久化）块存储、分布式文件系统、对象存储、归档存储及 CDN 服务等。上层丰富多彩的云计算服务是靠底层硬件存储设备来支撑的。

- 本地存储。
  ○ 高性能本地盘：用于高性能计算场景的数据暂存，常用存储介质为 NVMe SSD。
  ○ 低成本本地盘：用于本地性能不敏感数据缓存，减少网络带宽消耗，常用存储介质为 SATA HDD。
- 远程存储。
  ○ 热存储服务器：用于高性能存储服务场景，如远程块存储、高性能计算、大数据分析等，常用存储介质为 NVMe SSD。
  ○ 温存储服务器：用于常规大容量的分布式存储，如对象存储等，常用存储介质为 SATA SDD 或高性能 HDD。
  ○ 冷存储服务器：用于归档型数据的存储，访问频次非常低，常用存储介质为归档型 HDD 或磁带。

图 8.10 为经典的以 CPU 为核心的存储服务器系统模型。图 8.10（a）为本地存储的架构模型，包括本地的高性能存储和通用存储。图 8.10（b）为热/温/冷存储服务器架构模型，根据热存储、温存储和冷存储的不同场景，选择不同性能的计算节点，后端的存储阵列也采用不同的物理结构及不同的存储介质。图 8.10（c）为存储服务器集群系统模型，业务服务器为存储系统的客户端，存储服务器为服务器端。业务服务器可以访问所有类型的存储服务器。每个类型服务器也可以相互访问，用于冗余、管理等处理。同时，三级存储阶梯可以根据数据冷热度的变化把数据在三类存储集群中传递。

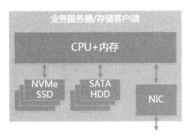
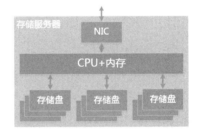

（a）本地存储的架构模型 　　（b）热/温/冷存储服务器架构模型

图 8.10　经典的以 CPU 为核心的存储服务器系统模型

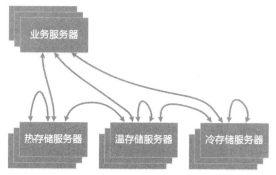

（c）存储服务器集群系统模型

图 8.10　经典的以 CPU 为核心的存储服务器系统模型（续）

8.4.2　热存储服务器：Xilinx NVMeoF 参考设计

传统基于通用服务器架构的存储服务器通过 NIC、CPU 及附属的 DDR 内存来承担输入接口和存储服务器计算的任务。在存储服务器侧，虚拟化映射算法、加解密、压缩、冗余等处理都非常消耗 CPU 资源，特别是在高性能的热存储场景中，用户对处理性能和延迟都是非常敏感的。因此，针对热存储场景，有必要通过专有的硬件来加速整个存储任务的处理。

图 8.11 为 XilinxNVMeoF 存储加速参考方案。MPSoC 系列 FPGA 为集成 4 核 64 位 ARM A53 处理器、包含 FPGA 可编程逻辑的 SoC。在 FPGA 部分实现整个数据处理逻辑，在 ARM A53 处理器运行相关的控制面和业务程序。在 FPGA 的数据处理引擎中，可以灵活加入各种线内存储加速。

跟传统基于通用服务器的方案相比，基于高集成度 MPSoC 系列 FPGA 的解决方案具有如下优点。

- 集成的单芯片方案，替代 NIC 和 CPU，整合计算和网络，降低服务器物理尺寸、成本及功耗。

- 存储的数据面处理完全通过硬件加速，在提升性能的同时进一步优化原有 CPU 处理的成本和功能。

- 基于 FPGA 的数据面处理，可以削减不必要的功能，并且可以快速迭代，升级处理算法或增加新功能。

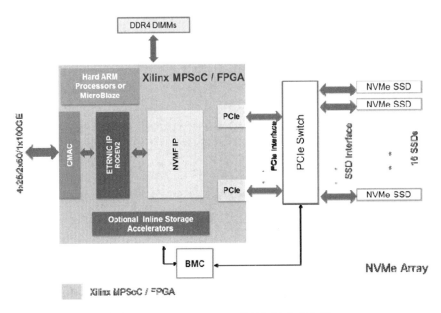

图 8.11　Xilinx NVMeoF 存储加速参考方案

8.4.3　机架级冷存储：微软 Pelican

微软 Pelican 定制了一款整机架冷存储服务器，如图 8.12 所示。Pelican 冷存的目标是成本和磁带接近，但性能和延迟远优于磁带。

Pelican 通过如下措施来实现这一目标。

- 磁盘。如图 8.12（b）所示，Pelican 使用新式的 SMR 归档型磁盘，共有 1152 块磁盘。Pelican 整机架 52U，其中 48U 用于磁盘阵列，平均 24 盘每 U。Pelican 提供 5PB 以上的存储容量。
- 功耗。归档型磁盘支持 Spin Up 和 Spin Down，通过一定的软件调度，在同一时刻只有约 8% 的磁盘处于 Spin up 状态，其他磁盘均处于 Spin down 状态。
- 散热。如图 8.12（b）所示，整个机架没有散热风扇，通过特定的规则把磁盘分散地划分成若干个散热域，每个散热域里的磁盘尽可能远地分散到整个立体阵列里，在特定域的某个磁盘处于 Spin up 状态的时候，周围的磁盘都是处于 Spin down 状态的，这样散热相对较小，然后通过空气导流槽把热量逐步传递出去。
- 服务器。两台 1U 的服务器计算节点，一方面可以增加带宽，另一方面可以提供服务器硬件高可用，当一台服务器出现故障的时候，依然能够提供 50% 的服务能力。整机架磁盘只需要两个 1U 的服务器，提供非常高密度的磁盘。

- 带宽。两台双口服务器提供总计 40Gbit/s 的网络带宽。通过调度算法，在保证所有带宽都线速的情况下，让尽可能少的磁盘处于工作状态。

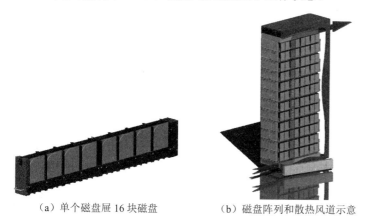

（a）单个磁盘屉 16 块磁盘　　　（b）磁盘阵列和散热风道示意　　　（c）Pelican 实物图

图 8.12　Pelican 整机架冷存储服务器

基于功耗优化的考虑，需要设计磁盘调度机制：在某一时刻，只有被访问的磁盘组处于工作模式，而其他磁盘组则处于低功耗模式。

Pelican 高度算法如图 8.13 所示。为了充分利用归档型磁盘的低功耗特点，Pelican 设计了多个任务，分别对应按照散热规则划分的硬件磁盘组，在任一时刻，只有一个磁盘组处于工作状态，磁盘组根据 Round-Robin 算法进行进一步调度。因为磁盘 Spin up 有一定的延迟时间，所以可以认为有一定的调度代价，这样把每个任务设置成任务队列的方式，可以批处理一批任务，以此来降低平均的调度代价。

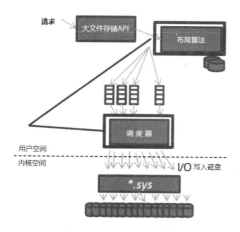

图 8.13　Pelican 调度算法

另外，Pelican 还使用了纠删码算法，该算法可以保证尽可能低的磁盘用量。传统的分布式存储采用写三份的方式，磁盘利用率为 1/3，RAID1 磁盘利用率为 1/2，而纠删码算法的磁盘占用可以达到 0.75 以上。纠删码算法采用的是典型的时间换空间策略。冷存储一旦写入就会很少读取，采取纠删码算法的时间换空间策略就非常值得。

8.5 网络可编程和性能优化

可编程网络 ASIC 及网络领域的 DSA 是网络技术发展的非常重要的趋势。随着业务规模越来越大，性能需求越来越高，基于服务器集群的资源解构趋势愈发明显，高性能的网络通信变得越来越重要。

8.5.1 数据中心网络综述

如果按照功能逻辑把网络分层，则云计算数据中心网络可以分成如下三层。

- 第一层：物理的基础网络连接，也就是我们通常所理解的 Underlay 底层承载网。
- 第二层：基于基础物理网络构建的虚拟网络，也就是我们通常理解的基于隧道的 Overlay 网络。
- 第三层：各种用户可见的应用级网络服务，如接入网关、负载均衡等。

本节通过梳理云计算网络相关产品服务，分析数据中心网络架构的性能瓶颈和优化方法。

1. 云计算网络服务

网络是云计算数据中心最重要的部分，这主要体现在如下方面。

- 网络的重要性：网络连接所有节点，各类服务都通过网络连接，用户通过网络远程操作。没有网络，一切都是空的。
- 网络的复杂性：不像一般的业务系统，云计算网络通常是单服务器级别或集群级别的；网络系统基本上都是数据中心级别的，在整个数据中心的规模上，构建各种复杂的网络业务逻辑，整个系统复杂度非常高。
- 网络故障的严重性：计算服务器故障、存储服务器故障都是相对局部的故障，网络故障则牵一发而动全身。任何一个微小的网络故障都可能引起整个云计算数据中心不可用，网络故障一旦发生，必然是重大故障。

随着集群类应用的规模越来越大，东西向流量占比越来越高，对网络性能和延迟的要求也越来越高。网络的稳定压倒一切，在保证网络稳定的基础上，如何提供性能更高、延迟更低、服务更稳定的网络服务，同时能够支持各个层次功能丰富的网络类产品服务的问题则变得越来越复杂。

云计算快速发展，产生了很多网络相关的产品服务，这里以 AWS 为例对这些产品服务进行介绍，如表 8.1 所示。

表 8.1 AWS 的网络和分发服务（或功能）

类别	服务	场景介绍
网络架构	VPC（Virtual Private Cloud）	虚拟私有网络，主机资源隔离，用于创建相互隔离的私有局域网
	ELB（Elastic Load Balancing）	弹性负载均衡，支持用户业务应用的高可用性和高可扩展性
	AWS Global Accelerator	全球网络加速，加速网络的性能和交付，使用 AWS 全球网络提升全球应用程序的可用性和性能
	AWS Transit Gateway	扩展网络设计，将 VPC、AWS 账户和本地网络轻松连接到一个网关中，优化用户网络访问路径
网络连接	Amazon Route 53	域名系统，提供可用性高、可扩展性强的云域名系统（DNS）服务
	AWS PrivateLink	私有连接，在不同账号、不同 VPC 间轻松连接各种服务，不让数据暴露在公网中，从而提高与云应用程序共享数据的安全性
	AWS VPN（Virtual Private Network）	加密的虚拟专网，可在本地网络、远程办公室、客户端设备和 AWS 全球网络之间建立安全的连接
	AWS Direct Connect	与 AWS 的直接连接，可以轻松建立从本地通往 AWS 的专用网络连接。VPN 通过虚拟的通道，实际上大部分时间还是在公网传输；而直接连接则是通过 AWS 位于全球各地的直连站点连接到 AWS 数据中心网络的
主机相关网络功能	EIP（Elastic IP Addresses）	弹性 IP，专用于动态云计算的静态公网 IP 地址
	ENA（Elastic Network Adapter）	增强型联网接口，显著提高 PPS 性能，降低网络抖动，并减少延迟
	EFA（Elastic Fabric Adapter）	使用定制的操作系统旁路技术来增强实例间通信的性能，主要应用于 HPC 场景。EFA 支持行业标准的 libfabric API
应用程序交付	Amazon Cloud Front	内容分发（CDN）服务
	AWS App Mesh	监控微服务，对服务的通信方式进行了标准化，可提供端到端的可见性，确保应用程序的高可用性
	AWS Cloud Map	服务发现，可以为应用程序资源自定义名称，并且维护不断变化的资源更新位置，提高应用程序的可用性，因为 Web 服务始终会发现资源的最新位置
	Amazon API Gateway	构建、部署和管理 API，一种完全托管的服务，帮助开发人员轻松创建、发布、维护、监控和保护任意规模的 API

2. 云计算网络架构模型

透过现象看本质，网络相关的服务丰富多样，不管是虚拟网络、负载均衡、跨域网络和访问加速，还是各类网络安全机制，它们依然植根于分层的网络架构和相关协议。

图 8.14 是简化的数据中心网络架构模型。源服务器经过各个网络层的协议处理和封装，通过硬件的 NIC 把网络包传输到交换机，交换机把数据包转发到目的服务器，数据包经过目的服务器各个网络层的协议解封装和处理，至此就完成了一个网络包全部的处理流程。

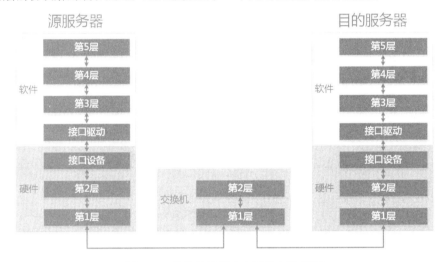

图 8.14　简化的数据中心网络架构模型

通俗地讲，实现高性能网络有三种办法：更高的网络容量、更低延迟的网络传输路径及更高的网络利用率。依此，我们可以确定如下一些网络优化和硬件加速的方向。

- 站在整体协议栈的角度。针对不同场景选择合适的或定制优化的系统协议栈。例如，用于 HPC 场景的 InfiniBand 网络成本高昂，通常不会被数据中心采用。d 数据中心，针对网络流量的类型及不同网络相互间的兼容性，南北向网络流量通常选择传统的 TCP/IP 协议栈，而东西向流量则选择（如 RDMA/RoCEv2 等）高性能网络，并且，需要考虑不同的网络协议栈相互兼容的问题。而一些云计算服务商针对特定的场景，会从整个协议栈的角度出发，优化或定制部分功能特征。

- 站在基础网络的角度。升级更高速的基础物理网络，选择更大带宽、更低延迟的网卡和交换机，关注的重点是更高的包处理和转发性能，需要考虑的是成本和收益的平衡。

- 站在硬件加速的角度。网络协议的硬件卸载加速和业务创新：通过数据面可编程的网络处理平台来卸载网络协议处理，实现高性能的协议处理，以及更快速的网络业务创新。

- 更高速的软硬件接口。通过类似 DPDK 的机制直通到用户态驱动程序，硬件支持 I/O 硬件虚拟化和并行的多队列等机制，实现网络软硬件之间的高速传输接口。
- 站在从网络传输优化的角度。通过优化算法，充分利用网络资源，提供更加稳定可靠、无抖动的网络传输，实现更低的延迟和更高的网络带宽利用率。

8.5.2　数据面编程交换芯片

Barefoot 基于 PISA 架构设计了面向数据中心、支持 P4 数据面编程的 ASIC 交换芯片，其目标是使对网络的编程与 CPU 编程一样简单。当网络完全可编程（控制面和数据面都在最终用户的控制之下）时，网络行业将享有与软件一样飞速的发展。

在 Barefoot 看来，虽然已经存在 NPU 和 FPGA，可以修改网络协议和编辑数据包，并为那些知道如何编写微代码或 RTL 的人员提供适度的可编程性，但是它们跟 ASIC 的性能不在一个数量级。因此，NPU 和 FPGA 只能在性能不敏感的地方发挥作用。Barefoot 为网络行业提供极佳的解决方案：可编程性数据面协议，并且达到行业最高速度。Barefoot 不仅开发了全球第一个比传统 ASIC 更快的可编程交换机芯片，还使网络编程变得容易且通用。

Barefoot 与谷歌、英特尔、Microsoft、Princeton 及 Stanford 合作，开发了用于编程网络的开源网络编程语言 P4。程序员可以基于 P4 编程来描述网络行为，从而编译程序可以在各种不同的平台上运行。P4 为网络设备制造商和网络所有者提供了差异化的手段，可以使产品或整个网络变得更好。

目前，如果用户想向网络添加新功能，则必须与芯片供应商共享该功能，这会使该功能出现在竞争对手的网络中，从而无法实现差异化，设备制造商也不愿意添加新功能。添加新功能需要花费几年的时间，而竞争优势维持时间却很短暂，这导致一些公司倾向于开发特有的固定功能 ASIC，以保持领先地位。

像 CPU 编译器一样的网络编译器如图 8.15 所示，可编程性长期存在于计算、图形、数字信号处理及特定领域处理器中，从而使蓬勃发展的开发人员社区能够快速创新并编写以最终用户为中心的解决方案。Barefoot 的 PISA 架构可以像 DSP、GPU 及 TPU 一样，将完全控制权交给网络所有者。

Barefoot 首先确定了一个小规模的原语指令集来处理数据包（包含约 11 条指令），以及非常统一的可编程流水线（PISA 架构），来快速连续地处理数据包头。程序使用 P4 编写，由 Barefoot Capilano 编译器进行编译，并经过优化以在 PISA 架构的设备上全线速运行。Barefoot 的目标是使网络更加敏捷、灵活、模块化，以及成本更低。

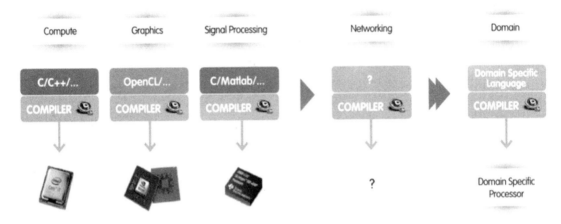

图 8.15　像 CPU 编译器一样的网络编译器

Barefoot 认为，网络系统正朝着三层结构方向发展：底部是一个 P4 可编程的 Tofino 交换机，底部上面是一个基于 Linux 的操作系统，运行专有的控制面应用程序。Barefoot 为整个行业提供最快、最高可编程性、经过 P4 优化的交换机硬件。

8.5.3　高性能网络优化

在基础网络、硬件加速及网络接口都确定的情况下，为了更充分地利用网络容量，达到网络高性能的同时防止性能抖动，需要进行网络拥塞控制。

1.　网络拥塞控制简介

网络中如果存在太多的数据包，就会导致数据包的延迟，并且数据包会因为超时而丢失，从而降低传输性能，这种情况称为拥塞（Congestion）。高性能网络非常重要的一个方面就是在充分利用网络容量、提供低延迟网络传输的同时尽可能避免网络拥塞。

如图 8.16（a）所示，当主机发送到网络的数据包数量在其承载能力范围之内时，送达的数据包数与发送的数据包数为正比。随着负载接近网络承载能力，偶尔突发的网络流量会导致拥塞崩溃。如图 8.16（b）所示，当加载的数据包增加到接近承载上限的时候，其延迟时间是急剧上升的。

说明：拥塞控制和流量控制是不同的：拥塞控制的目标是确保网络能够承载所有到达的流量，是全局性的控制；流量控制只与特定的发送方和特定的接收方之间的点到点流量有关，目标是确保一个快速的发送方不会持续地以超过接收方接收能力的速率传输数据。

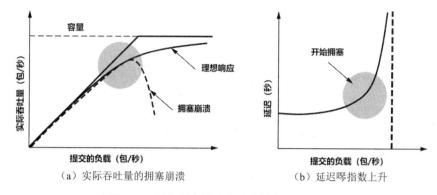

图 8.16　网络拥塞导致的吞吐量和延迟问题

针对拥塞所采取的办法有很多种，根据解决方案效果的从慢到快，介绍如下。

- 避免拥塞的基本方法是建立一个与流量匹配的网络，需要根据流量的利用率增长趋势提前升级网络。
- 充分利用现有网络容量，根据不同时刻的流量模式定制路由，这称为流量感知的路由。
- 增加网络容量需要时间，解决拥塞的直接的办法就是降低负载。例如，拒绝新连接的建立，这称为准入控制。
- 当拥塞即将到来前，网络可以给造成拥塞问题的源端传递反馈信息，要求源端抑制它们的流量。
- 当一切努力均失败时，网络就不得不丢弃它无法传递的数据包，这称为负载脱落。

拥塞控制算法的目标如下。

- 找到一种优化的带宽分配方法，更加易于避免拥塞。一种优化的带宽分配方法能带来更好的性能，因为它能充分利用所有的可用带宽，避免拥塞。
- 带宽分配算法对于所有传输是公平的，既能保证大流量数据流的快速传输，又能保证小流量数据流的及时传输。
- 拥塞控制算法能够快速收敛到公平高效的带宽分配。

2. 阿里云 HPCC 和 RDMA 拥塞控制优化

数据中心网络的端口带宽已从 1Gbit/s 增长到 100Gbit/s，并且这种增长还在持续。越来越多的应用程序要求更低的延迟和更高的带宽，在数据中心，有如下两个重要的趋势驱动着对高性能网络的需求。

- 第一个趋势是新的数据中心架构，如资源解构和异构计算。在资源解构中，CPU 需要与 GPU、内存和磁盘等远程资源进行高速网络互连；在 CPU 和加速器解构的异构计算环境中，不同的计算芯片也需要（通过网络）高速互连，并且延迟越低越好。

- 第二个趋势是新的应用程序。例如，运行于高速 I/O 介质（如 NVMe）上的存储，以及在 GPU 和 ASIC 之类的加速计算设备上进行大规模机器学习训练。这些应用程序会定期传输大量数据，其存储和计算速度非常快，性能的瓶颈通常是网络传输。

传统基于软件的网络堆栈不再能够满足关键的延迟和带宽要求，将网络堆栈卸载到硬件中是高速网络的必然发展方向。数据中心部署的 RoCEv2 通过 RDMA 进行网络传输，是当前主要的硬件卸载解决方案。不幸的是，大规模的 RDMA 网络在平衡低延迟、高带宽利用率和高稳定性方面面临根本的挑战。经典的 RDMA 拥塞机制（如 DCQCN 算法和 TIMELY 算法）具有如下局限性。

- 收敛缓慢。对于粗粒度的反馈，如 ECN（Explicit Congestion Notification，显式拥塞通知）或 RTT（Round-Trip Time，传输往返时间），拥塞方案无法确切知道增加或降低发送速率的程度，可以使用启发式方法推测速率更新，迭代收敛到稳定的速率。
- 不可避免的数据包排队。DCQCN 算法利用 ECN 标记来判断拥塞风险，TIMELY 使用 RTT 增加来检测拥塞。这两种算法都是在队列建立后发送方才开始降低流量，这些堆积的队列会大大增加网络延迟。
- 复杂的参数调整。例如，DCQCN 算法有 15 个参数可以调整，操作员在日常 RDMA 网络维护中要面对复杂且耗时的参数调整，这会大大增加配置错误的风险，这些错误配置会导致不稳定或性能下降。

HPCC（High Precision Congestion Control，高精度拥塞控制）背后的关键思想是利用 INT（In-Network Telemetry，网络内遥测）提供精确的链路负载信息来计算准确的流量更新。HPCC 在大多数情况下仅需要一个速率更新步骤。HPCC 发送方可以快速提高流量以实现高利用率，或者降低流量以避免拥塞。HPCC 发送方也可以快速调整流量，以使每个链接的输入速率略低于链接的容量，保持高链接利用率。由于发送速率是根据交换机直接测量的结果精确计算得出的，因此 HPCC 仅需要 3 个独立参数即可调整公平性和效率。

如图 8.17 所示，HPCC 实现为由发送方驱动的拥塞控制框架，接收方确认发送方发送的每个数据包。在数据包从发送方传输到接收方的过程中，路径上的每个交换机都利用 INT 功能插入一些元数据，这些元数据报告了数据包出口的当前负载。当接收方收到数据后，它将所有的元数据复制到 ACK 消息中。发送方根据 ACK 信息决定如何调整流量。

图 8.18 为支持 HPCC 的 FPGA NIC 实现。NIC 提供了一个 FPGA 芯片，并且提供了基础的 PCIe 及 MAC 模块，PCIe 连接到主机内存，MAC 模块连接到以太网。HPCC 模块位于 PCIe 和 MAC 之间，作为发送方和接收方的角色。拥塞控制（CC）模块实现了发送方拥塞控制算法，它接收 RX

方向返回的 ACK 信息，根据这些信息调整发送窗口和速率，并且更新新的发送窗口和速率到流量调度器。

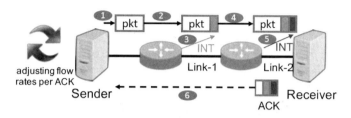

图 8.17　HPCC 框架示意图

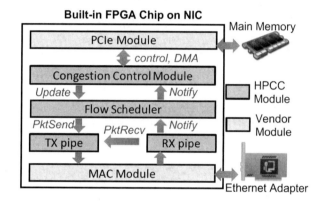

图 8.18　支持 HPCC 的 FPGA NIC 实现

　　通过测试平台实验和大规模仿真，与 DCQCN、TIMELY 等方案相比，HPCC 对可用带宽和拥塞的反应更快，并保持接近零的队列。在 32 台服务器测试平台 50%的流量负载下，HPCC 在中位数保持队列大小为零，当负载达到 99%时，队列大小为 22.9KB（仅需要 7.3μs 的排队延迟）。与 DCQCN 相比，HPCC 使 99%负载情况下的延迟减少了 95%，而不会牺牲吞吐量。在 320 台服务器的测试中，即使 DCQCN 和 TIMELY 方案频繁发生 PFC（Priority Flow Control，基于优先级的流量控制）风暴，HPCC 也不会触发 PFC 暂停。

3. AWS 的 EFA 和 SRD

EFA（Elastic Fabric Adapter，弹性互连适配器）是 AWS EC2 实例的一种网络接口，它的性能改进主要通过如下三项关键技术实现。

- 应用程序绕过操作系统内核直接与硬件对话，这提高了应用程序性能的稳定性。
- 持续开发和调整 EFA 和设备驱动程序以适应新的高带宽实例类型。

- 新的以云为中心的可靠性协议层，称为 SRD（Scalable Reliable Datagram，可扩展可靠数据报）。

基于 EFA 的 HPC 网络协议栈如图 8.19 所示。EFA 定制的操作系统旁路硬件接口增强了实例间通信的性能。借助 EFA，使用消息传递接口（MPI）的高性能计算（HPC）应用程序和使用 NVIDIA 集体通信库（NCCL）的机器学习（ML）应用程序可以扩展到数千个 CPU 或 GPU，并且可以实现本地 HPC 集群的应用程序性能及 AWS 的按需弹性和灵活性。

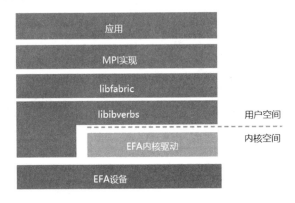

图 8.19　基于 EFA 的 HPC 网络协议栈

SRD 是专为 AWS 设计的可靠、高性能、低延迟的网络传输。SRD 是数据中心网络数据传输的一次重大改进，已实现为 AWS 第三代 NITRO 芯片的一个重要功能。SRD 受 InfiniBand 可靠数据报的启发，与此同时，考虑到大规模的云计算场景下的工作负载，SRD 也经过了很多修改和改进。SRD 利用了云计算的资源和特点（如 AWS 的复杂多路径主干网络）来支持新的传输策略，为其在紧耦合的工作负载中发挥价值。SRD 主要功能如下。

- 乱序交付。取消按顺序传递消息的约束，消除了行首阻塞，AWS 在 EFA 用户空间软件堆栈中实现了数据包重排序处理引擎。
- 等价多路径路由（ECMP）。两个 EFA 实例之间可能有数百条路径，使用大型多路径网络的一致性流哈希的属性，以及 SRD 对网络状况的快速反应能力，找到消息的最有效路径。数据包喷涂（Packet Spraying）可防止拥塞热点，并可以从网络故障中快速而无感地恢复。
- 快速的丢包响应。SRD 对丢包的响应比任何高层级的协议都快得多。偶尔的数据包丢失是正常网络操作的一部分，这不是异常情况。
- 可扩展的传输卸载。SRD 与其他可靠协议（如 InfiniBand 可靠连接 IBRC）不同，一个进程可以创建并使用一个队列对与任何数量的对等方进行通信。

表 8.2 为 TCP、InfiniBand 及 SRD 的特征对比。

表 8.2　TCP、InfiniBand及SRD的特征比较

TCP	InfiniBand	SRD
基于流	基于消息	基于消息
顺序	顺序	乱序
单路径	单路径	负载均衡的 ECMP 喷涂
很长的重传超时（>50ms）	静态的用户配置超时 （对数规模）	动态估算的超时 （μs 级精度）
基于丢包率的拥塞控制	半静态的速率限制 （支持速率有约束的设置）	动态速率限制
低效的软件栈	受规模约束的传输卸载	可扩展的传输卸载 （相同数量的队列对，与集群大小无关）

如图 8.20 所示，EFA 非常明显地提高了带宽利用率（接近于线速 100Gbit/s），同时明显地减少了单数据包延迟，并且基于 SRD 链接失效处理的性能抖动也变得非常小。

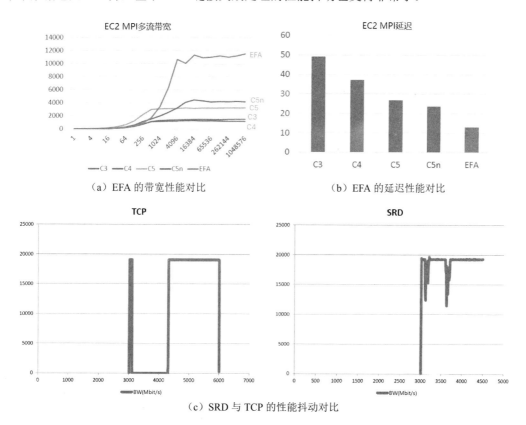

（a）EFA 的带宽性能对比　　　　（b）EFA 的延迟性能对比

（c）SRD 与 TCP 的性能抖动对比

图 8.20　EFA/SRD 的 HPC 性能

8.6 硬件定制

硬件定制是软硬件融合的基础，硬件定制有两种模式：依靠业务创新驱动的由内而外的模式；依靠服务器等优化定制的由外而内的模式。我们可以合理利用两种模式的优势资源，构建云计算的核心竞争力。

8.6.1 硬件定制概述

本节介绍硬件定制的发展趋势，以及硬件定制与软硬件融合的关系。

1. 硬件定制趋势

创新是云计算发展的本质推动力量，基于软硬件深度融合的硬件定制会成为未来一定时期内云计算创新的焦点和热点所在。主要的云计算厂家都会在基于软硬件深度融合的硬件定制领域重金投入，以此形成自己独特的核心竞争力。

最初，公有云建立在通用的服务器上，以此来降低成本并实现规模部署。随着云计算技术的进一步发展，一方面，数据中心的规模日益庞大，云计算厂家拥有数以百万级的服务器；另一方面，云计算 IaaS 层产品相对成熟，逐渐开始针对特定场景推出特定的功能和服务。特定场景的服务及云计算的规模是推动云计算数据中心走向定制的根本原因。

硬件定制的四个主要价值如下。

- 成本优化。传统的硬件定制通常通过裁剪不必要功能、优化物理结构、大规模采购及优化一些外围管理等方式来优化整体成本。
- 深层次重构支撑创新服务。在传统硬件定制的基础上，要通过深层次系统架构重构及产品服务的快速创新，以实现进一步的优化，为用户提供更加优质而创新的服务。
- 更好地支持业务快速迭代。深层次的软硬件重构要能够更好地支持云计算业务更加高效快速地迭代，为用户业务的创新提供有力支撑。
- 差异化竞争。通过深层次的软硬件重构可以满足用户的个性化需求，通过差异化竞争可以建立云计算厂家自身的核心竞争力。

2. 软硬件融合与硬件定制

通过软硬件融合的系统架构设计，在不同的系统堆栈层级进行不同的功能实现及软硬件协作，从而软件和硬件分别完成设计开发。最终，硬件定制作为软硬件融合设计落地的承载，实现芯片、板卡、服务器和交换机的产品升级，以及整个数据中心基础设施的定制优化。

软硬件融合与硬件定制如图 8.21 所示。抛开软硬件的约束，完成系统架构设计，再通过软件和硬件协同融合的设计，最终落实到具体的硬件产品及基础设施定制。

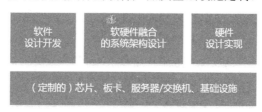

图 8.21　软硬件融合与硬件定制

硬件定制可以简单地分为如下两种模式。

- 由内而外的模式。从内在的业务场景需求出发，通过深层软硬件融合的设计优化，落地到个性化的硬件定制。
- 由外而内的模式。从通用的服务器等硬件出发，进一步优化数据中心各种硬件产品，落地成标准化的硬件和系统设计，再通过规模化的部署来达到降低成本的目的。

两种模式相互促进，相得益彰，但云计算厂家的整体应对策略则需要谨慎选择。进一步而言，数据中心硬件的特点符合"二八定律"：其大部分产品或单个产品的大部分功能相对于其他云计算厂家或企业客户来说，都是通用的；而只有一小部分产品或单个产品的小部分功能是需要云计算厂家根据自身的特点去深入优化和定制的。"二八定律"同时说明，这一小部分产品或单个产品的小部分功能才是成败的关键，需要把大部分的资源投入由内而外的、由业务需求和软硬件系统架构驱动的定制方式上来，原因如下。

- 业务创新、软硬件融合架构、快速迭代等需求是本原、内在的技术创新驱动力量。
- 通过重构底层体系结构，逐步构建自主创新驱动的技术演进和提升体系，为用户提供差异化的产品服务，以此来构建云计算厂家的核心竞争力。
- 云计算行业已经相对成熟，并且进入了更加深度的竞争层次。只有深层次软硬件融合的架构重构才能为用户提供更加有竞争力的产品。市场更是遵循"二八定律"，极致的技术创新才有可能成功。
- 以软硬件深度融合的个性化硬件定制为主，以通用硬件定制为辅。

8.6.2　亚马逊的硬件定制

对于互联网巨头来说，设计并制造自己的硬件，以此来提高效率并建立竞争优势已经是显而易见的事情。市场领先的云计算公司亚马逊更是走得非常深入：不仅设计自己的计算服务器、存储服务器、路由器及相关的核心芯片，还设计自己连接全球及数据中心的高速网络。

如果采用标准的商用路由器，一旦出现问题，那么供应商最快也需要花费六个月时间来修复问题。亚马逊定制交换机如图 8.22（a）所示。亚马逊根据自己的软硬件规格定义定制路由器，并且拥有自己的协议开发团队，虽然一开始的主要诉求是降低成本，但实际定制的网络设备不仅降低了成本，还实现了网络可靠性。AWS 路由器采用的是亚马逊和博通（Broadcom）联合定制的具有 70 亿晶体管规模的 ASIC 芯片，总处理带宽为 3.2Tbit/s（数据来自亚马逊的 *Re:Invent 2016*）。AWS 网络策略的另一个关键部分是 SDN，AWS 将 SDN 的一部分工作从软件卸载到了硬件。亚马逊定制 SDN 网卡如图 8.22（b）所示，通过硬件卸载网络功能，不仅降低了 CPU 的资源消耗，也降低了网络延迟及网络的性能抖动。

（a）亚马逊定制交换机　　　　　　　　　　　　（b）亚马逊定制 SDN 网卡

图 8.22　亚马逊定制网络设备

亚马逊定制芯片如图 8.23（a）所示。2015 年，亚马逊收购了 Annapurna labs，之后 Annapurna labs 设计并生产了亚马逊定制芯片，可用于亚马逊各类定制服务器。亚马逊不仅定制硬件（板卡及服务器），也定制自己的芯片。通过芯片定制，可以更好地实现亚马逊对数据中心的各种创新。亚马逊定制计算服务器如图 8.23（b）所示。亚马逊定制 1U 的服务器，该服务器在机架上会占满 1U 的槽位。为了提高热效率和功率效率，亚马逊没有采用更密集地在 1U 槽位集成更多服务器节点的做法。亚马逊定制存储服务器如图 8.23（c）所示。亚马逊自定义的存储服务器在一个 42U 标准机架上部署 880 块磁盘，升级后的存储服务器可以容纳 1110 块磁盘，存储容量为 11 PB（数据来自亚马逊的 Re:Invent 2016）。

（a）亚马逊定制芯片　　　　　　　（b）亚马逊定制计算服务器　　　　　　　（c）亚马逊定制存储服务器

图 8.23　亚马逊定制芯片及服务器

8.6.3　OCP 开放计算项目

OCP 是一个相互协作的社区组织，致力于重新设计硬件技术，以有效地支持计算等资源不断增长的需求。2011 年，Facebook 和英特尔、Rackspace 等组织或个人共同发起了 OCP 开放计算项目，希望在数据中心硬件领域建立一个开放的硬件生态，从而带来与开源软件相同的创造力和协作。OCP 不仅关注服务器，也关注数据中心各个方面的硬件优化和开放规范设计。

OCP 当前有 10 个技术项目组，其中组件部分为具体的硬件产品，而整体部分则是从整个系统角度考虑的功能，贯穿于各个硬件产品。OCP 的技术项目组如图 8.24 所示。

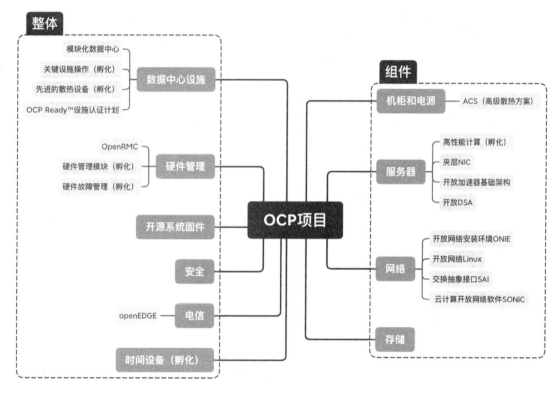

图 8.24　OCP 的技术项目组

OCP 技术项目组的详细内容如下。

- 机柜和电源：专注于设计和确定开放机柜的规格标准，并且在设计的过程中考虑电源的方方面面，从电源网格到芯片的功耗，并将机柜和电源集成到数据中心。
- 服务器：提供用于规模计算的标准服务器规范，并确保被广泛采用，同时实现从验证到制造、部署，以及数据中心运维和退役等各个方面的优化。

- 网络：致力于创建完全开放结构的技术，以支持快速网络创新。
- 存储：扩展 Open Rack 存储机箱组件和外围设备。
- 数据中心设施：专注于数据中心设施的运维，包括电源、冷却、布局、设计及监控等。
- 硬件管理：需要稳定而轻量的工具来远程管理，规范合并了一些已有工具及工具的最佳实践。
- 开源系统固件：旨在 OCP 供应商能够提供固件给系统所有者，使其可以更新固件并与其他所有者共享固件。
- 安全：研究设计和规格，以实现 OCP 社区各个项目组 IT 设备的软件安全。
- 电信：探索将 OCP 模型应用于电信环境的可能性。
- 时间设备（孵化）：旨在将数据中心运营商、应用程序开发者及设备和半导体公司聚集在一起，实现数据中心对时间敏感型应用程序的支持。

亚马逊从业务出发，深层次地定制芯片、板卡、服务器、路由器等硬件设备，以及相应的软件。跟亚马逊内驱、封闭的方式不同，OCP 采用了外驱、开放的方式，希望通过开放社区的方式聚集更多的厂家，实现标准化的服务器等硬件产品，以及基础设施的共享。

OCP 的优势在于如下几个方面。

- 系统化的技术资源整合，涵盖数据中心的方方面面，提供优化的设计方案。
- 降低硬件定制的门槛，中小规模的云计算厂家都可以参与并贡献价值，并且可以从中获取价值。
- 标准的方案被很多厂家采用，会分摊设计研发费用，规模化的生产也会降低整体的成本。
- 构建创新的生态，促进从服务器硬件到数据中心基础设施等方面的优化创新。

OCP 具有如下劣势。

- 因为要平衡各方需求，因此很难做到特定场景最优，或者对特定云计算厂家来说，很难完全满足需求。
- 互联网巨头通过业务内在的需求和深层次架构优化驱动，定制设计方案，而 OCP 没有直面业务场景的复杂挑战，以及缺乏软硬件等各个方面协调优化，提供的技术方案相对落后。
- OCP 产品的优化有限，各云计算厂家需要在此基础上持续优化改进。
- OCP 提供的产品大家都可以选用，对云计算厂家而言，基于通用的硬件平台，比较难以建立起差异化的产品竞争力。

9

第 9 章
融合的系统

云计算数据中心是一个复杂的分层系统，在整个系统里，软件和硬件充分融合。在云计算数据中心，系统、算法、软件、硬件、网络、基础设施等多角度多层次地全面协作，云计算服务商内部和外部资源的深度整合，可以实现功能更加强大、系统更加灵活、成本更加可控的产品服务。

本章介绍的主要内容如下。

- 软硬件融合系统栈
- 分层的系统实现。
- 深层次开放合作。

9.1 软硬件融合系统栈

个体也是系统，因此需要通过确定系统的边界来分析、解决问题。多数据中心系统是一个复杂系统，系统的每一层都是由软件或（和）硬件组成软硬件融合的系统栈。

9.1.1 系统边界：多数据中心

系统的概念无处不在：系统由个体组成、系统之间交互、系统内可能还包含子系统。个体也是系统，个体和系统的概念其实是相对的，因此我们需要确定系统边界。确定系统边界的基本原则如下。

- 原则 1：定位我们要解决问题的范围，依据范围确认系统边界。
- 原则 2：系统跟外部的交互相对标准且松耦合。

确定了系统边界以后，在系统内部，整体而全面地考虑问题，研究系统和个体的相互影响和约束；同时，研究系统和外部交互，分析并解决系统交互的各种问题。

云计算数据中心全球网络架构模型如图 9.1 所示。在云计算场景中，我们确定的系统边界是数据中心，即使有多个物理的数据中心分布全球各处，但只要它们是通过专有网络连接的，不经过外部的公共互联网，就属于单个云计算服务商内部网络的范畴。从芯片、板卡、服务器到机架，分层网络连接在一起，构成了数据中心，包括所有专有网络互连的跨地域数据中心。不同层次复杂的网络把数据中心连成了一个复杂的系统。

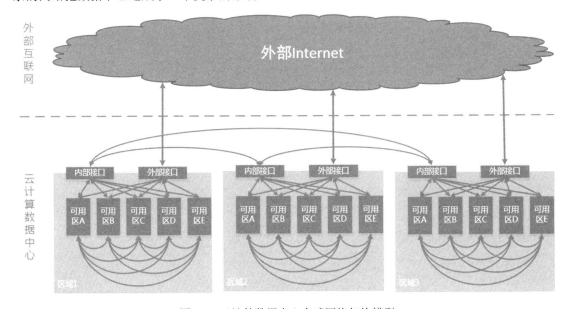

图 9.1　云计算数据中心全球网络架构模型

9.1.2　数据中心的系统堆栈

云计算为用户提供 IaaS 层计算、网络、存储等类型的基础产品服务，IaaS 层再支撑上层（PaaS 层和 SaaS 层）丰富多彩的各类服务。单个服务并不独占一整套底层基础设计，而是所有的服务共享分层的数据中心软硬件堆栈。

数据中心软硬件融合系统栈如图 9.2 所示。基于软硬件融合的思路，我们重新定义数据中心融合的系统堆栈，具体介绍如下。

- 基础物理网络：关注的是网络容量、物理网络的可靠性、分层的网络架构、区域、可用区及外部网络接入等。

- 高效的网络传输：实现大吞吐量、低延迟、高带宽利用率，并且一直保持稳定、可靠的网络传输。

- 存储介质层：为了简化数据中心系统栈，存储介质作为一个类似"黑盒"的存在，是一个存储操作的执行机构；实际的存储也需要继续细分，继续整体优化，成为一个存储子系统栈。

- 云计算后台任务层：在云计算场景中，我们把支撑上层产品服务的底层基础服务从原有基于主机的虚拟化架构中独立出来，实现物理的业务和管理分离。后台任务层主要包括如下几个部分。

  ○ 存储任务：包括本地存储和分布式存储，分布式的客户端和服务器端也都容纳在存储任务里；还包括对存储数据的各种处理，如加密、压缩及冗余等。

  ○ 网络任务：既包含基础的网络任务（如 VPC、IPSec 等），也包含业务的网络任务（如负载均衡、业务网关等）。业务的网络任务也可以理解成业务加速平台。

  ○ 业务加速平台：整个系统栈最大的挑战，因为我们把加速功能提供给用户业务的时候，并不确定用户具体使用加速功能做什么。业务加速平台关键的两点一个是加速的弹性，另一个是平台化。

  ○ 虚拟化：云计算的核心，负责协调或实现各种虚拟化相关功能。例如，远程控制主机 CPU 相关资源的切分、控制 I/O 设备虚拟化的设置、实现虚拟化的迁移等。

  ○ 安全：包括很多方面，如数据的安全、网络的安全、加密、认证、可信源等。

  ○ 管理：在软硬件融合的系统栈中，业务和管理分离，管理包括对整个系统栈以及业务运行环境的管理。

  ○ 监控：包括业务虚拟机的监控及管理环境的各项指标监测和控制等。

- 业务访问接口：软件和硬件的接口，高效、标准的业务访问接口包括硬件设备接口和软件驱动程序。

- 业务系统层：支持业务软件运行的操作系统、协议栈、库、框架等，也包括业务加速相关的软件栈。

- 业务应用：用户的业务。

传统架构底层为硬件，上层为软件，而在软硬件融合架构中，上下层均可以是软件、硬件或软硬件一体（也就是说，可以是下层软件支撑上层硬件）。在数据中心软硬件融合的分层系统栈里，首先去掉软硬件的约束，整体考虑系统的功能和性能需求，再考虑软件和硬件的分工和协作，以达成系统的更优。

图 9.2　数据中心软硬件融合系统栈

9.2　分层的系统实现

软件的迭代很快，如何让硬件能更好地支持软件的快速迭代是一件非常有挑战的事情。我们可以通过硬件的分域设计、集成优化的设计方案及不同层次软硬件协同设计等方法来支持高效的快速迭代，实现硬件的弹性。

9.2.1　迭代的系统

系统是由纵向的分层及横向的组件组成的。在系统的迭代过程中，并不会把所有的组件都升级，更不会频繁地更新交互接口，而是局部、渐进地优化升级。例如，基于 TCP/IP 协议栈的网络协议一直以来都在持续优化并加入新的协议，但很难把整个 TCP/IP 协议放弃，重新开启一个新的协议栈体系。

按照上面的分析，当我们把整个系统按照个体的组件划分时，有些组件会相对固定，有些组件会进行比较多的更新，有些组件需要软件和硬件的协作，有时候可能需要在组件间或层次间加入新的组件，如图 9.3 所示。

宏观的云计算特征会推动着这一特征更加明显，如云计算规模的扩大导致面向特定场景服务：不仅支持云计算的底层基础硬件层是一致且固定的，特定场景服务的特点使得很多服务的中间层也变得一致且固定。例如，因为人工智能的快速发展，机器学习服务的需求猛增，对于机器学习场景来说，业务加速层变得越来越固定，并且规模足够庞大，这就值得研发一款独立的 DSA 或 ASIC 来加速业务的处理。

如图 9.3 所示，在阴影部分连接的、处于不同层次升级的组件、新加的组件及新加层的新组件需要持续、快速的迭代。因此，通过需求和系统分析，我们可以把变化部分和固定部分分开。例如，把固定部分实现在硬件 ASIC 或 DSA，把灵活的部分实现在可硬件编程的 FPGA 或可软件编程的 CPU 等处理器中。

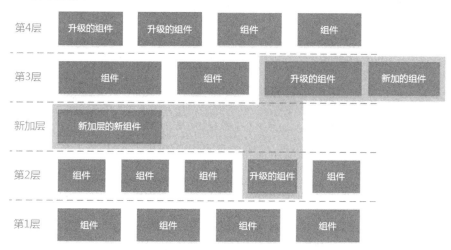

图 9.3　渐进迭代的分层分块系统

9.2.2　分域的硬件平台

渐进迭代分层系统的具体实现必然具有分层的特征。系统的迭代是局部、渐进的，并且基于云计算宏观规模，会有大量共性、性能敏感的组件功能逐步地卸载到硬件。

如图 9.4 所示，逐步把系统和应用的功能卸载到硬件，这里的硬件包括 ASIC、FPGA 和嵌入式软件。功能固定的部分卸载到硬件 ASIC，而一些具有共性且性能敏感的组件功能受限于其灵活性和快速迭代的要求，需要通过 FPGA 硬件编程或嵌入式软件编程的方式实现。图 9.4 中的整个硬件部分大致分为如下三个域。

- ASIC/DSA 域：实现功能稳定、性能要求高的组件功能。
- 硬件可编程 FPGA 域：可以支持较快速的硬件迭代，个性化的硬件加速功能则主要在 FPGA 完成。
- 嵌入式软件域：如果一些功能实现复杂，不适合硬件加速实现，或者对灵活性有非常高的要求，那么这部分功能最好实现在嵌入式软件中。相比于主机的软件侧实现，嵌入式软件实现仍然有很大的价值，如任务的软件卸载。

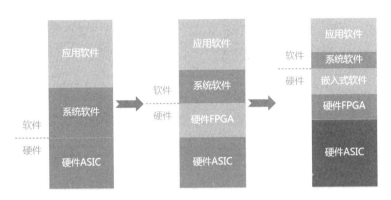

图 9.4　定性分析整个系统软件和硬件的占比

说明： 在图 9.4 的最左边，软件占了系统的绝大部分，而当演进到足够优化的软硬件融合的系统栈时，纯软件则只占系统的一小部分。另外，三个域的划分并不对应系统栈的分层，可能会有更下层的组件实现在软件域，而更上层的组件却实现在 ASIC/DSA 域。

虽然上层的软件迭代很快，但整个系统本质上是符合"二八定律"的，即每次迭代中系统的绝大部分会保持不变，变化的只是一小部分，而这一小部分是决定成败的关键。基于分域的系统实现，软硬件融合的硬件平台可以给开发者提供高性能、差异化的功能扩展能力。

虽然为用户上层产品提供支持的接口基本保持不变，但支撑这些产品运行的硬件平台已经跟通用的服务器架构大相径庭。通过逐步迭代优化的分功能域的设计，可以把复杂度封装在硬件内部，而给用户提供性能强劲却又极致简单的平台环境。

9.2.3　不同层次的实现

整个数据中心的系统栈非常复杂且庞大，并且涉及技术的方方面面，需要各个领域、层次的协同设计，同时通过不同方式的迭代，逐步完善优化，逐步提升整个系统的价值，以此来支撑云计算整个行业持续快速地创新发展。

支持整个系统栈的硬件平台包含如下不同层次的实现方式。

- 基于定制服务器的实现。最简单的做法是后台服务器跟主机服务器通过网络互连，把所有的后台工作任务都通过软件实现。在此基础上，可以加入后台任务加速设备（如支持网络任务卸载的智能网卡）和业务加速设备（如加入 GPU 加速卡）。虽然可以通过单个后端服务器服务多台前端主机服务器的方式来共担成本，但整个设计方案的成本很高。对于由多个独立芯片及其他服务器相关硬件资源组成的服务器整机，整个系统的集成度很低，更难真正实现系统软硬件深度融合。受限于主机和后台服务器的网络交互，以及后台服务器多个独立芯片间的交互，基于定制服务器实现的整个系统的复杂度反而很高，并且性能损耗严重。

- 基于扩展板卡的实现。在单个板卡上集成多块芯片，并将其通过如 PCIe 等总线连接到主机，可以作为类似硬件加速卡的存在，插到服务器主板，不需要额外的外部资源。软硬件融合系统栈的硬件部分共分为 4 个域，功能复杂，如果需要多个芯片才能完成整体的功能，那么整个板卡的尺寸、功耗及成本都是很难接受的。通常只有在板卡上集成多块独立的芯片才能完成所有需要的功能。相比于专用服务器的实现，扩展板卡的设计集成度有了一些提升，系统复杂度降低，稳定性提升，整个设计的成本也会得到优化。
- 基于 Chiplet 的实现。基于扩展板卡的设计存在一些问题，如板卡的尺寸依然较大，这会约束服务器的高密度。我们可以进一步把多芯片的设计优化成基于 Chiplet 的设计，实现定制化的芯片集成。通过高集成度的 Chiplet 设计，集成 ASIC/DSA、FPGA、CPU、加速平台等多个 Chiplet 裸 Die 到单个封装里，进一步降低功耗及芯片尺寸，并且通过高效的交互总线，降低系统的复杂度。此外，基于 Chiplet 的实现一次性成本显著低于 IC 单芯片的成本，但高于基于扩展板卡的实现成本。在大规模量产之后，基于 Chiplet 的实现单位生产成本相比于扩展板卡的实现成本有较大幅度的减少。
- 基于 IC 单芯片的实现。IC 单芯片大规模生产之后，可以实现最优的成本和功耗。但云计算数据中心系统栈具有很高的系统复杂度，需要集成多个 ASIC/DSA 功能模块，并且需要高性能 CPU 及其他一些独立的加速模块，这使得整个设计的规模非常庞大，基于 IC 单芯片的实现一次性成本非常高。系统栈一个重要的特征是快速迭代，基于 IC 单芯片的实现较难满足。

9.2.4　软硬件协同设计

CPU 的性能提升越来越缓慢，在承载计算机发展的半导体工艺没有颠覆式更新换代之前，未来 CPU 很长一段时期的性能提升主要靠面向特定领域的硬件加速设计，或者说是主要依靠体系结构的创新。除了体系结构，还需要从整个云计算数据中心的多角度、多层次挖潜来整体优化系统。除了硬件架构，其他优化的方向主要如下。

- 半导体工艺。更先进的半导体工艺、Chiplet 集成封装等。
- 硬件。多个功能芯片的板卡集成、FPGA 硬件灵活性、定制板卡和服务器、优化服务器电源和散热设计。
- 数据中心。数据中心网络可维护性、高速网络、数据中心网络平台化。
- 系统和算法。业务场景分析、分析算法特征、分析算法的性能要求、数据交互的速率和频次、延迟和带宽要求、算法的整体规模、算法的并行性等。

- 软件。软件并行优化、系统的灵活性和可编程性、系统的控制和管理、系统的扩展性等。

9.3 深层次开放合作

随着软硬件技术的进一步发展，硬件越来越难以满足软件的快速开发需求。我们应该通过深层次开放合作来构建面向未来的云计算体系结构。

9.3.1 软硬件的距离越来越大

一方面，上层的业务发展很快，新的热点层出不穷，并且很多场景还在快速迭代，软件对硬件的性能、灵活性、功耗、成本都提出了苛刻的要求。而另一方面，硬件的规模越来越大，开发周期越来越长，并且半导体工艺日益趋于物理极限，NRE 费用指数级上升，同时考虑到软件的各种苛刻需求，研发 ASIC 的风险非常之高。

云计算发展面临计算、网络、存储等多方面的挑战，这些技术层面的挑战是传统芯片公司可理解的；而来自宏观、快速迭代的业务带来的挑战则是传统芯片厂家比较难理解的。

云计算面临方方面面的技术挑战，并且需要整合的平台来应对这些技术挑战。这些技术挑战不是任何一家公司能够完全解决的，需要集合不同领域优势供应商，整合方方面面的优势资源。但是，在商业和技术上如何整合不同厂家的资源，却是一个非常大的挑战。

9.3.2 互联网公司自研芯片的优劣势

互联网云计算进入下半阶段，意味着整个行业开始从粗狂式发展向精细化发展转型，未来更多的创新需要靠技术驱动，而要想有深层次的技术创新，就必须深入底层软硬件，这也意味着互联网公司做芯片这件事是不得不为。

一些云计算厂家开始自己动手研发自己数据中心领域的芯片及相关的软硬件解决方案。互联网公司做芯片具有如下一些优势。

- 距离用户近。更能把握用户的需求，贴近用户的场景。
- 资源优势。互联网公司具有资源整合的优势，由于互联网公司本身就是硬件的用户，因此在用户需求、市场开发方面有很大优势。
- 更宏观、更系统。云计算、人工智能、大数据、物联网等热点方向都是互联网公司主导技术发展潮流，互联网公司更能深刻体会到自身对底层软硬件的要求。

互联网公司做芯片的劣势体现在如下几个方面。

- 技术积累不足,互联网公司自研芯片还是刚刚开始,很多方面的优化还比较浅层;或者仅仅是局部优化,还没有深入整个体系结构层面,难以重构整个云计算数据中心系统栈。
- 术业有专攻,虽然互联网公司自研芯片有诸多的优势,但自成一套体系的技术演进反过来也会限制自身技术的发展。

互联网公司自研芯片合理的办法是,在(针对自己业务)自成一体的研发体系下,更好地利用外部资源,促成自我核心价值的实现,达到开放和自我创新的统一。

9.3.3 深层次的开放合作

大家通常会认为基于定制 ASIC 芯片设计是最优化的一种方案,实际上这个结论受到如下很多方面的制约。

- IC 半导体工艺一次性投入的风险随着工艺达到14nm而增大,IC 芯片的研发成本急剧上升。
- 为了规避投入风险,IC 厂家不得不实现功能超集,但功能超集意味着浪费。
- 功能超集导致系统复杂度上升,系统的稳定性会降低。
- 功能超集对单一厂家来说,只用到功能的一少部分,成本并不一定最优。
- 定制 ASIC 的设计需要对应用场景的需求理解得非常准确,这需要花费很多的时间,如果需求理解有偏差,则会导致整个研发失败。
- ASIC 实现会落后场景 1～2 年的时间,并且上线之后需要有 3～5 年的生命周期,如果应用场景迭代很快,则 ASIC 实现的风险巨大。

为了实现最优的解决方案,把高效的 ASIC 设计和快速的业务场景完美地结合起来,需要云计算厂家和芯片供应商更加深入的合作,具体做法如下。

- 云计算厂家深度参与到架构设计之中,充分理解业务需求,落地到系统架构和具体实现中。
- 通过功能分域实现可迭代的软硬件平台(硬件的功能弹性):功能固定、计算量大的功能在 ASIC/DSA 中实现;需要快速迭代的功能在 FPGA 中实现;完全灵活的功能则在 CPU 软件实现。

整个系统栈功能庞大,涉及的技术领域众多,需要集合各个厂家的优势资源,通过 IP 或 Chiplet 甚至板卡的集成(包括与相应软件栈的协同)完成最终的设计方案。

参考文献

本书参考文献众多，可下载博文视点官网提供的"参考文献.docx"查阅相关资料。